U0270922

住房和城乡建设部“十四五”规划教材
高等职业教育土建施工类专业 BIM 系列教材

BIM 设备综合实务

潘俊武　主　编
杨群芳　陈　朝　副主编
刘保石　主　审

中国建筑工业出版社

图书在版编目（CIP）数据

BIM设备综合实务 / 潘俊武主编；杨群芳，陈朝副主编. — 北京：中国建筑工业出版社，2023.12

住房和城乡建设部"十四五"规划教材　高等职业教育土建施工类专业BIM系列教材

ISBN 978-7-112-29352-0

Ⅰ. ①B… Ⅱ. ①潘… ②杨… ③陈… Ⅲ. ①建筑设计-计算机辅助设计-应用软件-高等职业教育-教材 Ⅳ. ①TU201.4

中国国家版本馆CIP数据核字（2023）第221582号

本教材采用真实工程案例编写，包括5个单元，分别为单元1 BIM设备模型创建准备、单元2 BIM暖通专业建模、单元3 BIM给排水建模、单元4 BIM电气系统建模和单元5 模型的深化设计。本教材配套活页册中包括评价反馈表格和能力拓展练习等内容。

本教材既可作为高等职业院校和职业本科院校BIM建模相关课程的参考教材，也可作为企业人员BIM建模技术入门培训教材。

责任编辑：李天虹　李　阳

责任校对：张　颖

校对整理：董　楠

住房和城乡建设部"十四五"规划教材

高等职业教育土建施工类专业BIM系列教材

BIM设备综合实务

潘俊武　主　编

杨群芳　陈　朝　副主编

刘保石　主　审

*

中国建筑工业出版社出版、发行（北京海淀三里河路9号）

各地新华书店、建筑书店经销

北京鸿文瀚海文化传媒有限公司制版

北京圣夫亚美印刷有限公司印刷

*

开本：787毫米×1092毫米　1/16　印张：12¾　字数：306千字

2024年1月第一版　2024年1月第一次印刷

定价：**42.00**元（赠教师课件、附活页册）

ISBN 978-7-112-29352-0

（42013）

出版说明

党和国家高度重视教材建设。2016年，中办国办印发了《关于加强和改进新形势下大中小学教材建设的意见》，提出要健全国家教材制度。2019年12月，教育部牵头制定了《普通高等学校教材管理办法》和《职业院校教材管理办法》，旨在全面加强党的领导，切实提高教材建设的科学化水平，打造精品教材。住房和城乡建设部历来重视土建类学科专业教材建设，从“九五”开始组织部级规划教材立项工作，经过近30年的不断建设，规划教材提升了住房和城乡建设行业教材质量和认可度，出版了一系列精品教材，有效促进了行业部门引导专业教育，推动了行业高质量发展。

为进一步加强高等教育、职业教育住房和城乡建设领域学科专业教材建设工作，提高住房和城乡建设行业人才培养质量，2020年12月，住房和城乡建设部办公厅印发《关于申报高等教育职业教育住房和城乡建设领域学科专业“十四五”规划教材的通知》（建办人函〔2020〕656号），开展了住房和城乡建设部“十四五”规划教材选题的申报工作。经过专家评审和部人事司审核，512项选题列入住房和城乡建设领域学科专业“十四五”规划教材（简称规划教材）。2021年9月，住房和城乡建设部印发了《高等教育职业教育住房和城乡建设领域学科专业“十四五”规划教材选题的通知》（建人函〔2021〕36号）。为做好“十四五”规划教材的编写、审核、出版等工作，《通知》要求：（1）规划教材的编著者应依据《住房和城乡建设领域学科专业“十四五”规划教材申请书》（简称《申请书》）中的立项目标、申报依据、工作安排及进度，按时编写出高质量的教材；（2）规划教材编著者所在单位应履行《申请书》中的学校保证计划实施的主要条件，支持编著者按计划完成书稿编写工作；（3）高等学校土建类专业课程教材与教学资源专家委员会、全国住房和城乡建设职业教育教学指导委员会、住房和城乡建设部中等职业教育专业指导委员会应做好规划教材的指导、协调和审稿等工作，保证编写质量；（4）规划教材出版单位应积极配合，做好编辑、出版、发行等工作；（5）规划教材封面和书脊应标注“住房和城乡建设部‘十四五’规划教材”字样和统一标识；（6）规划教材应在“十四五”期间完成出版，逾期不能完成的，不再作为《住房和城乡建设领域学科专业“十四五”规划教材》。

住房和城乡建设领域学科专业“十四五”规划教材的特点，一是重点以修订教育部、住房和城乡建设部“十二五”“十三五”规划教材为主；二是严格按照专业标准规范要求编写，体现新发展理念；三是系列教材具有明显特点，满足不同层次和类型的学校专业教学要求；四是配备了数字资源，适应现代化教学的要求。规划教材的出版凝聚了作者、主审及编辑的心血，得到了有关院校、出版单位的大力支持，教材建设管理过程有严格保障。希望广大院校及各专业师生在选用、使用过程中，对规划教材的编写、出版质量进行反馈，以促进规划教材建设质量不断提高。

住房和城乡建设部“十四五”规划教材办公室

2021年11月

前　言

BIM 技术是建筑业现代化的核心技术之一，也是土建类院校当前和将来很长一段时间内人才培养和社会服务的重点内容。面对社会大环境对 BIM 人才的需求，国内大量的高等职业院校和职业本科院校都已经开设 BIM 类课程。

《BIM 设备综合实务》为高等职业教育土建施工类专业 BIM 系列教材之一，前序教材有《BIM 设备应用》《BIM 土建综合实务》等。

本书以真实工程——浙江建设职业技术学院上虞校区图书馆工程为案例，以综合运用 BIM 设备建模能力和深化设计能力为主要技能目标，按照实际工程 BIM 设备应用的流程进行能力分解和学习任务设计，内容融合了“1＋X”BIM 职业技能等级证书中级设备的要求。以活页式教材呈现教学资源，并根据设备建模能力要求进行了分段教学设计。第一阶段为 BIM 设备建模准备，即掌握项目定位、选择协同工作方式和制定项目样板；第二阶段为设备专业模型建立，即以实际工程要求为背景，学习 Revit 暖通、给排水专业和电气专业建模技巧；第三阶段为模型的深化设计，主要学习碰撞检查、管综优化等深化设计内容。

本书由浙江建设职业技术学院潘俊武任主编，浙江建设职业技术学院杨群芳、陈朝任副主编。单元 1 由潘俊武编写，单元 2 由潘俊武、陈朝编写，单元 3 由杨群芳、潘俊武编写，单元 4 由浙江东南建筑设计有限公司黄维燕编写，单元 5 由潘俊武编写。通过这 5 个单元的学习，希望可以以行业新兴信息化技术为依托，结合 BIM 应用案例分析，着力培养学生综合职业素质与可持续发展能力。以未来工作场景与课程知识教学内容有机结合来设计整个教学过程，构建“学练交替”的教学模式，有效提高学生自主学习的能力，培养学生团队合作、沟通协调的能力及良好的语言表达能力和严谨的工作作风，努力培养出基层一线的技术应用型人才。

在本书编写过程中，得到了浙江省建筑科学设计研究院有限公司、浙江知汇建设科技有限公司等诸多单位和专家的大力支持和帮助，教材涉及的图纸和 BIM 模型资源均来源于实际工程。在此，对这些单位和专家表示感谢！

本教材采用单元任务式的编写体例，每个任务包含能力目标、任务书、工作准备、评价反馈、能力拓展等内容，要求读者按照每项任务的工作步骤完成学习，同时在建模过程中遵守国家标准和规范。

目 录

单元 1　BIM 设备模型创建准备

单元 1 学生资源

单元 1 教师资源

设备工程包含给排水、暖通、电气专业，管线排布复杂，是施工中的难题。设备建模是在完成建筑结构模型的基础上，建立给排水、暖通、电气的模型。目前，常用的 BIM 建模软件主要为 Autodesk 公司的 Revit，Bentley 公司的 AECOsim 系列，Dassult 公司的 Digital Project，Graphisoft 公司的 ArchiCAD 等国外软件。近年来，国产软件正在迅速发展中，目前已经投入应用的 BIM 建模软件包括北京构力科技有限公司的 BIMBase 平台、广联达科技股份有限公司的 BIMMAKE 等，在不久的将来，国产建模软件基本能够覆盖 BIM 建模的全领域需求。

由于 Autodesk 公司研发的 Revit 软件是目前主流的软件之一，具有建筑、结构、设备专业的建模功能，操作简单，可满足大部分工程项目的建模需求。因此，本书将采用 Revit 2018 软件来讲解 BIM 设备模型创建的方法。

作为教材《BIM 土建综合实务》的续篇，本书主要讲述图书馆地下室设备模型的建立流程及模型建立后的深化设计。

任务 1　建立项目文件

在每个项目开始前，为了保证项目的统一性，我们需要设置一个项目样板文件，并建立机电项目文件。根据本项目案例的情况，各专业间选择“链接”的方式进行协调工作。本单元主要以图书馆地下一层为例，讲解设备专业项目创建的准备工作，包括项目信息设置、链接土建模型、复制轴网标高系统、创建系统类型和设置过滤器、处理视图平面、创建视图样板、新建机电项目等内容。

能力目标

1. 能正确设置项目信息；
2. 会使用土建模型作为参照模型进行辅助设计；
3. 熟练掌握设备模型系统类型的创建方法；
4. 熟练掌握过滤器的设置方法；
5. 熟练掌握视图样板的创建方法。

任务书

新建图书馆 BIM 设备模型项目文件，根据实际工程设置项目信息，在新建文件中，使用土建模型复制轴网和标高，并根据图书馆工程设备图纸的要求设置过滤器，建立本项目的视图样板，为设备 BIM 模型的创建做好准备工作。任务清单见表 1.1-1。

任务清单　　表 1.1-1

序号	内容	要求完成时间	实际完成时间
1	项目设置		
2	链接土建模型		
3	复制轴网、标高		
4	创建系统类型		
5	设置浏览器组织		
6	设置过滤器		
7	创建视图样板		

工作准备

1. 熟悉项目任务，了解工程概况。
2. 结合图书馆项目分析建模准备工作的难点与重点。
3. 根据设备模型创建准备工作的一般操作方法与步骤回答以下问题：
(1) 项目信息在哪张图纸中可以找到？如何进行设置？
(2) 复制标高时，应复制土建模型中的建筑标高还是结构标高？
(3) 过滤器中的颜色如何设置？
(4) 视图样板如何创建？

1.1　项目信息设置

项目信息设置

创建新的项目需要基于项目样板。打开 Revit 2018 软件，单击“新建”按钮，在弹出的“新建项目”对话框中，单击“浏览”按钮，选择“Systems-DefaultCHSCHS”样板文件，如图 1.1-1 所示。保存项目文件时，系统默认项目名称为“项目 1”，我们将其修改名字为“图书馆地下室 _ 机电模型”，保存到本地文件夹中。

新建项目文件后，我们将要对本工程的项目信息进行设置，方法如下：

在 Revit 2018 中点击“管理”选项卡下的“项目信息”工具，在弹出的“项目信息”对话框中，输入“工程名称”“建设单位”“工程编号”“日期”等项目信息，如图 1.1-2 所示。

1.2　链接模型

链接模型

由于在实际项目中，BIM 模型很大，必须依靠协同设计，将模型按一定的规则进行拆分，分别进行模型的建立。Revit 提供一个多专业集成的平台，不同专业的设计师可以在同一个平台进行设计。

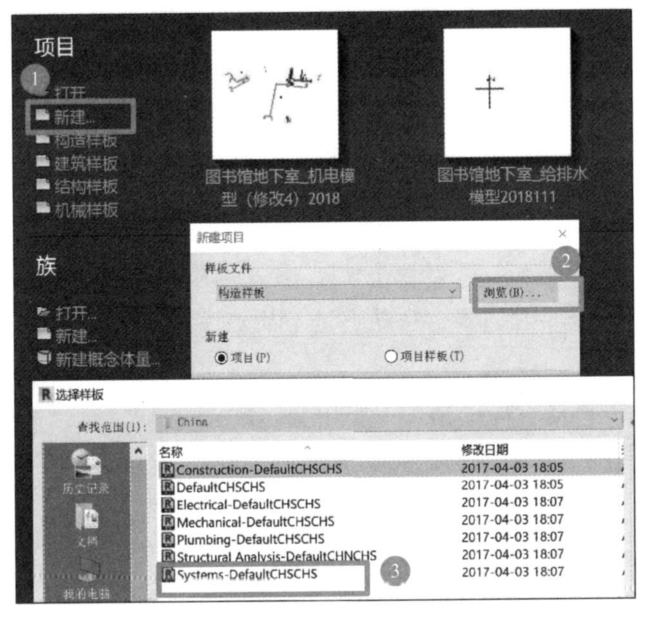

图 1.1-1　新建项目

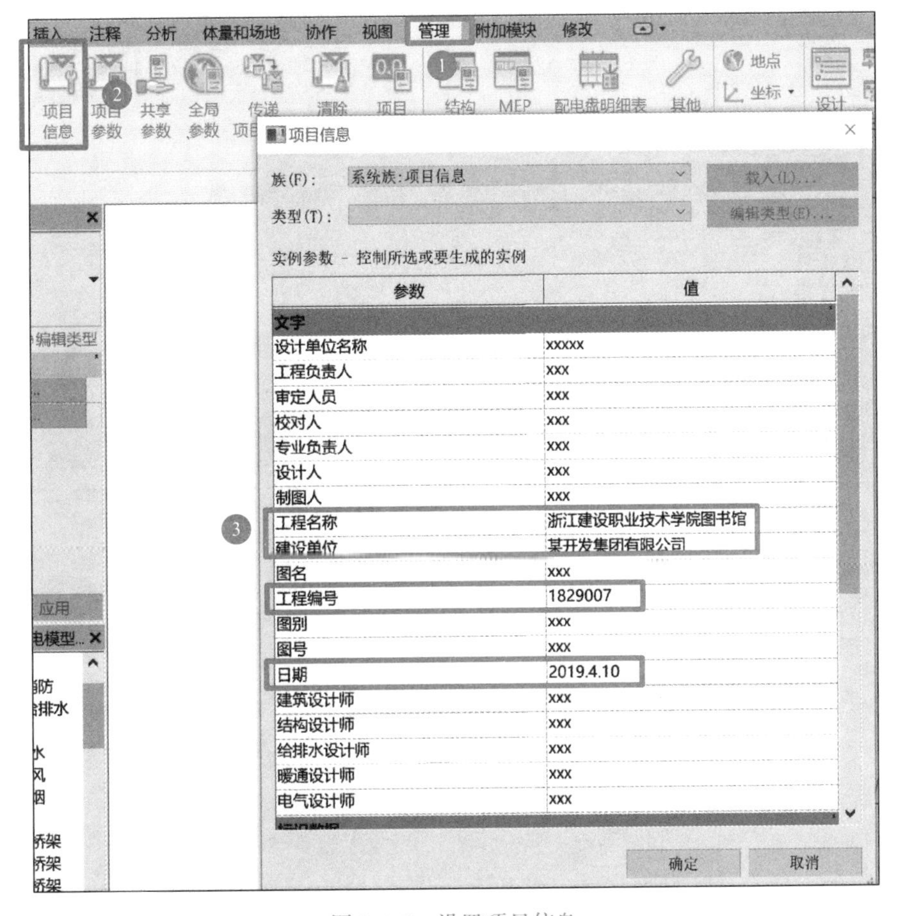

图 1.1-2　设置项目信息

协同设计一般有“工作集”和“模型链接”两种工作模式。“工作集”以网络环境为支撑，可以多人在一个中心文件平台上工作，设计者可以看到对方的设计模型，不同设计者可实现对同一模型的创建和编辑；“模型链接”是将外部文件链接到项目中使用，只能修改当前模型，不能修改链接模型。本项目中，由于我们之前已经建好了土建模型，因此采用“模型链接”工作模式进行协同设计。

在完成项目信息设置后，我们将土建模型链接到项目文件中。单击“插入”选项卡下的“链接 Revit”工具，在“导入/链接 RVT”对话框中，选择需要链接的“图书馆地下室 _ 土建模型”，“定位”一栏选择“自动-原点到原点”。如图 1.1-3 所示。

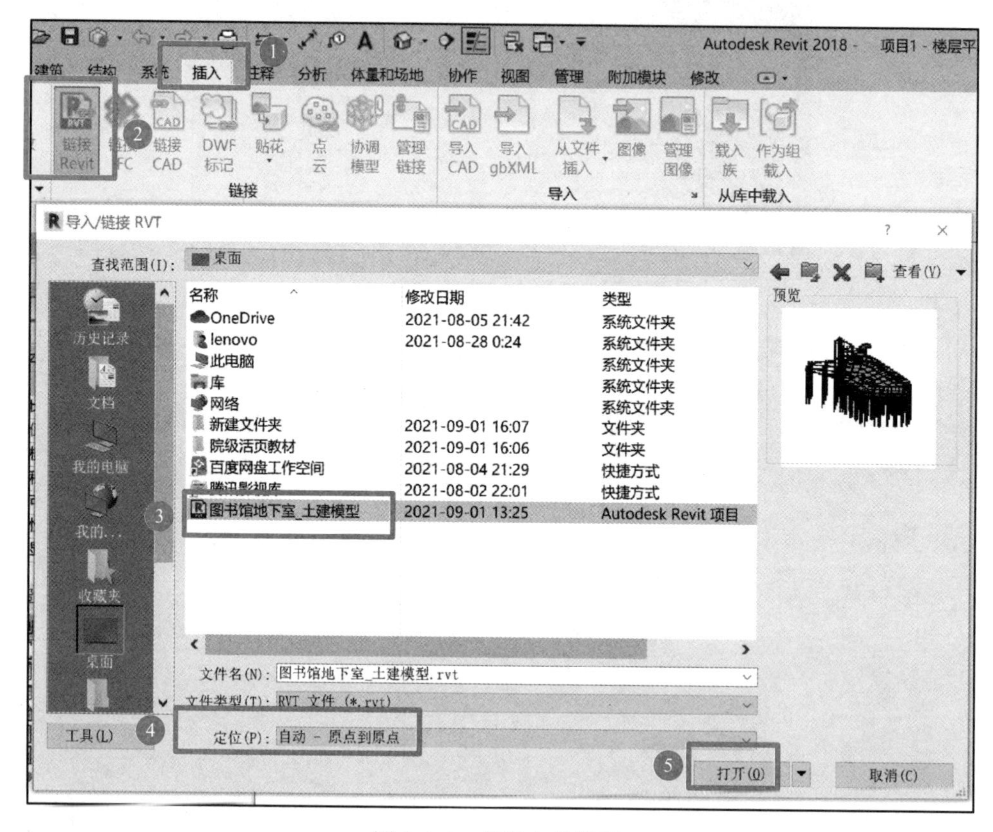

图 1.1-3　链接土建模型

点击新链接到项目中的文件，单击锁定按钮，如图 1.1-4 所示，以锁定链接文件位置。

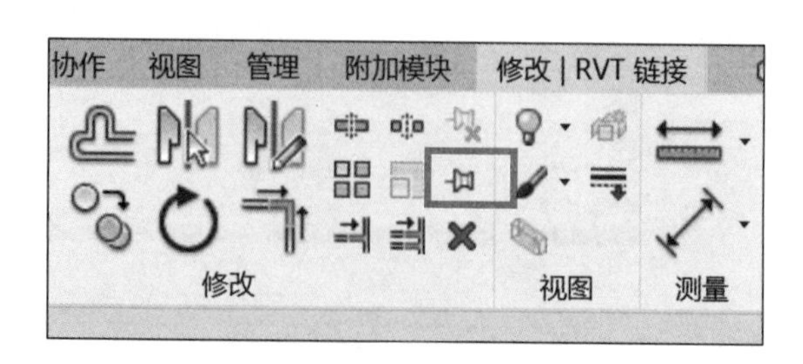

图 1.1-4　锁定链接文件

在“管理链接”对话框中，选择“参照类型”为“覆盖”；“路径类型”为“相对”，如图 1.1-5 所示。完成设置后，当导入的项目中包含链接时（即嵌套链接），链接文件将不会显示在当前主项目文件中；由于我们使用了相对路径，当将项目和链接文件一起移动至新目录时，链接关系保持不变，Revit 将按照链接模型相对于工作目录的位置来查找链接模型，链接可以继续正常工作。

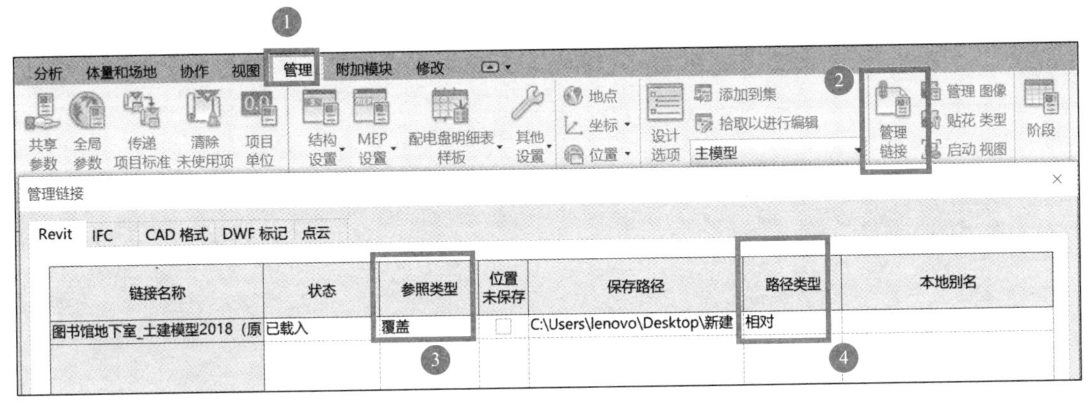

图 1.1-5　管理链接模型

在设备项目样板文件中，视图样板的“规程”通常默认设置为“机械”“电气”或“卫浴”，当土建模型链接到设备项目样板文件中后，可能会无法在主体模型的绘图区域中看到链接模型，我们将当前视图“属性”对话框中的“规程”改为“协调”，将确保视图显示所有规程的图元（包括建筑、结构、机械、电气和卫浴）。如图 1.1-6 所示。

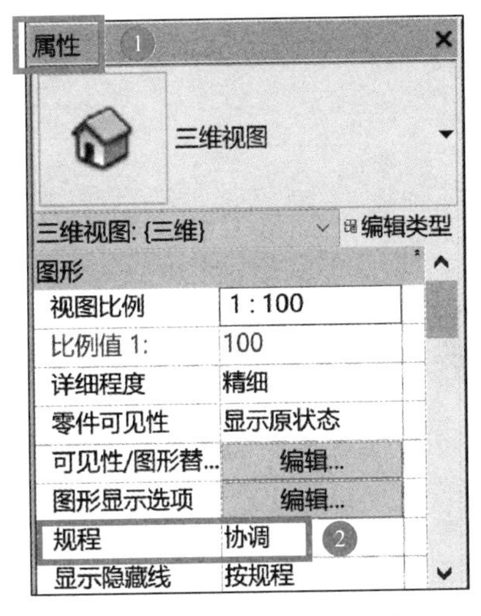

图 1.1-6　链接模型可见性设置

1.3　复制轴网标高系统

在《BIM 土建综合实务》一书中，我们介绍了项目的建筑与结构专业。轴网与标高是由建筑专业制定的，因此，此处只需复制土建模型中的已有数据，不需重新建立。

1. 复制标高

复制轴网
标高系统

打开任意立面图，例如，打开“南-机械”视图，选择“协作”选项卡下的“复制/监视”命令，选择“选择链接”，如图 1.1-7 所示。选中链接对象，单击“复制”按钮，勾选“多个”复选框，依次选中“F1”和“－1F”两个标高，两次点击“完成”按钮，完成操作，如图 1.1-8 所示。

这样，我们既创建了图书馆土建模型标高的副本，又在复制的标高和原始标高之间建立了监视关系。如果复制的土建模型中标高有变更，则打开“图书馆地下室 _ 机电模型”时，就会显示警告。同样，我们可以复制轴网、墙体等图元。

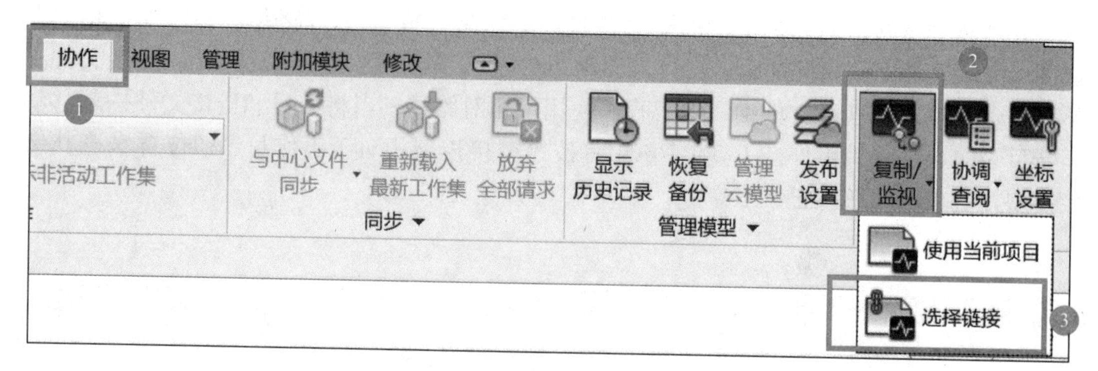

图 1.1-7　选择“复制/监视”

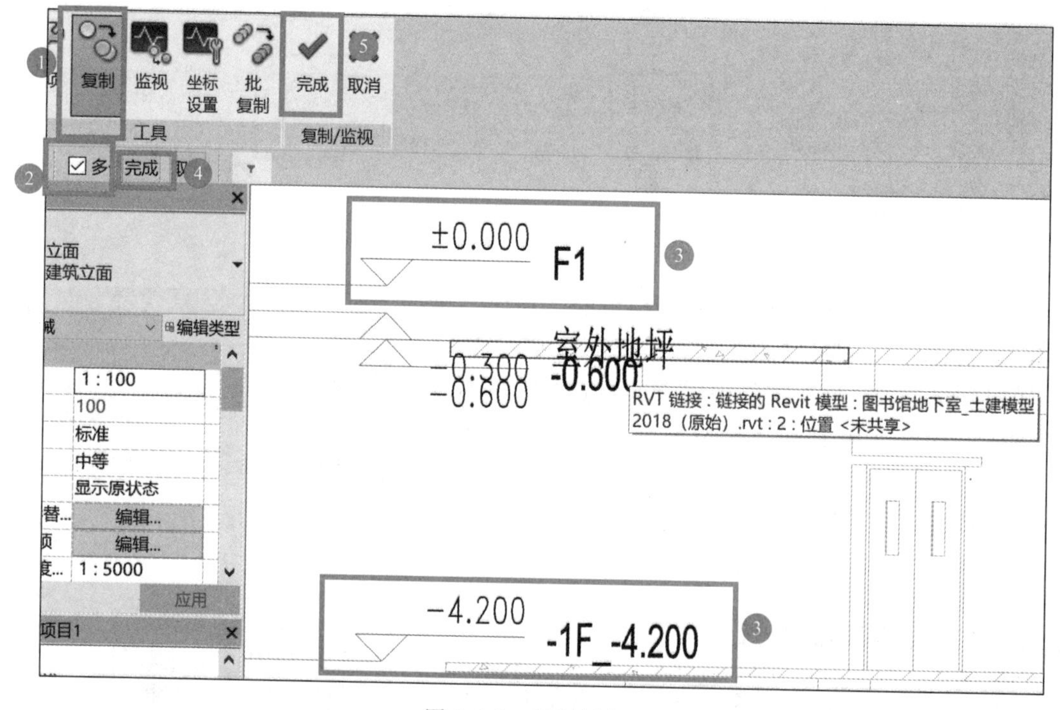

图 1.1-8　复制标高

2. 复制轴网

打开任意平面图，例如选择“项目浏览器”面板中的“机械”-“HVAC”-“楼层平面”，打开“—1F”视图，选择“协作”选项卡下的“复制/监视”命令，选择“选择链接”。选中链接对象，单击“复制”按钮，勾选“多个”复选框，框选整个链接模型，点击“过滤器”，勾选“轴网”，点击两次“完成”按钮，完成操作，如图 1.1-9 所示。

3. 删除链接

由于链接的这个 RVT 文件中，我们需要的轴网和标高已经复制到了新建文件中，后面的操作不再需要，因此，可将其删除。选择“管理”选项卡下的“管理链接”工具，在弹出的“管理链接”对话框中选择“Revit”选项，选择“图书馆地下室 _ 土建模型”，单击“删除”按钮，再单击“确定”，这样，我们就删除了链接文件，如图 1.1-10 所示。

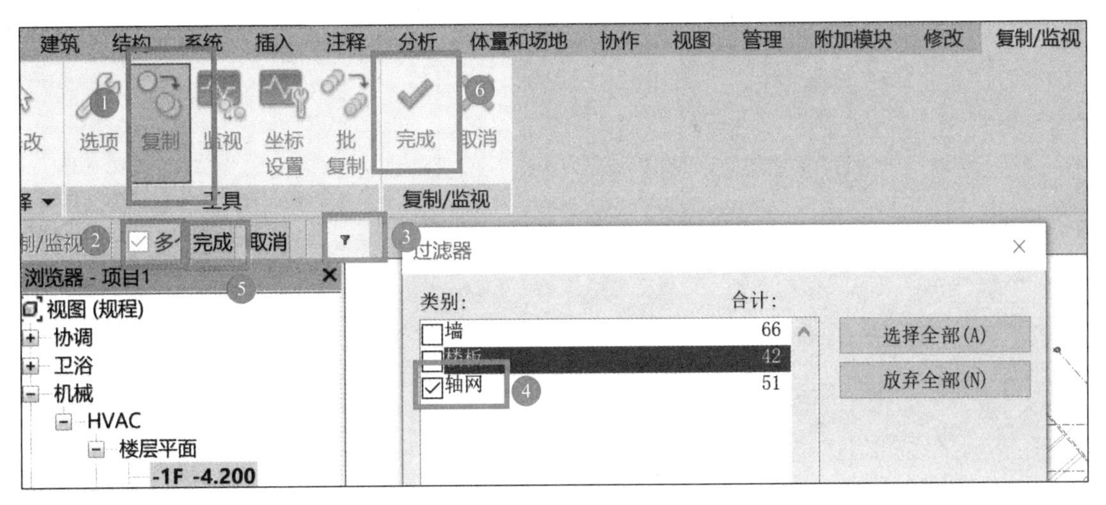

图 1.1-9　复制轴网

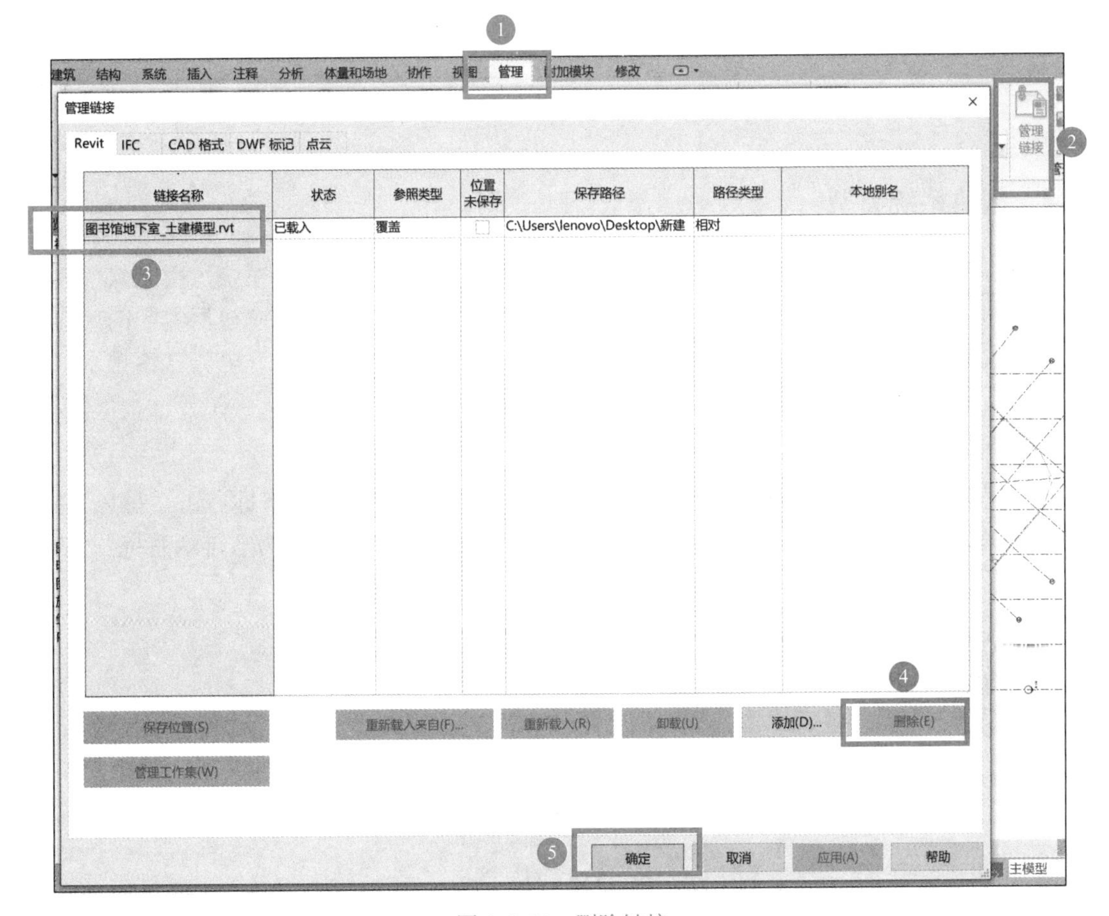

图 1.1-10　删除链接

复制后的轴网如图 1.1-11 所示。

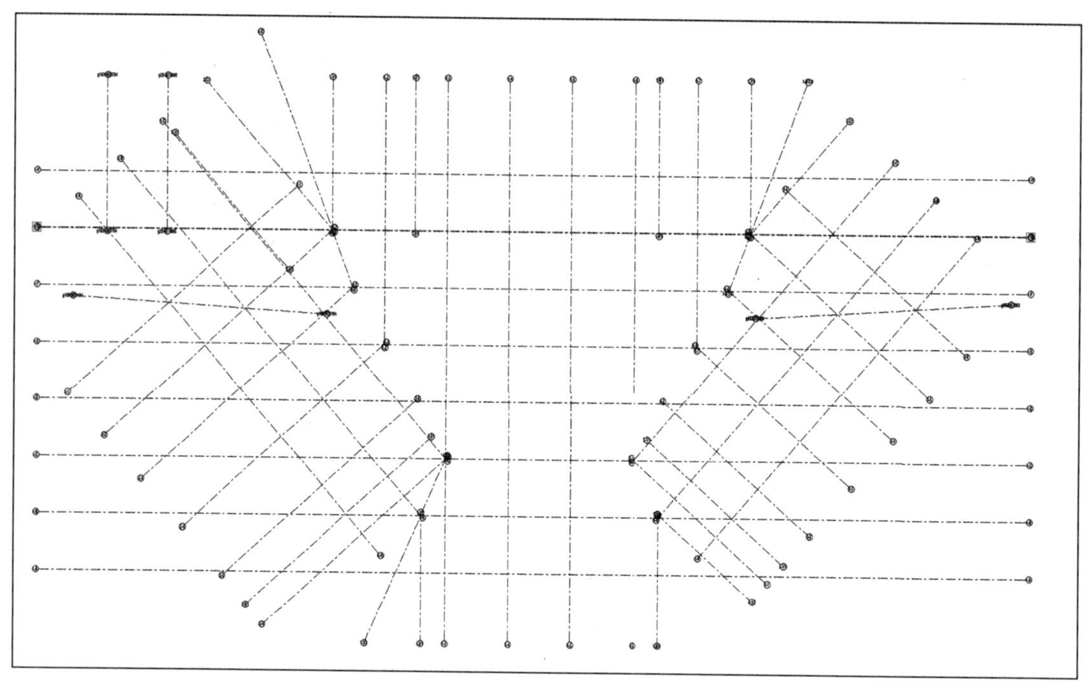

图 1.1-11　轴网

1.4　创建系统类型

对机电专业，在建模之前需要先建立一套较为完善的管道和线路系统。由于软件自带的管道和线路系统不能满足不同项目的要求，因此，在建模之前，先应根据实际的项目需要建立机电管线系统。在本图书馆地下室项目中，我们需要建立暖通、电气、给排水三个专业的系统类型。

1. 风管系统

(1) 选择“项目浏览器”面板下的“族”-“风管系统”选项，鼠标右击“排风”，在弹出的快捷菜单中，选择“复制”命令，将生成的“排风 2”重命名为“排烟系统”。如图 1.1-12 所示。

创建系统类型

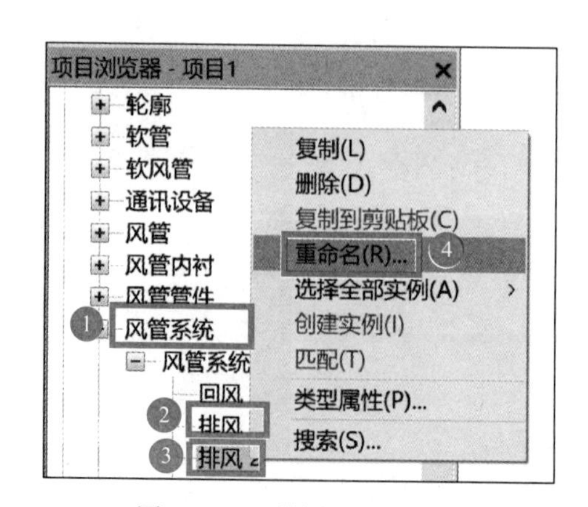

图 1.1-12　排烟系统的设置

（2）用同样的方法，将“排风”系统复制重命名为“排风系统”和“消防系统”。

（3）选择“项目浏览器”面板下的“族”-“风管系统”选项，鼠标左键双击“回风”，在弹出的快捷菜单中，选择“重命名”命令，将“回风”重命名为“回风系统”，点击两次“确定”，如图 1.1-13 所示。

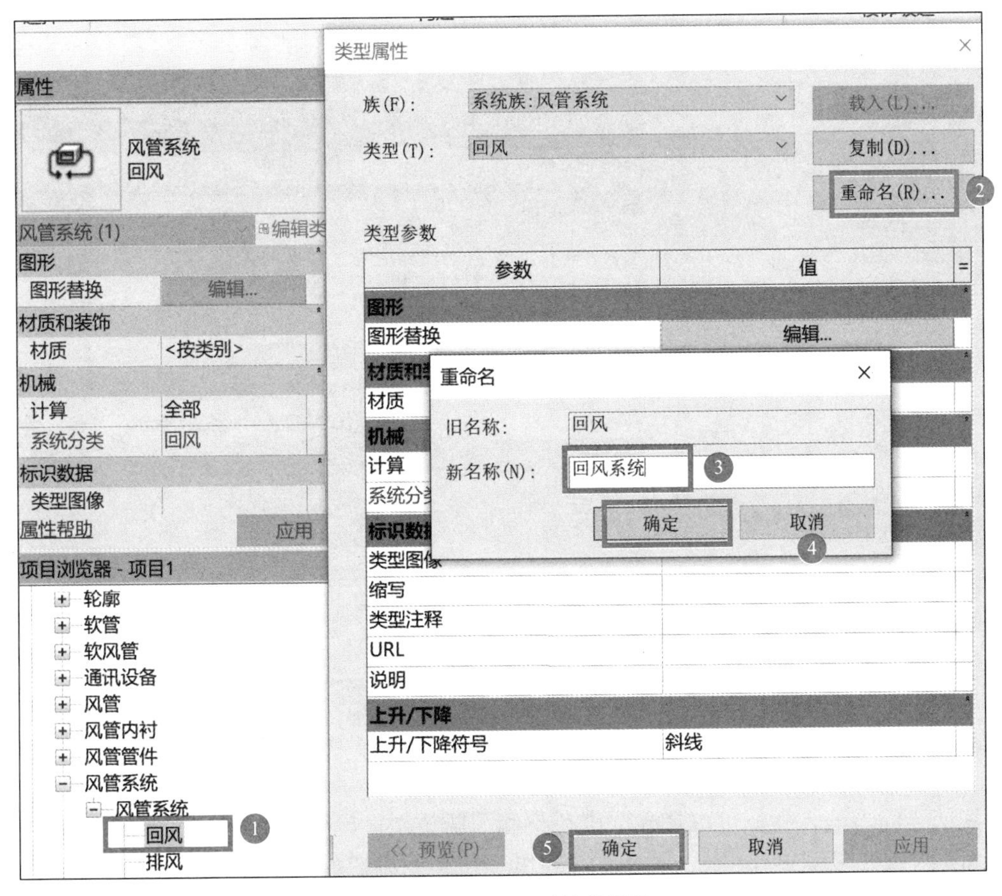

图 1.1-13　回风系统的设置

（4）用同样的方法，将“送风”系统复制重命名为“送风系统”“人防送风系统”和“新风系统”。

本项目风管系统的设置如图 1.1-14 所示。

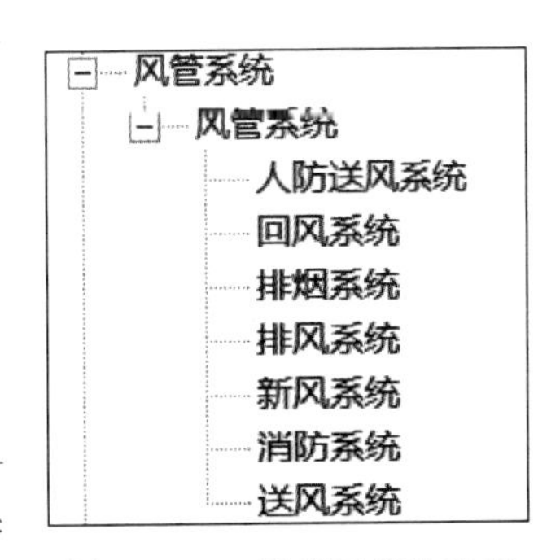

图 1.1-14　风管系统的设置

2. 电缆桥架

在本项目中，机电图纸只涉及强电桥架、弱电桥架和消防桥架，所以此处我们只需创建这三个桥架。

选择“项目浏览器”面板下的“族”-“电缆桥架”-“带配件的电缆桥架”选项，鼠标左键双击“槽式电缆桥架”，在弹出的快捷菜单中，选择“复制”命令，将“名称”设为“强电桥架”，点击两次“确定”，如图 1.1-15 所示。

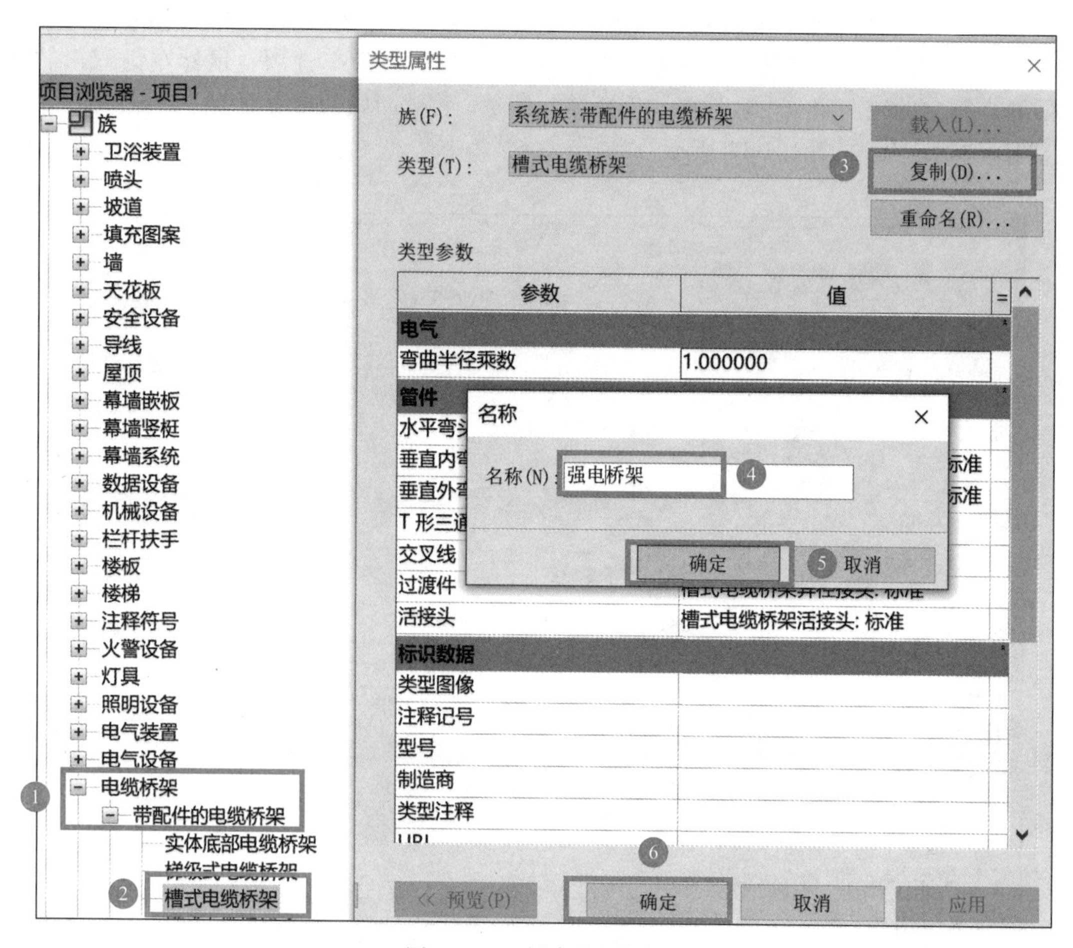

图 1.1-15　创建强电桥架

用同样的方法，我们可以创建弱电桥架和消防桥架。删除与本项目无关的“实体底部电缆桥架”和“梯级式电缆桥架”，本项目电缆桥架的设置如图 1.1-16 所示。

3. 管道系统

在本项目中，管道系统繁多，有热给水系统、冷却回水系统、冷却供水系统、冷凝系统、废水系统、污水系统、给水系统、雨水系统、消火栓系统、消防喷淋系统等。

(1) 选择“项目浏览器”面板下的“族”-“管道系统”选项，鼠标右击“卫生设备”，在弹出的快捷菜单中，选择“复制”命令，将生成的“卫生设备 2”重命名为“废水系统”，如图 1.1-17 所示。

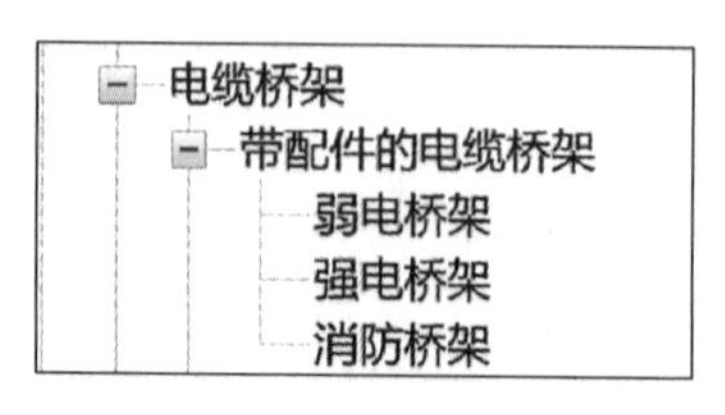

图 1.1-16　电缆桥架的设置

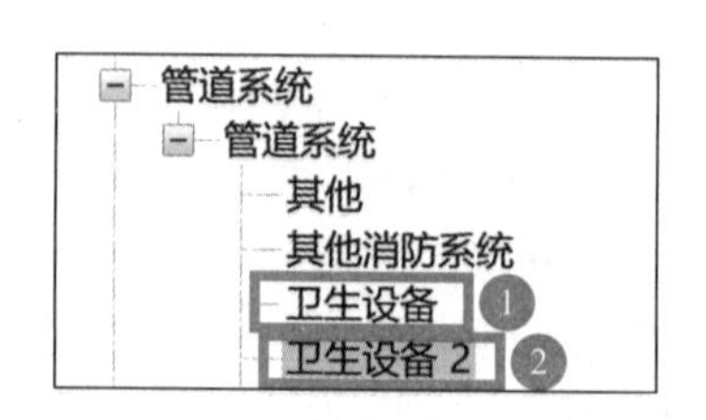

图 1.1-17　废水系统设置

用同样的方法，我们可以创建“雨水系统”。其余系统设置如下：

(2) 选择“项目浏览器”面板下的“族”-“管道系统”选项，鼠标右击“循环回水”，在弹出的快捷菜单中，选择“复制”命令，将生成的“循环回水 2”重命名为“冷却回水系统”。

(3) 选择“项目浏览器”面板下的“族”-“管道系统”选项，鼠标右击“循环供水”，在弹出的快捷菜单中，选择“复制”命令，将生成的“循环供水 2”重命名为“冷却供水系统”。

(4) 选择“项目浏览器”面板下的“族”-“管道系统”选项，鼠标右击“家用热水”，在弹出的快捷菜单中，选择“复制”命令，将生成的“家用热水 2”重命名为“冷凝系统”。

(5) 选择“项目浏览器”面板下的“族”-“管道系统”选项，鼠标右击“家用冷水”，在弹出的快捷菜单中，选择“复制”命令，将生成的“家用冷水 2”重命名为“给水系统”。

(6) 选择“项目浏览器”面板下的“族”-“管道系统”选项，鼠标右击“干式消防系统”，在弹出的快捷菜单中，选择“复制”命令，将生成的“干式消防系统 2”重命名为“消火栓系统”。

(7) 选择“项目浏览器”面板下的“族”-“管道系统”选项，鼠标右击“湿式消防系统”，在弹出的快捷菜单中，选择“复制”命令，将生成的“湿式消防系统 2”重命名为“消防喷淋系统”。

(8) 选择“项目浏览器”面板下的“族”-“管道系统”选项，鼠标右击“循环供水”，在弹出的快捷菜单中，选择“复制”命令，将生成的“循环供水 2”重命名为“冷冻供水系统”。

用同样的方式，选择“湿式消防系统”，复制并重命名为“ZPF”（自动喷淋排水系统）；选择“循环回水系统”，复制并重命名为“冷冻回水系统”；选择“卫生设备”，复制并重命名为“污水系统”；选择“家用热水”，分别复制并重命名为“热回水系统”和“热给水系统”。完成后的管道系统的设置如图 1.1-18 所示。

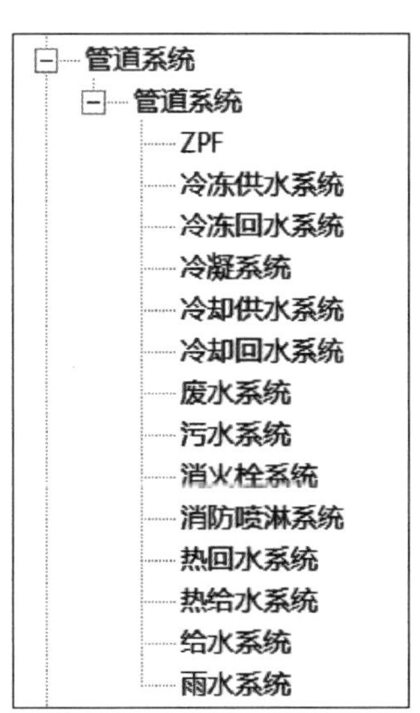

图 1.1-18 管道系统的设置

这样，我们完成了“图书馆地下室 _ 机电模型”的风管系统、电缆桥架和管道系统设置。

1.5 浏览器组织设置

浏览器组织是为了对项目中的视图进行分类管理。系统默认将视图按照规程进行组织。我们可以通过添加项目参数的方式来组织新的浏览器分类方式。

浏览器组织设置

1. 添加参数

选择“管理”-“项目参数”工具，在弹出的对话框中单击“添加”按钮，在弹出的“参数属性”对话框中选择

“项目参数”按钮，在“名称”栏中输入“视图分类-父”，在“规程”栏中选择“公共”选项，在“参数类型”和“参数分组方式”中选择“文字”选项，在“类别”栏中勾选“隐藏未选中类别”复选框和“视图”复选框，单击“确定”完成操作，如图 1.1-19 所示。

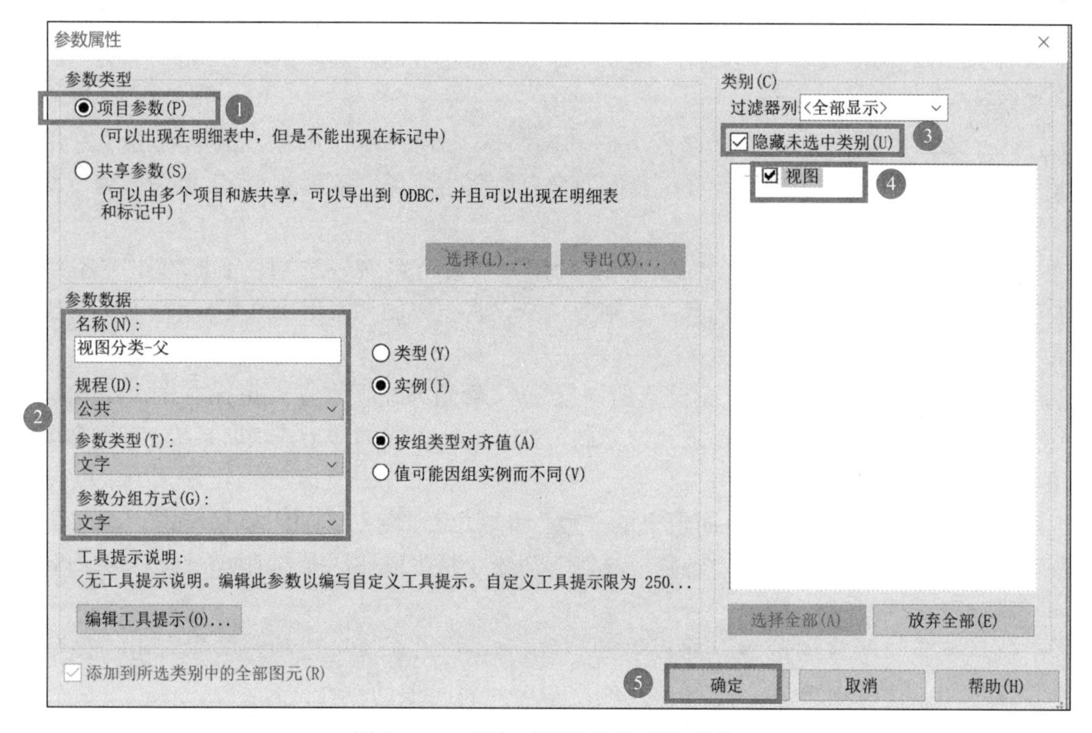

图 1.1-19　添加“视图分类-父”参数

用同样的方法我们可以添加“视图分类-子”的实例参数。

2. 设置浏览器组织

在项目浏览器“视图（规程）”位置单击鼠标右键，选择“浏览器组织”选项，在弹出的“浏览器组织”对话框中，点击“新建”按钮，在“创建新的浏览器组织”对话框中可以输入任意我们命名的新名称，此处，我们将“名称”输入为“给排水”，点击“确定”，如图 1.1-20 所示。

选择新建的“给排水”浏览器组织，点击“编辑”，在弹出的“浏览器组织属性”对话框的“成组和排序”下设置“成组条件”为“视图分类-父”，“否则按”为“视图分类-子”，点击“确定”，如图 1.1-21 所示。

3. 视图分类

添加新的组织形式后，旧的组织形式失效，视图组织显示为“???”的形式，这时，需要我们去逐个指定视图的参数值。具体步骤如下：

（1）创建视图平面

通过“视图”选项卡中的“平面视图”选项，创建平面视图。在弹出的“新建楼层平面”中，选中“−1F −4.200”，如图 1.1-22 所示。

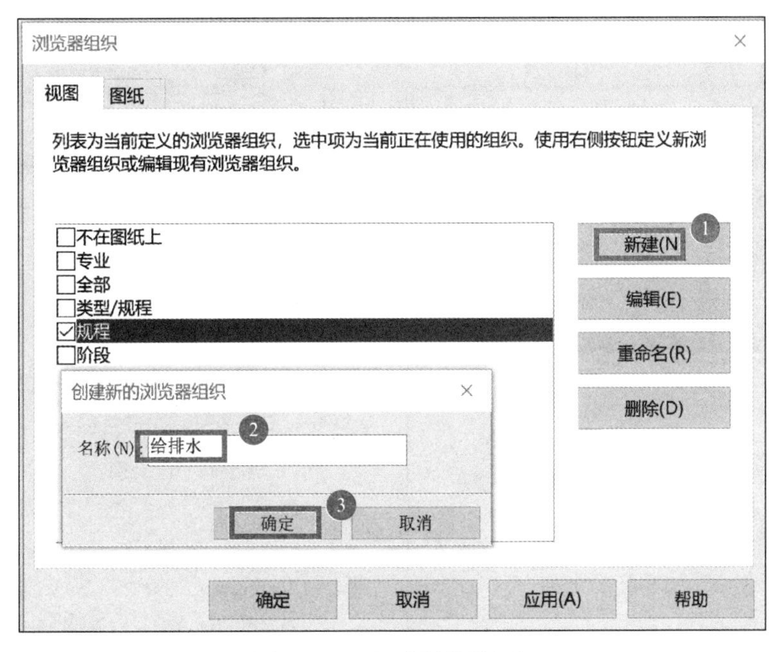

图 1.1-20　新建浏览器组织

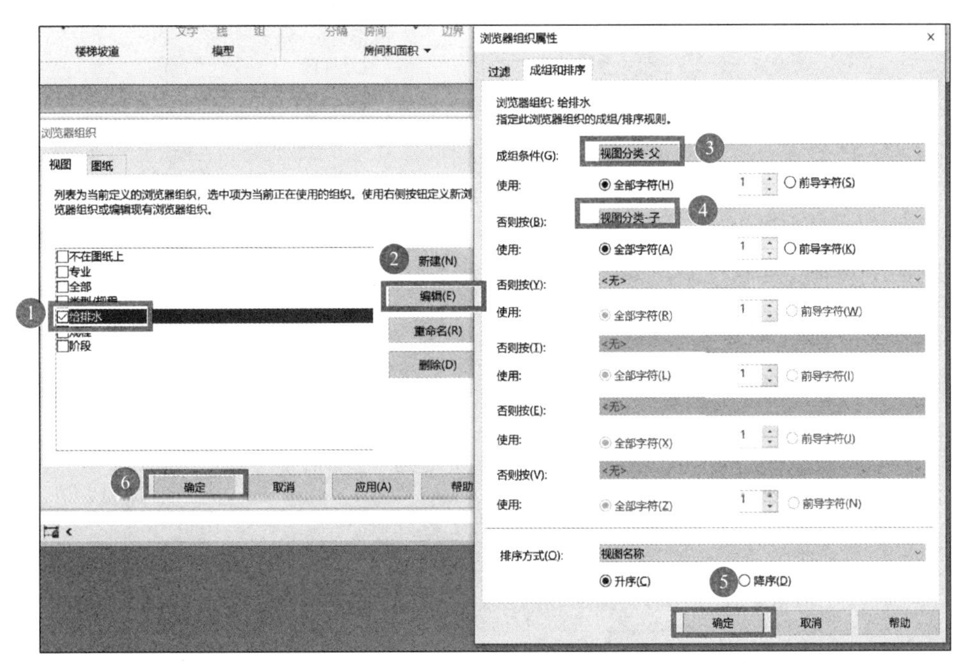

图 1.1-21　设置浏览器组织属性

（2）指定参数值

在项目浏览器中，选中新建的“－1F －4.200”视图，在属性栏将“视图样板”设置为“无”，并输入“子规程”为“卫浴”，参数“视图分类-父”为“01 建模”，参数“视图分类-子”为“01 给排水”，如图 1.1-23 所示。

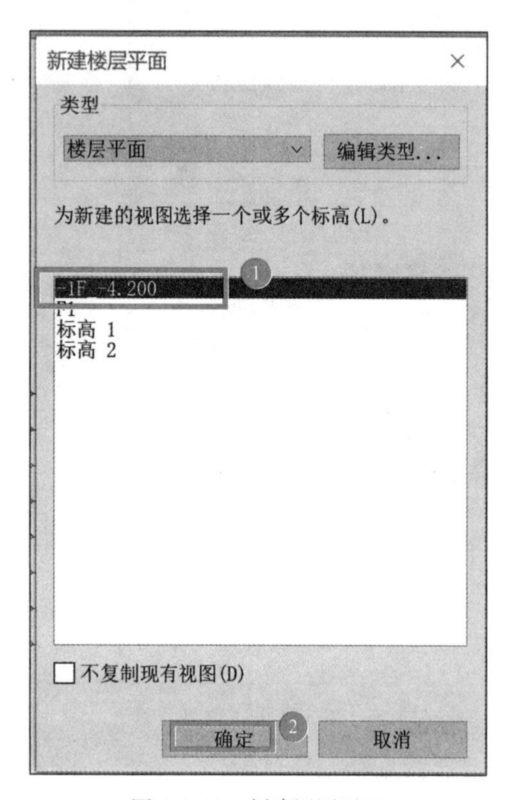

图 1.1-22　创建视图平面

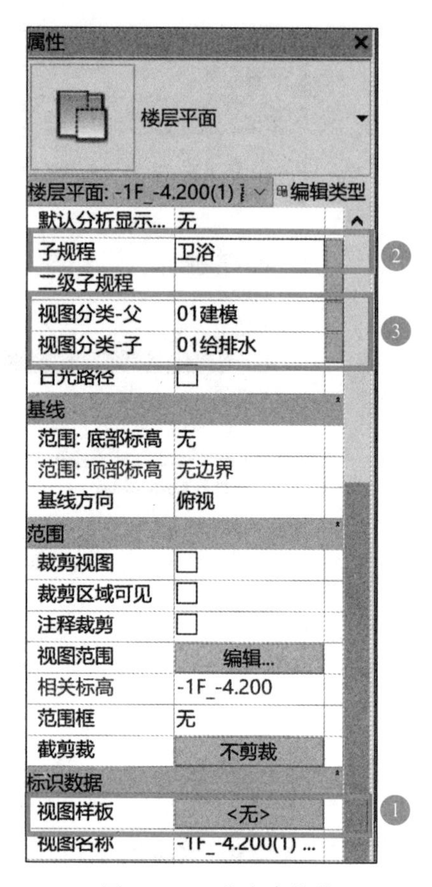

图 1.1-23　指定参数值

鼠标右键单击新生成的“楼层平面：－1F －4.200”，将它重命名为“楼层平面：－1F 消防”。通过带细节复制视图，如图 1.1-24 所示，并将之重命名为“楼层平面：－1F 给排水”。

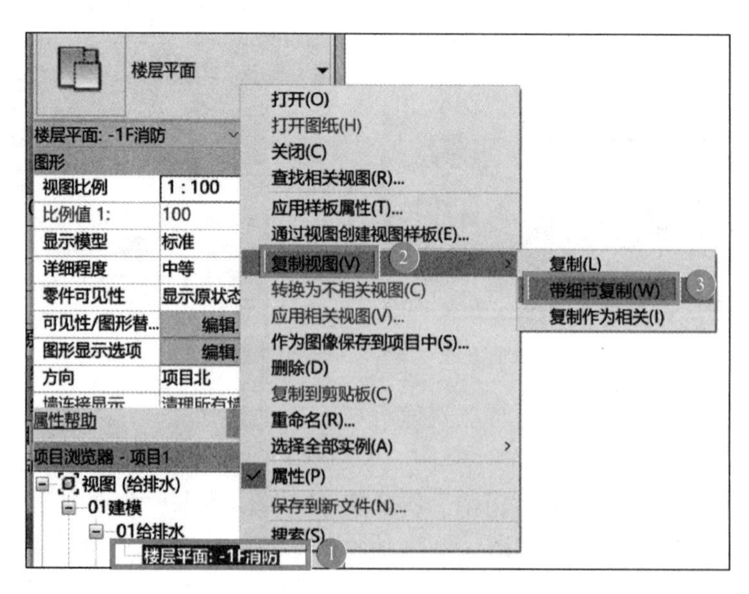

图 1.1-24　复制视图

用同样的方法，我们可以在项目浏览器中，将视图按指定的参数进行分类排列。对于立面图，系统默认卫浴、机械、电气各专业分别有东、南、西、北立面，共 12 个视图，我们可以删除多余立面，只留东、南、西、北各 1 个立面，全部完成后如图 1.1-25 所示。

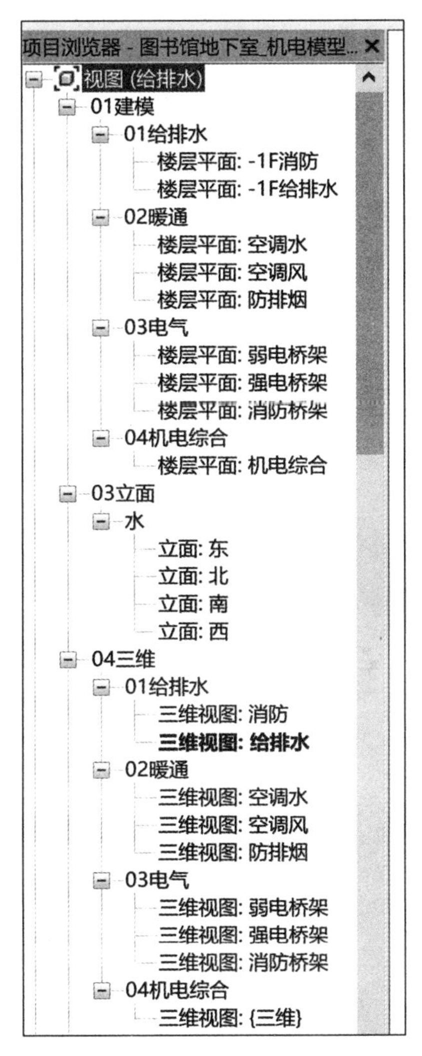

图 1.1-25 完成浏览器组织

1.6 过滤器设置

过滤器设置

过滤器是采用不同颜色，对机电专业中各种管线进行区分的工具。下面我们详细讲解过滤器的设置方法。具体步骤如下：

(1) 删除多余过滤器

选择楼层平面图，如“楼层平面：－1F 消防”，按快捷键“VV”，在弹出的对话框中，选择“过滤器”选项卡，依次选择“家用”“卫生设备”“通风孔”选项，依次点击“删除”按钮，删除多余过滤器，如图 1.1-26 所示。

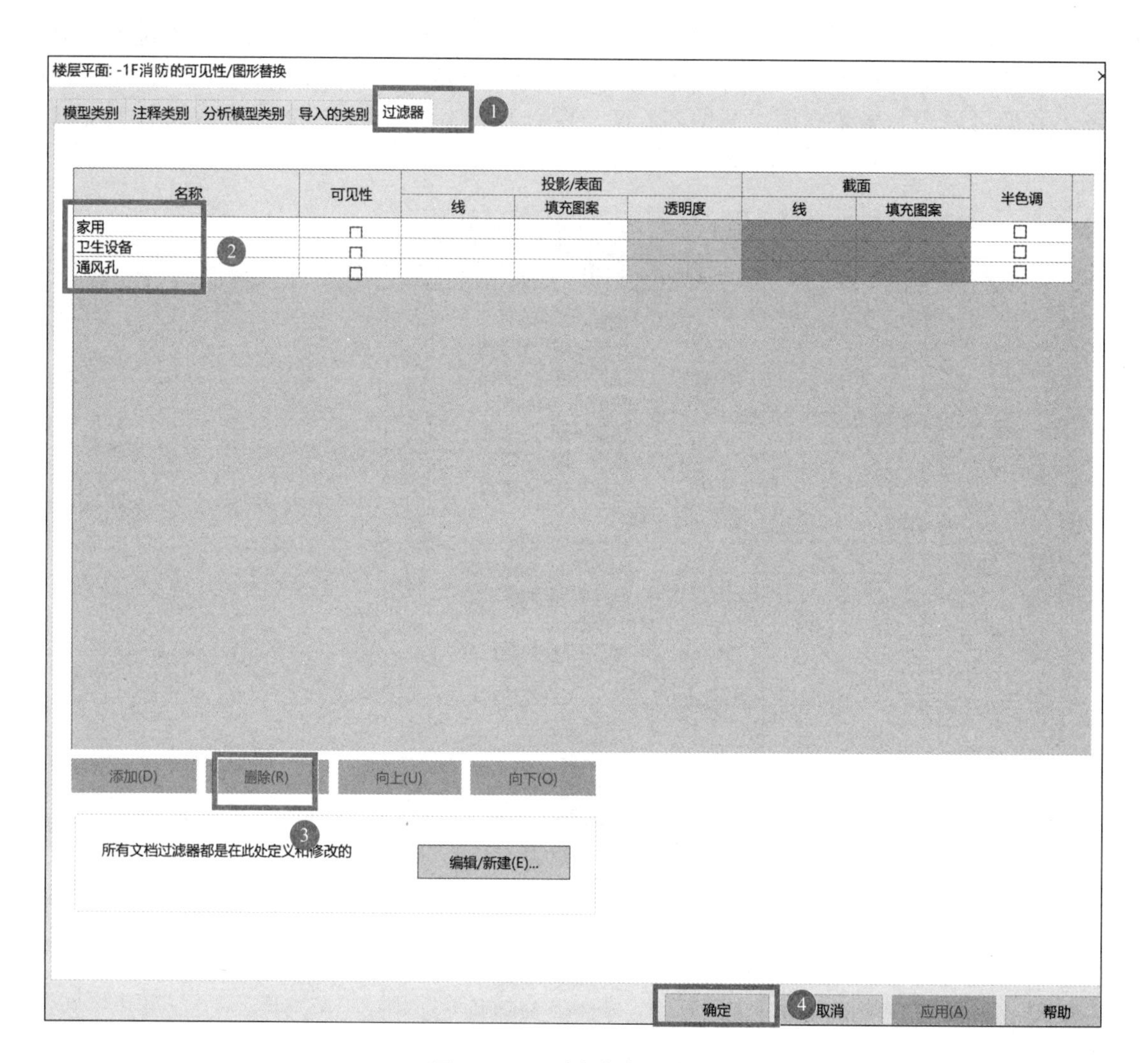

图 1.1-26　删除多余过滤器

（2）继续删除多余过滤器

在对话框中，单击“编辑/新建”按钮，在弹出的“过滤器”对话框中，依次选择“过滤器”栏中的各个选项，逐个点击“删除”按钮，如图 1.1-27 所示。

（3）新建“排风系统”过滤器

在“过滤器”对话框中，单击“新建”按钮，弹出“过滤器名称”对话框，在“名称”栏输入“排风系统”，单击“确定”，返回“过滤器”对话框。在“过滤器”栏中，选择“排风系统”，在“过滤器列表”中选择“机械”和“风管”“风管内衬”“风管占位符”“风管管件”“风管附件”“风管隔热层”“风道末端”类别。在过滤条件中，选取“系统类型”“等于”“排风系统”，单击“确定”，如图 1.1-28 所示。

（4）新建“送风系统”“回风系统”“排烟系统”“消防系统”过滤器

按（3）中的操作方法，我们可以建立“送风系统”“回风系统”“排烟系统”“消防系统”过滤器，此处不再赘述。

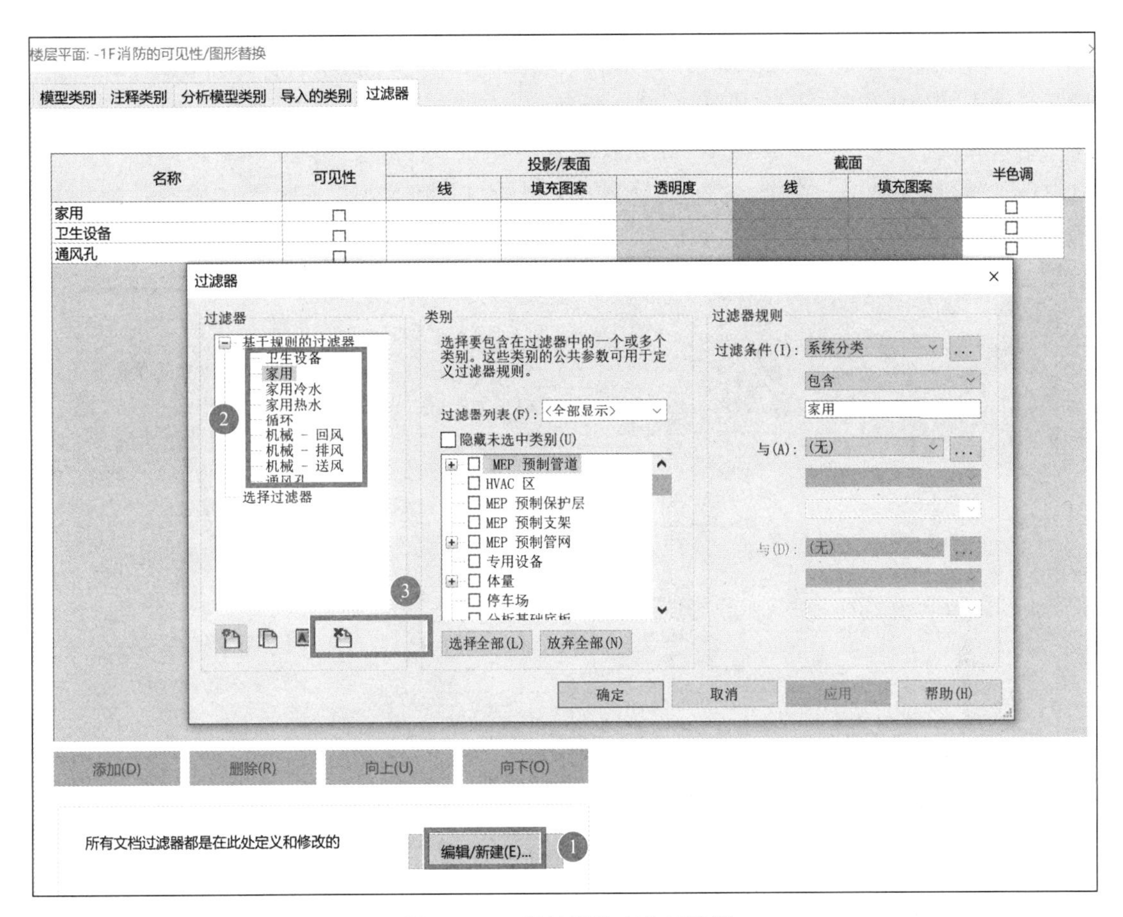

图 1.1-27　继续删除多余过滤器

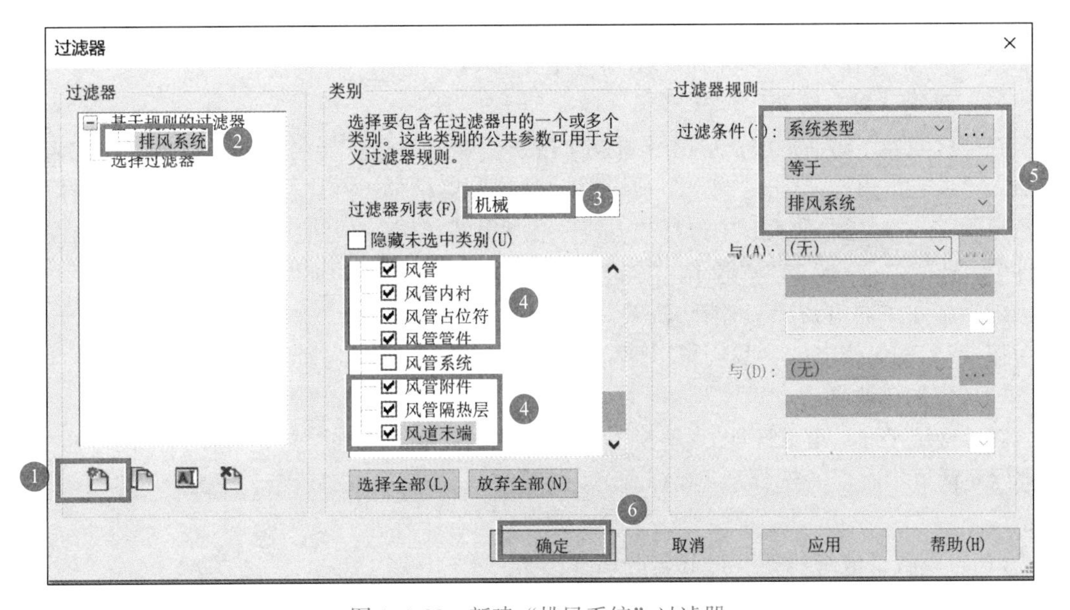

图 1.1-28　新建“排风系统”过滤器

（5）新建“给水系统”过滤器

在“过滤器”对话框中，单击“新建”按钮，弹出“过滤器名称”对话框，在“名称”栏输入“给水系统”，单击“确定”，返回“过滤器”对话框。在“过滤器”栏中，选择“给水系统”，在“过滤器列表”中选择“管道”和“管件”“管道”“管道占位符”“管道附件”“管道隔热层”类别，在过滤条件中，选取“系统类型”“等于”“给水系统”，单击“确定”，如图 1.1-29 所示。

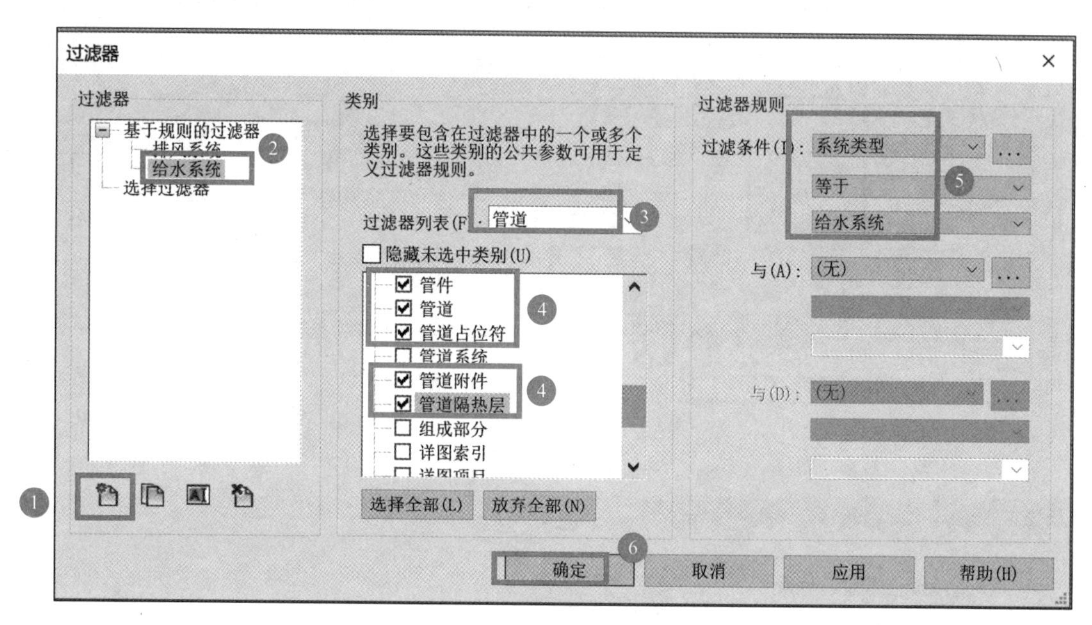

图 1.1-29　新建“给水系统”过滤器

（6）新建“废水系统”“雨水系统”“冷却回水系统”“冷却供水系统”“冷凝系统”“消火栓系统”等过滤器

按（5）的操作方法，我们可以建立上述过滤器，此处不再赘述。

（7）新建“强电桥架”过滤器

在“过滤器”对话框中，单击“新建”按钮，弹出“过滤器名称”对话框，在“名称”栏输入“强电桥架”，单击“确定”，返回“过滤器”对话框。在“过滤器”栏中，选择“强电桥架”，在“过滤器列表”中选择“电气”和“电缆桥架”“电缆桥架配件”类别，在过滤条件中，选取“类型名称”“等于”“强电桥架”，单击“确定”，如图 1.1-30 所示。

（8）新建“弱电桥架”“消防桥架”过滤器

按（7）的操作方法，我们可以建立上述过滤器，此处不再赘述。

（9）添加过滤器

在“楼层平面：可见性/图形替换”对话框中，单击“添加”按钮，在弹出的“添加过滤器”对话框中，逐一选择所有前面已经创建的过滤器，分别点击“确定”，如图 1.1-31 所示。

（10）设置“电缆桥架”过滤器的填充图案

在过滤器中添加颜色，我们可以通过设置过滤器的图案填充实现，也可以通过设置过滤器的线图形实现，还可以同时添加图案填充和线图形。在“楼层平面：可见性/图形替

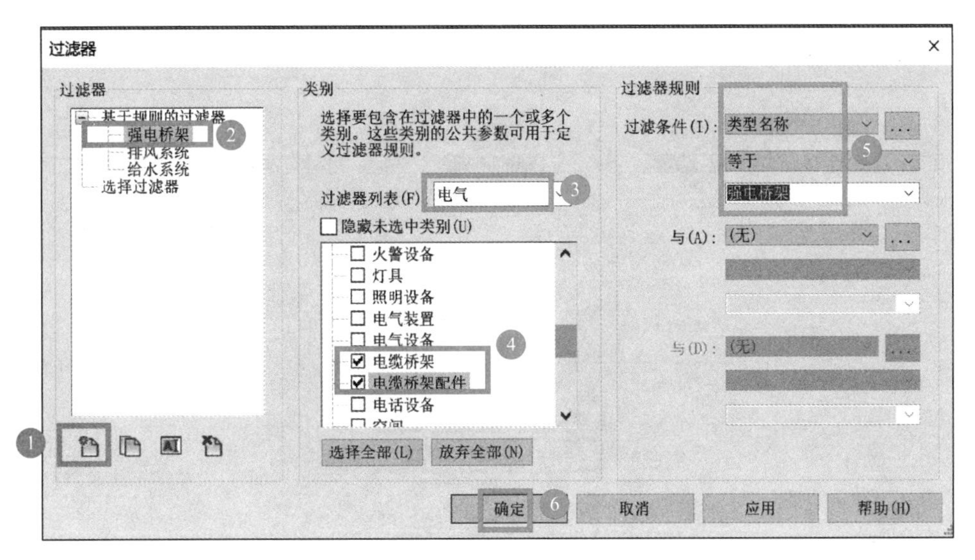

图 1.1-30 新建“强电桥架”过滤器

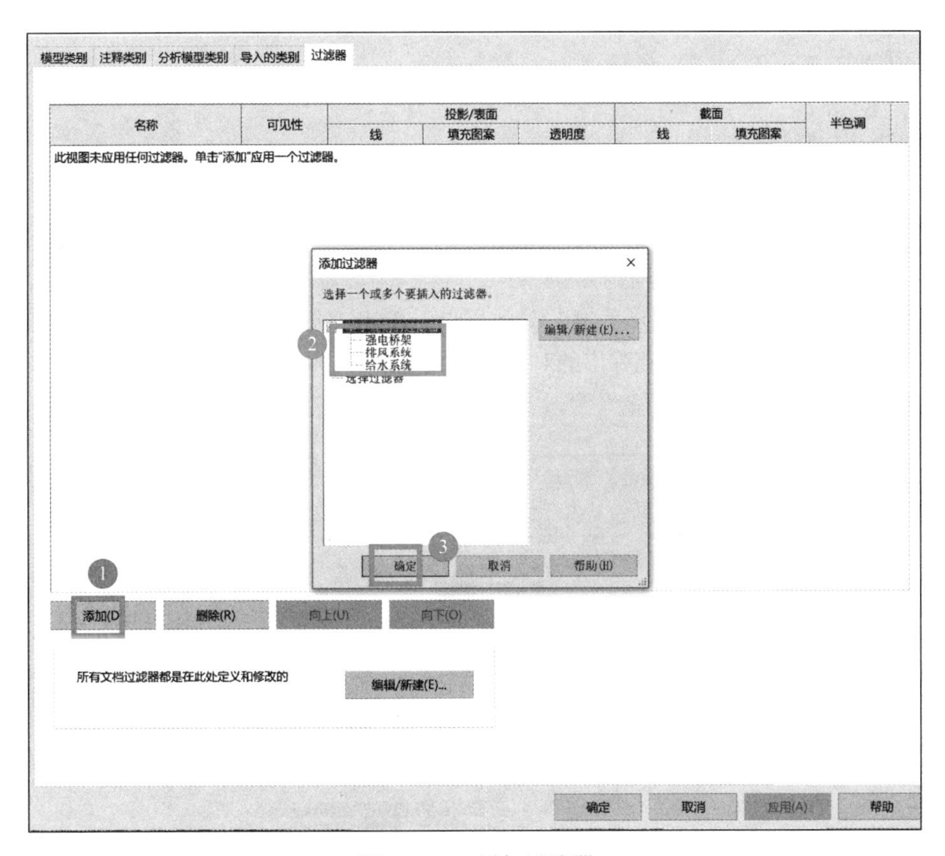

图 1.1-31 添加过滤器

换”对话框中，单击“投影/表面”栏下方“填充图案”按钮，在弹出的“填充样式图形”对话框中，设置“颜色”为“RGB 128-064-000”，“填充图案”为“实体填充”，单击“确定”按钮，如图 1.1-32 所示。

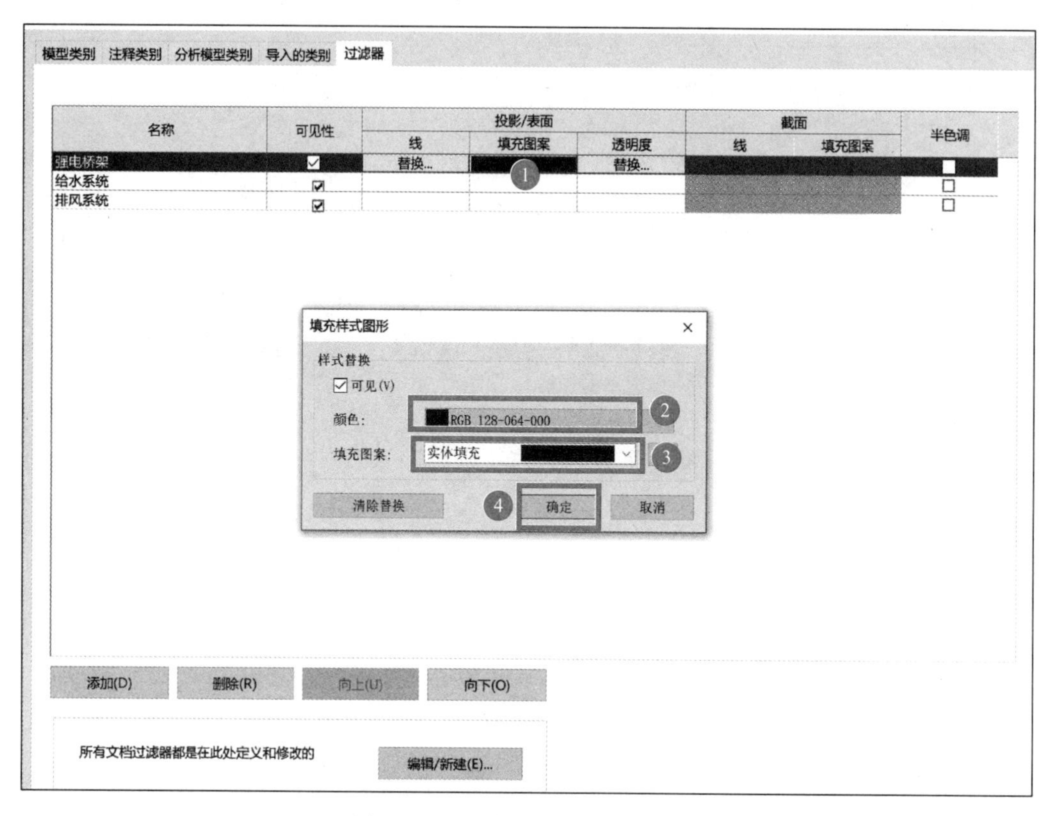

图 1.1-32　添加过滤器的填充图案

（11）设置“排风系统”过滤器的线图形

在“楼层平面：可见性/图形替换”对话框中，单击“排风系统”对应的“投影/表面”栏下方“线”-“替换”按钮，在弹出的对话框“线图形”中，设置“宽度”为“2”，“颜色”为“RGB 255-191-127”，“填充图案”为“实线”，单击“确定”按钮，如图 1.1-33 所示。

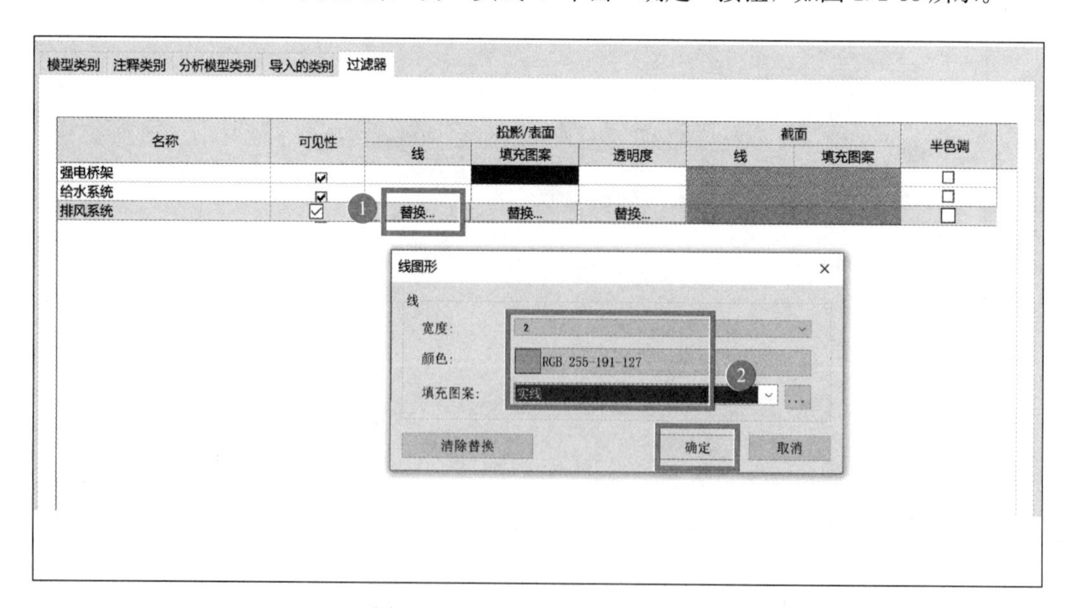

图 1.1-33　添加过滤器的线图形

用同样的方法，我们可以设置其余过滤器的线图形或图案填充。

本项目新建过滤器的颜色如表 1.1-2 所示。

过滤器颜色设置　　表 1.1-2

序号	名称	颜色
1	排风系统	RGB 255-191-127
2	人防送风系统	RGB 000-000-255
3	送风系统	RGB 000-255-255
4	回风系统	RGB 255-000-255
5	排烟系统	RGB 128-128-000
6	消防系统	RGB 255-000-000
7	新风系统	RGB 000-255-000
8	强电桥架	RGB 128-064-000
9	弱电桥架	RGB 064-064-255
10	消防桥架	RGB 255-128-000
11	给水系统	RGB 000-255-000
12	废水系统	RGB 000-128-064
13	污水系统	RGB 128-064-064
14	雨水系统	RGB 012-128-243
15	消火栓系统	RGB 255-000-000
16	消防喷淋系统	RGB 255-000-255
17	冷却回水系统	RGB 153-076-000
18	冷却供水系统	RGB 255-000-128
19	冷凝系统	RGB 000-127-255
20	冷冻供水系统	RGB 000-189-189
21	冷冻回水系统	RGB 062-062-255
22	热回水系统	RGB 255-142-199
23	热给水系统	RGB 214-002-104
24	ZPF(自动喷淋废水系统)	RGB 000-128-064

1.7 创建视图样板

创建视图样板

使用“可见性/图形替换”对话框中设置的对象类别可见性及视图替换显示仅限于当前视图，如果有多个视图需要设置相同的可见性及视图替换，我们可以通过创建视图样板，将设置快速应用到其他视图。视图样板的创建步骤如下：

（1）创建 MEP 视图样板

点击视图“楼层平面：－1F 消防”，在“视图”选项卡下选择“视图样板”下拉列表，在列表中选择“从当前视图创建样板”，如图 1.1-34 所示。在弹出的“新视图样板”对话框中，输入名称为“MEP 视图样板”，完成后，单击“确定”，退出“新视图样板”对话框。

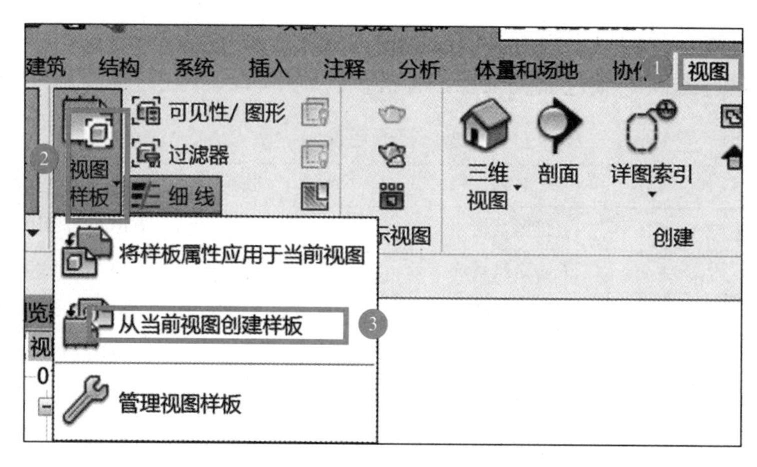

图 1.1-34　创建 MEP 视图样板

（2）设置视图属性

在“视图样板”对话框右侧，显示样板控制的“视图属性”。在“值”列表中可设置不同参数的属性，通过选中“包含”复选框，确定视图样板控制的参数对象。

在弹出的“视图样板”对话框里，单击新建的“MEP 视图样板”，在右侧“视图属性”里，依次取消“规程”“子规程”“视图分类-父”“视图分类-子”复选框的勾选，单击“确定”完成操作，如图 1.1-35 所示。

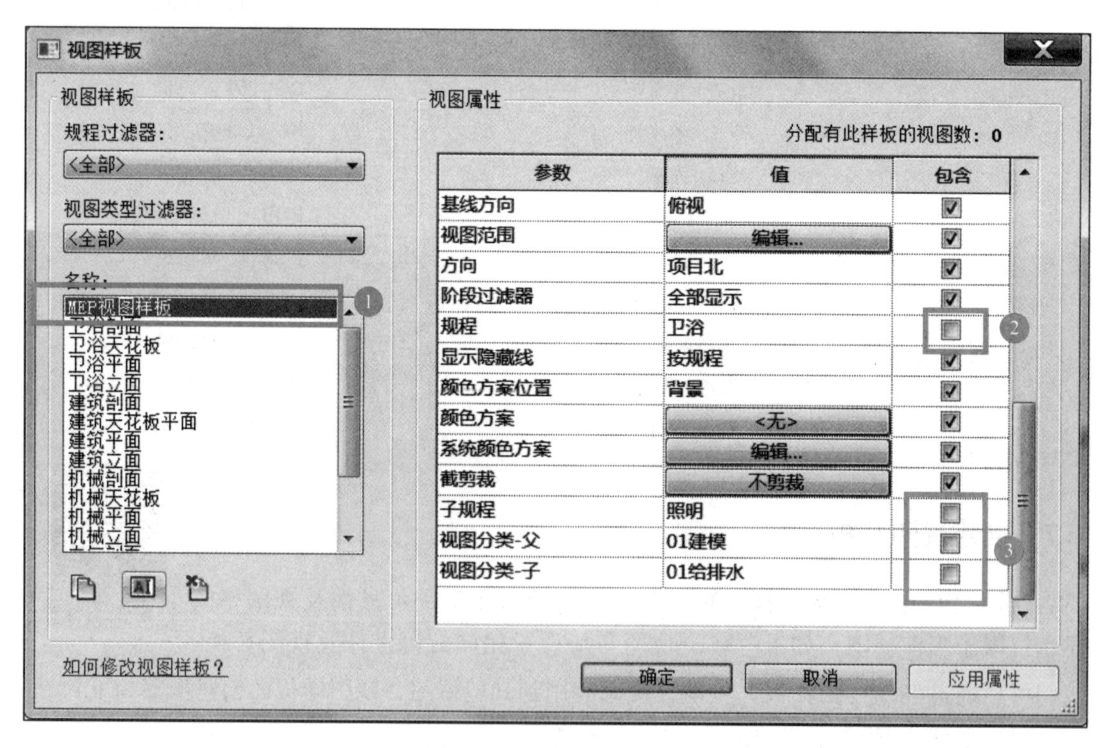

图 1.1-35　设置视图属性

（3）应用视图样板

为将“MEP 视图样板”中的视图属性应用于我们需要的视图中，单击“视图”选项卡“视图样板”下拉列表，在列表中选择“将样板属性应用于当前视图”，如图 1.1-36 所示，样板属性即可应用到当前视图中。

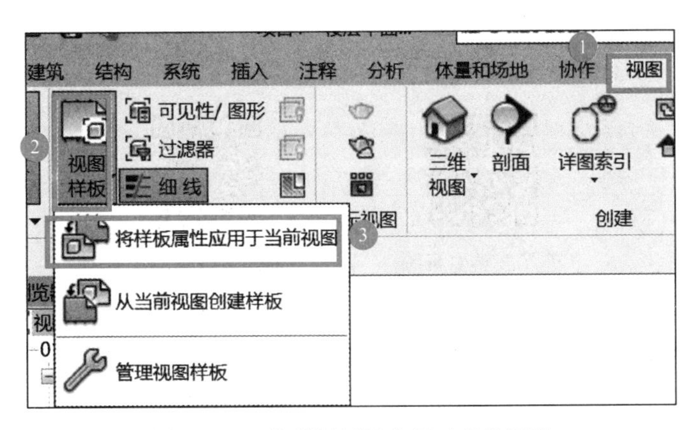

图 1.1-36　将样板属性应用于当前视图

单元 2　BIM 暖通专业建模

单元 2 学生资源

单元 2 教师资源

建筑暖通专业的主要组成部分为管道系统。管道系统包含空调风系统、空调水系统、防排烟系统等。本单元主要以图书馆地下一层为例，讲解暖通专业模型的创建方法。

任务 1　暖通系统 BIM 建模

能力目标

1. 会识读施工图纸相关信息；
2. 能正确设置暖通防排烟系统、空调风系统、空调水系统管道系统及参数；
3. 熟练掌握暖通空调管道的绘制方法和技巧。

任务书

根据图书馆暖通空调施工图，选择相应的防排烟系统、空调水系统、空调风系统管道系统与防排烟管道、空调水管道、空调风管道的类型。掌握水平管道和立管的绘制方法，掌握管道与设备的连接方法，掌握添加管道附件的方法，最后完成图书馆地下室一层的暖通空调建模。任务清单见表 2.1-1。

任务清单　　表 2.1-1

序号	内容	要求完成时间	实际完成时间
1	防排烟管道类型创建与设置		
2	防排烟管道绘制		
3	空调风管道类型创建与设置		
4	空调风管道绘制		
5	空调水管道类型创建与设置		
6	空调水管道绘制		
7	防排烟风管、空调水管、空调风管的风口、阀门等附件的添加和设备的放置		

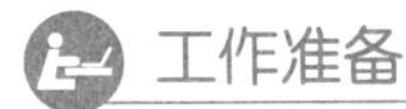

工作准备

1. 阅读任务书，识读“图书馆地下一层防排烟通风平面图”“地下一层空调风管平面”“地下一层空调水管平面图”“空调冷热源系统原理图”“空调水系统末端流程图”，进行图面分析（表 2.1-2），并完成“图纸识读-图书馆地下一层暖通空调平面图与暖通空调系统原理图”问题。

2. 结合图书馆项目分析建模的难点与重点。

图面分析　　表 2.1-2

主题:图书馆地下一层暖通空调系统建模 图纸编号:设施-01，设施-02，设施-03
问题 1:本工程地下一层防排烟系统采取了哪些措施? 问题 2:本工程图书馆的空调冷源是什么? 问题 3:本工程空调水系统采用几级泵系统? 问题 4:本工程空调水系统采用什么设备进行定压、补水、排气?
是否存在设计错误:(需标明图纸出处) 更正建议:
是否存在信息缺失:

3. 根据暖通空调建模的操作方法与步骤回答以下问题。

（1） 需要导入哪张图纸？在建模过程中主要保留 CAD 图纸的哪些图层？

（2） 如何进行暖通空调系统的设置？

（3） 如何添加暖通空调系统设备？

（4） 如何进行风管尺寸的设置？

1.1 暖通施工图识读

本工程为图书馆，地上 4 层，地下 1 层，建筑高度 23.682m，混凝土框架结构，总建筑面积 14064.64m^2，地上建筑面积 10390.75m^2，地下室建筑面积 3673.89m^2。图书馆地下一层暖通系统包括防排烟系统和空调系统。

（1） 防排烟系统

图书馆地下车库按照防火分区设置机械排烟系统，排烟系统与平时排风系统兼用，排烟系统的补风系统和平时进风系统兼用。机械排烟系统包含排烟风机、排烟管道、排烟风口等，排烟管道采用不燃材料制作且内壁光滑。

（2）空调系统

图书馆空调冷源采用水冷离心机组 2 台，空调热源采用 2 台真空热水锅炉。其中制冷机房位于图书馆地下一层。

空调风系统：本工程高大空间采用舒适性空调，采用一次回风全空气低速变频送风系统，气流组织采用顶送下回，夏季空气经过初效过滤、降温除湿后送入室内；冬季空气经过初效过滤、加热后送入室内。集中设置空调机房，集中回风。风机根据回风温度湿度及风管系统的压差变频运行。

空调水系统：空调水系统一般包含冷冻水系统、冷却水系统和凝结水系统。本工程空调冷冻水系统为二管制（冷热兼用，按季节切换），原则采用同程式布置，除冷凝水系统外，空调水系统均为机械循环系统。

图书馆工程暖通专业图纸包含两个文件夹，分别为“暖通”和“人防暖通”。

“暖通”文件夹中包含图纸“图书馆暖通空调平面”和说明“设计说明及大样”压缩包，该压缩包中包含“暖通空调施工说明”“暖通空调设计说明”“绿色节能设计专篇”和“设计说明与大样”。其中图纸“图书馆暖通空调平面”包含图书馆地下一层至四层防排烟通风平面图、图书馆地下一层至四层空调风管平面图、图书馆地下一层至四层空调水管平面图。

“人防暖通”文件夹中包含图纸“图书馆地下人防暖通二等”“图书馆、行政楼人防工程-二等人员掩蔽 _ t3（整理底图）”和说明“暖通空调人防通风设计与施工说明-浙建院图书馆地下”“暖通空调消防防排烟设计与施工说明-浙建院图书馆地下”。其中图纸“图书馆地下人防暖通二等”包含地下一层人防平时通风平面图和地下一层人防战时通风平面图。

1.2 图纸导入

在导入 Revit 之前，首先要对图纸进行拆分处理，也可对 CAD 图层进行设置，以便在建模过程中图纸内容看得更加清晰，提高建模效率。暖通建模前，可先将“暖通”文件夹中的“图书馆暖通空调平面”进行图纸拆分，并按照各楼层进行整理，如图 2.1-1 所示。用同样方法后续可对“人防暖通”文件夹中“图书馆地下人防暖通二等”图纸进行拆分，整理出“04 地下一层人防平时通风平面图”和“05 地下一层人防战时通风平面图”。

图纸导入

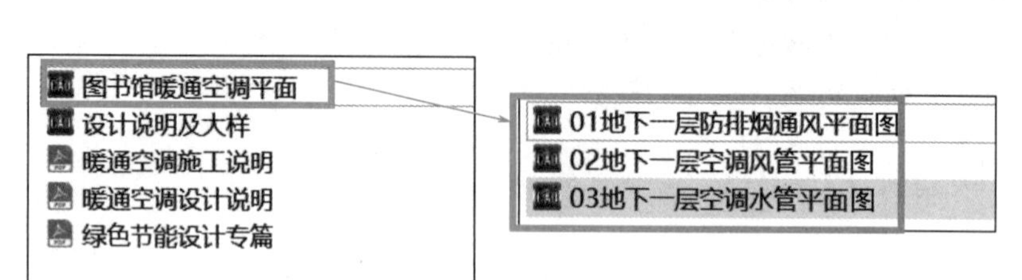

图 2.1-1　暖通图纸拆分与处理

在 Revit 中导入图纸有“链接 CAD”和“导入 CAD”两个命令，如图 2.1-2 所示。两者相似又有一定区别，“链接 CAD”是指将其他格式的文件作为外部参照放到 Revit 文件当中来使用，它是以路径的方式存在，并不属于 Revit 文件本身，而“导入 CAD”可以使外部文件融入 Revit 文件中。

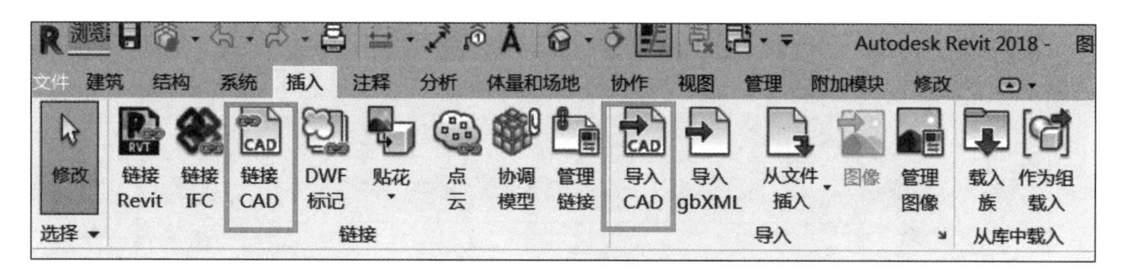

图 2.1-2 图纸导入命令

下面以“01 地下一层防排烟通风平面图”导入项目中为例进行讲解。其他如“02 地下一层空调风管平面图”“03 地下一层空调水管平面图”等图纸按照相同方法依次导入“楼层平面：空调风”“楼层平面：空调水”楼层平面视图中；“04 地下一层人防平时通风平面图”“05 地下一层人防战时通风平面图”导入“楼层平面：防排烟”楼层平面视图中。

1. 打开“楼层平面：防排烟”视图

选择“项目浏览器”面板中的“01 建模”-“02 暖通”-“楼层平面：防排烟”选项，如图 2.1-3 所示。

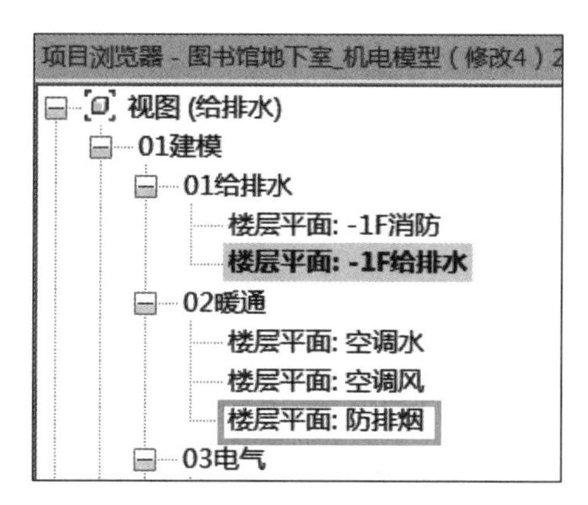

图 2.1-3 打开“楼层平面：防排烟”视图

2. 链接或导入 CAD 图纸

暖通空调系统 BIM 建模时，需在“楼层平面：防排烟”视图中导入或链接“暖通”文件夹中拆分出来的“01 地下一层防排烟通风平面图”。以导入“01 地下一层防排烟通风平面图”为例：单击“插入”-“导入 CAD”命令，选择“01 地下一层防排烟通风平面图”，勾选“仅当前视图”，“颜色”选项为“保留”，“导入单位”为“毫米”，“定位”选择“自动-原点到原点”，设置完成后单击“打开”完成操作，如图 2.1-4 所示。“链接 CAD”与“导入 CAD”的操作相同。

3. 对齐 CAD 图纸

CAD 图纸导入 Revit 后处于锁定状态，单击“修改”面板上的“解锁”命令先将 CAD 图纸解锁，然后通过“移动”或“对齐”命令将 CAD 图纸与 Revit 项目中的轴网对齐，最后将对齐的图纸再次锁定以避免因建模操作失误移动图纸位置，如图 2.1-5 所示。

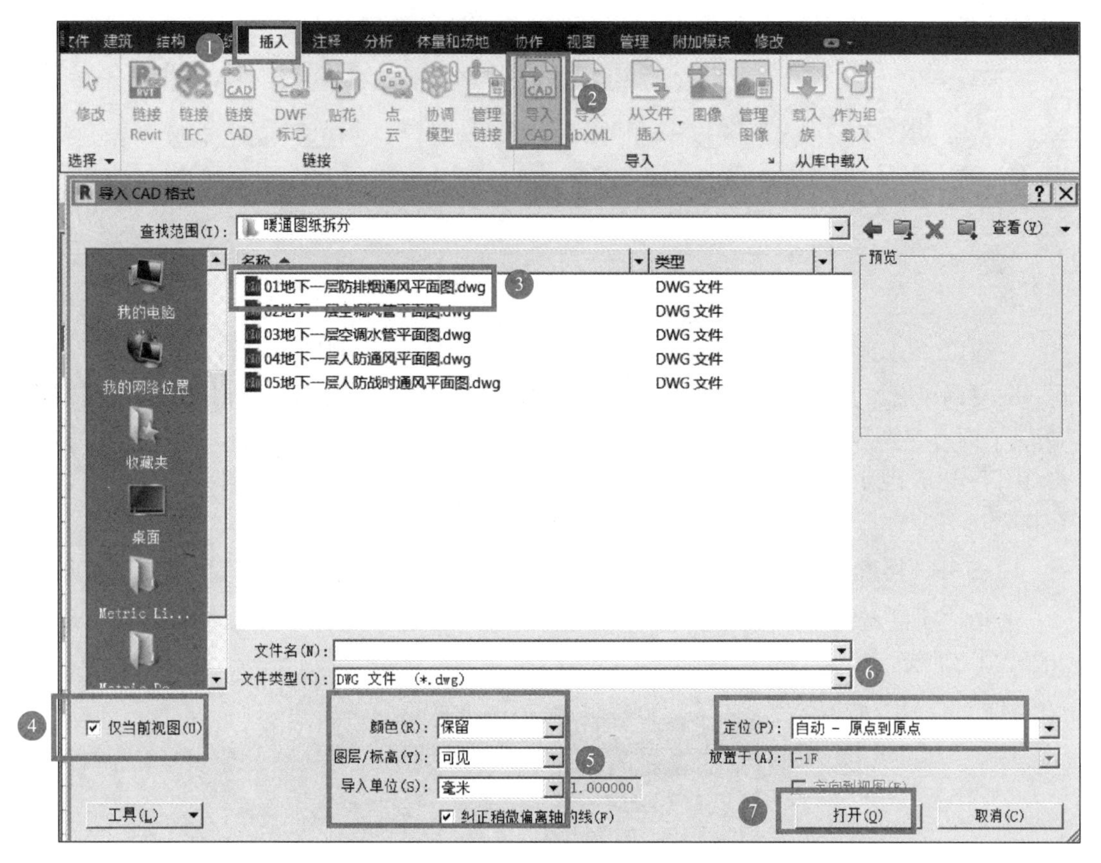

图 2.1-4　图纸导入

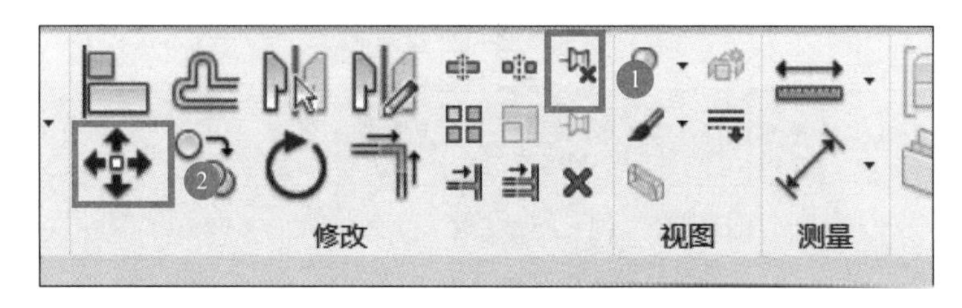

图 2.1-5　对齐 CAD 图纸

1.3　风管参数设置

风管参数设置

在绘制风管系统前，需要先设置风管类型和风管系统。

1. 风管类型设置

选择“项目浏览器”面板中的“族”-“风管”-“矩形风管”-“半径弯头/T形三通”（建模过程中若需创建“接头”连接，可根据需要选择“半径弯头/接头”进行更改），然后点击鼠标右键，选择“复制”命令，在新复制出的管道类型“半径弯头/T形三通 2”处单击鼠标右键，选择“重命名”命令，将其名称改为“送风管”，运用相同方法分别创建“正压送风管”“回风管”“排烟管”“排风管”，如图 2.1-6 所示。

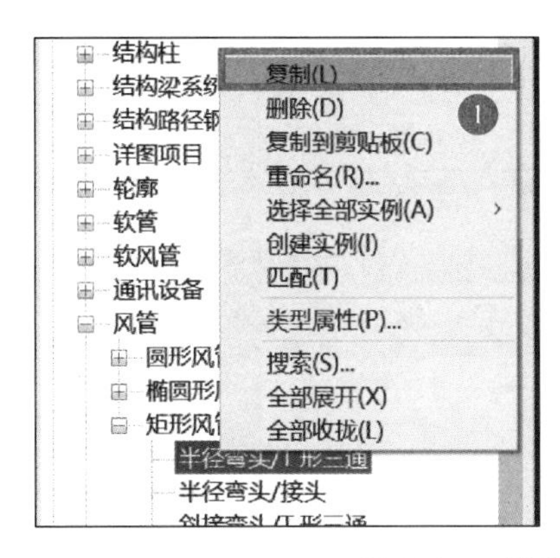

图 2.1-6　风管类型名称设置

2. 建立风管系统

在本书单元 1 任务 1 的 1.4 创建系统类型中，我们建立了本项目的风管系统，此处不再重复。设置结果如本书单元 1 图 1.1-14 所示。

3. 布管系统设置

双击项目浏览器中新建的“排风管”，在弹出的“类型属性”对话框中，点击“布管系统配置”右边的“编辑”按钮，在弹出的“布管系统配置”对话框中对管段、管件进行设置。

在“布管系统配置”对话框中，构件列表中应添加相应的弯头、三通、接头、四通、过渡件等风管管件族。如果管件下拉菜单中没有需要的管件类型，可以通过“布管系统配置”对话框中“载入族”按钮把需要的管件族从本书配套资源中的“暖通”-“风管管件”文件夹中载入，如图 2.1-7、图 2.1-8 所示。若出现“族已存在”对话框时，选择“覆盖现有版本及其参数值”，如图 2.1-9 所示。排风管、回风管布管系统最终设置结果如图 2.1-10 所示，排烟管、送风管等风管类型布管系统配置与排风管相同。

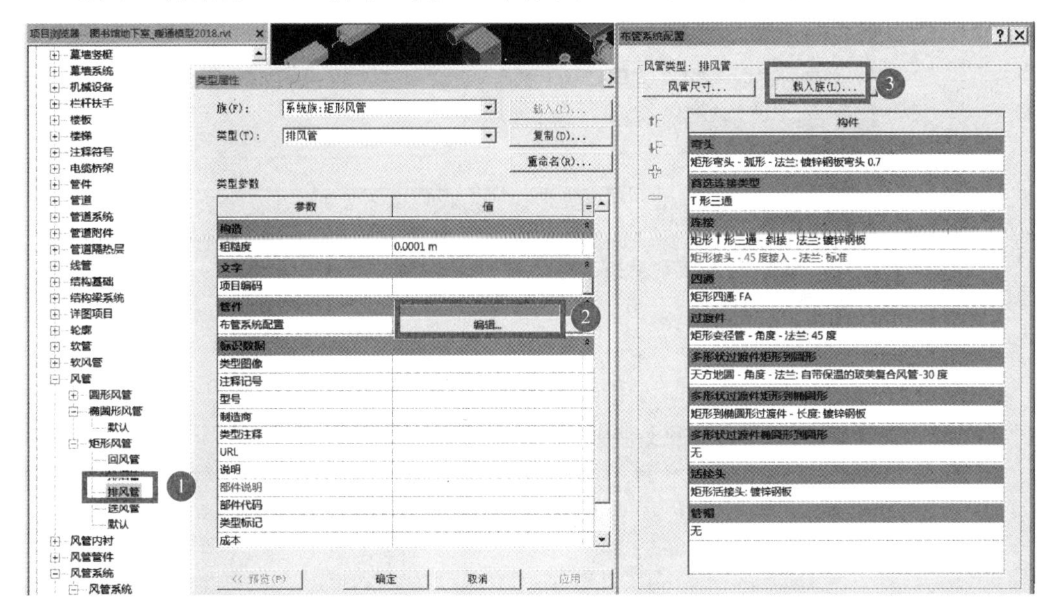

图 2.1-7　排风管的布管系统配置

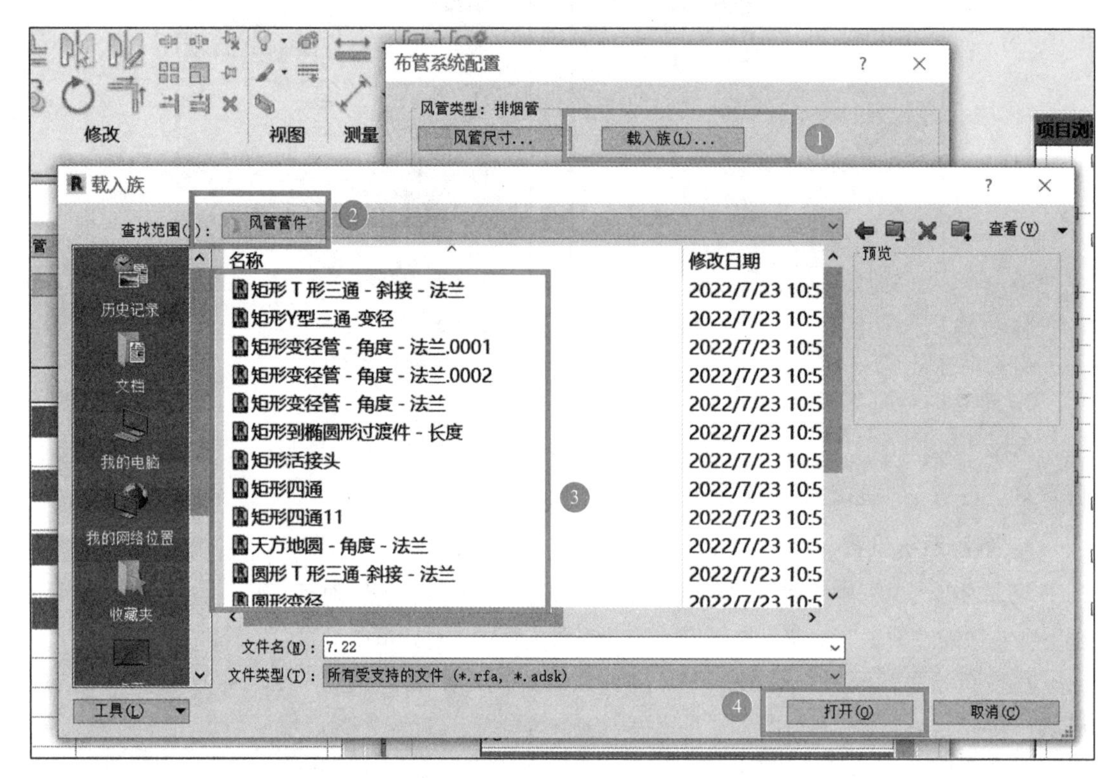

图 2.1-8　布管系统配置中载入需要的风管管件

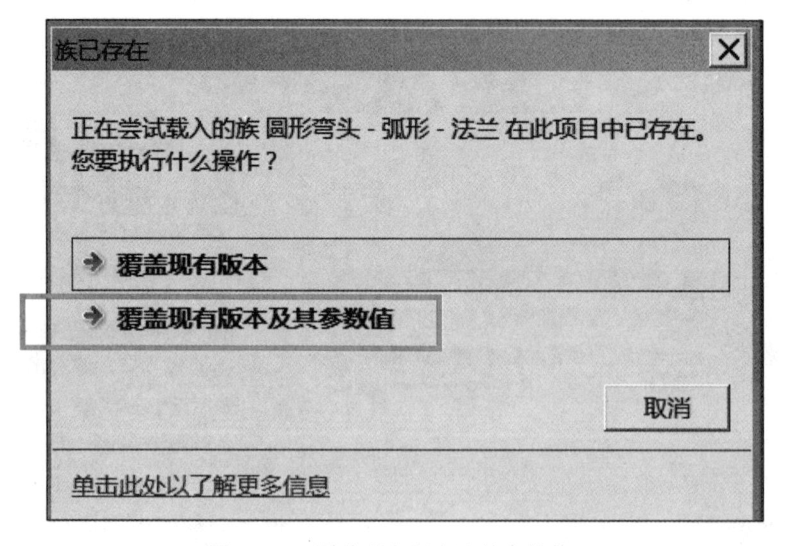

图 2.1-9　覆盖现有版本及其参数值

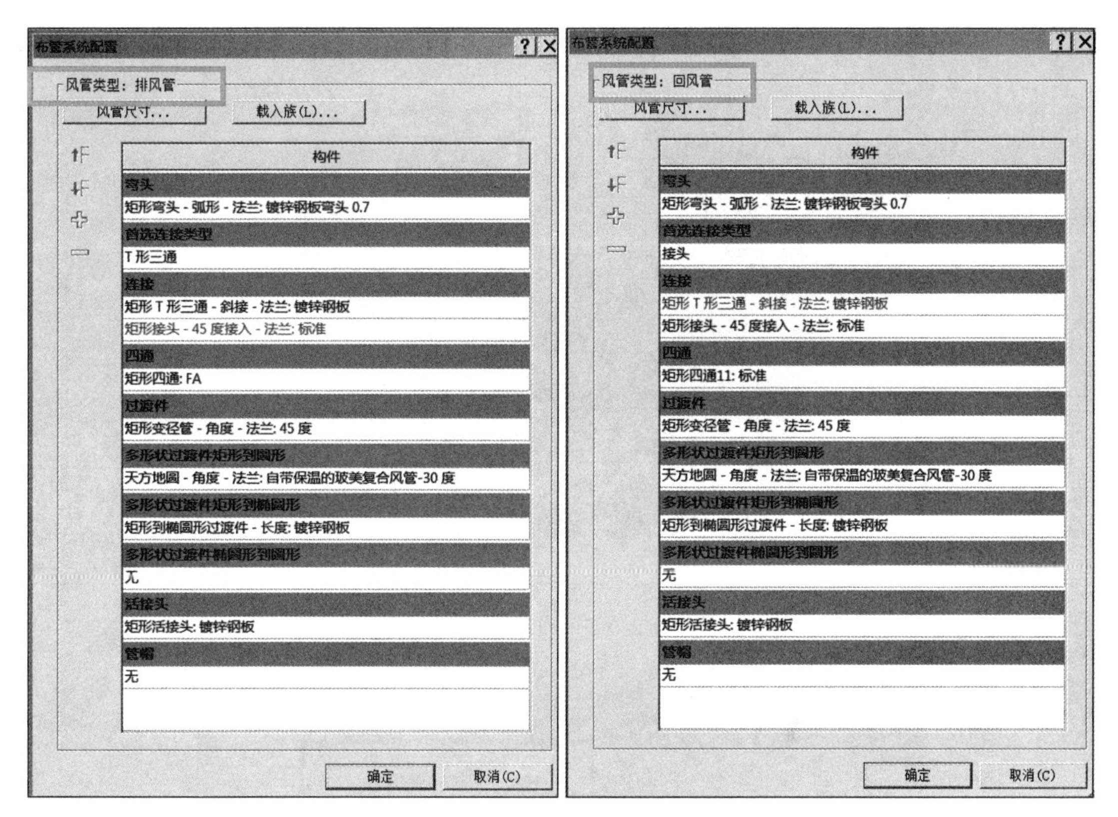

图 2.1-10　布管系统最终设置结果

1.4　防排烟系统 BIM 建模

防排烟系统
BIM 建模

图书馆地下室按照防火分区设置机械排烟系统，排烟系统 BIM 建模主要绘制五部分：机械设备、风管管道、风管管件、风管附件和风道末端。风管管道以矩形风管为主，尺寸规格以“宽×高”（单位：mm）表示，有 1250×400、1000×320、800×320、500×250 等。在布置防排烟风管管道前，我们已经导入了图书馆地下一层暖通空调工程防排烟平面图（详见本任务 1.2），并设置好了各种类型风管的参数设置等信息（详见本任务 1.3）。我们以 4 号楼梯左侧的正压送风管为例进行讲解，其余防排烟系统风管的布置方法与之类似。具体位置如图 2.1-11、图 2.1-12 所示。

1. 打开“楼层平面：防排烟”视图

选择“项目浏览器”面板中的“01 建模”-“02 暖通”-“楼层平面：防排烟”选项，如图 2.1-13 所示。

2. 载入设备族

选择“插入”-“载入族”命令，由于 Revit 族库中无此族，需单独建立。下载本书配套资源中的暖通设备族，单击“打开”按钮，将“暖通”-“机械设备”文件夹中的“送风机”族载入项目中，如图 2.1-14 所示。

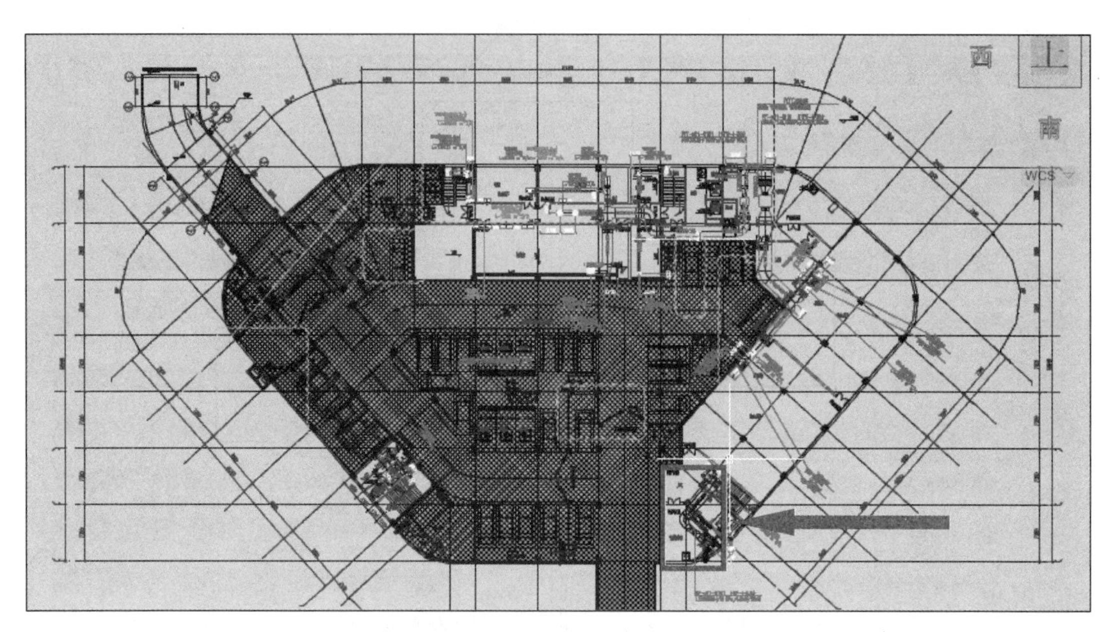

图 2.1-11 “地下一层防排烟通风平面图”中案例位置

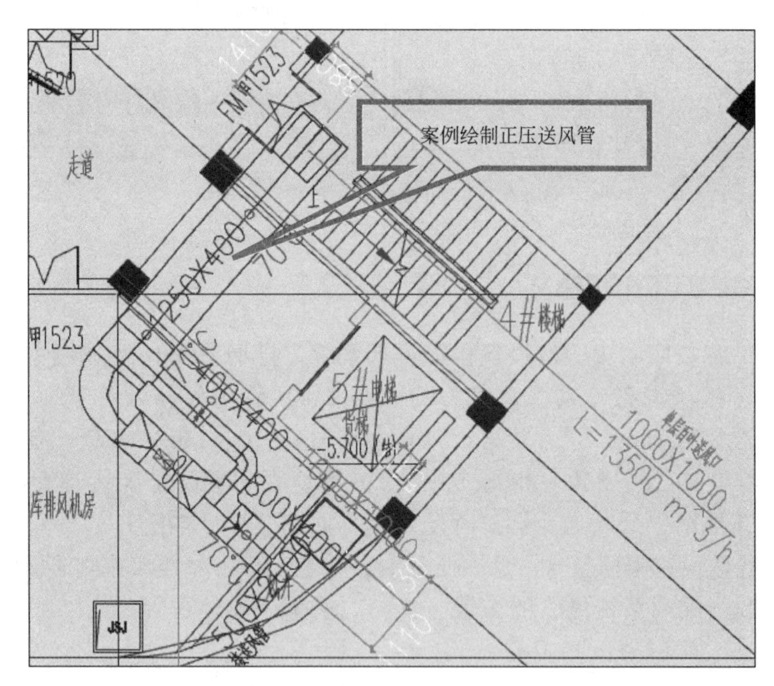

图 2.1-12 案例绘制正压送风管在图纸中的位置

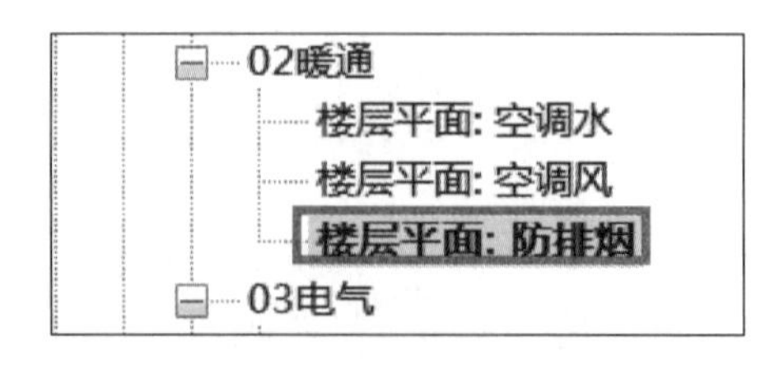

图 2.1-13 打开“楼层平面：防排烟”视图

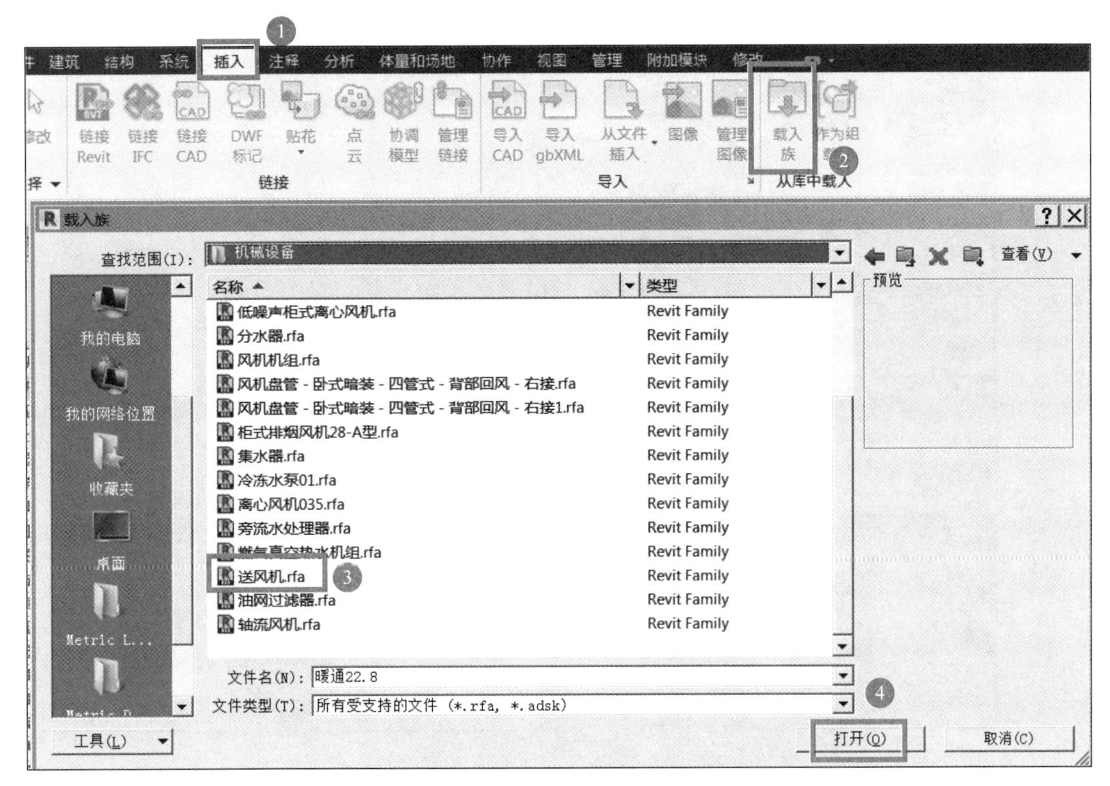

图 2.1-14 载入机械设备族

3. 绘制风管

单击“系统”-“风管”，或输入快捷键“DT”，进入风管绘制界面。在“属性”面板中选择“正压送风管”类型，依次在“水平对正”栏选择“中心”；在“垂直对正”栏选择“中”；设置“偏移”为3050mm，“宽度”为800mm，“高度”为400mm，“系统类型”选择“送风系统”，如图2.1-15所示。

（1）绘制如图2.1-16所示的第1段正压送风管。风管的绘制需要鼠标左键单击两次，第1次单击确认风管起点，第2次单击确认风管终点。绘制完毕后单击“修改/放置风管”选项卡下的“对齐”命令（或输入快捷键“AL”），将绘制的风管与底图位置对齐。

（2）绘制如图2.1-17所示的第2段正压送风管。选择绘制的正压送风管，在末端出现的拖拽小方块上单击鼠标右键，在弹出的快捷菜单中选择“绘制风管”命令，根据底图要求，修改风管“宽度”为1250mm，“高度”依然为400mm，继续绘制第2段风管。转折处系统会根据布管系统配置自动生成弯头。

（3）单击图2.1-17中矩形弯头，将风管“宽度”改为1250mm，矩形变径管将转至较小风管处，与底图一致，如图2.1-18所示。

（4）继续绘制第3、第4段水平风管

单击“系统”-“风管”，将正压送风管“宽度”修改为400mm，其余设置同前段，继续绘制第3段和第4段正压送风管，如图2.1-19所示，第3段与第1段相交处、第4段与第2段相交处系统会根据布管系统配置，自动生成T形三通连接。

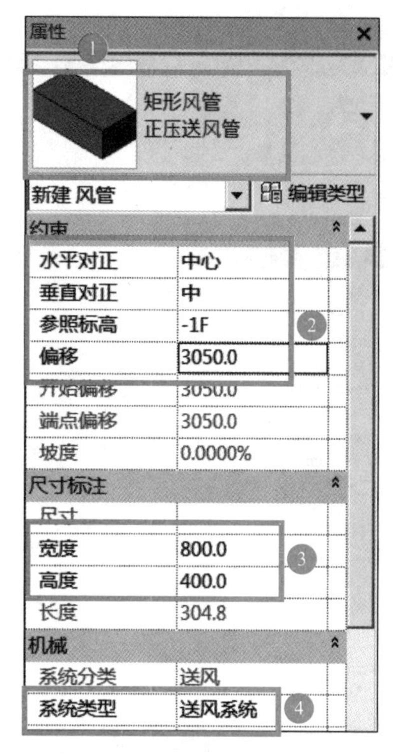

图 2.1-15　编辑正压送风管属性

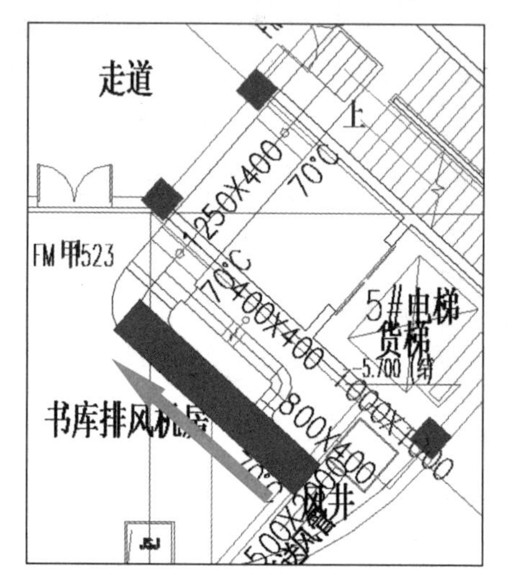

图 2.1-16　绘制第 1 段风管

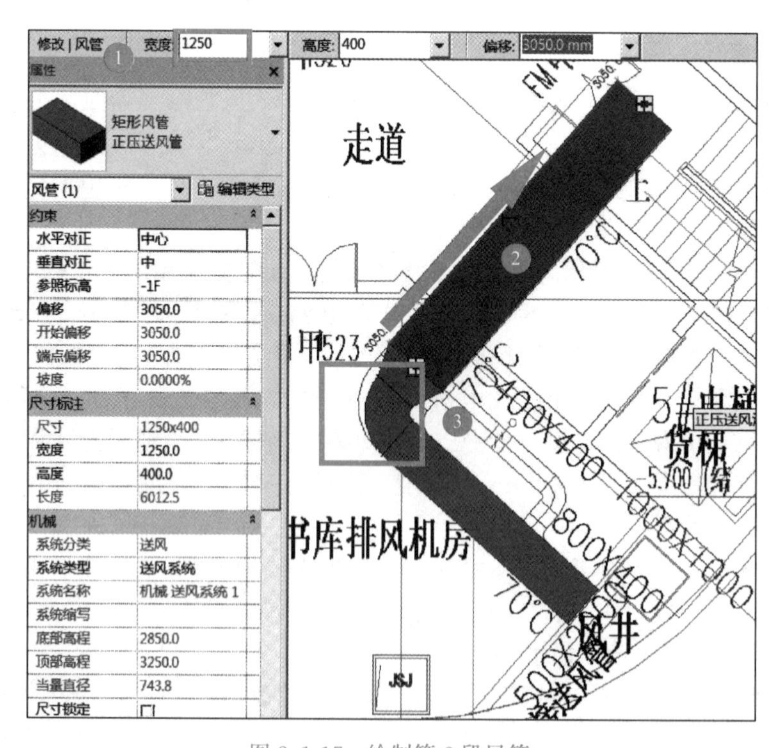

图 2.1-17　绘制第 2 段风管

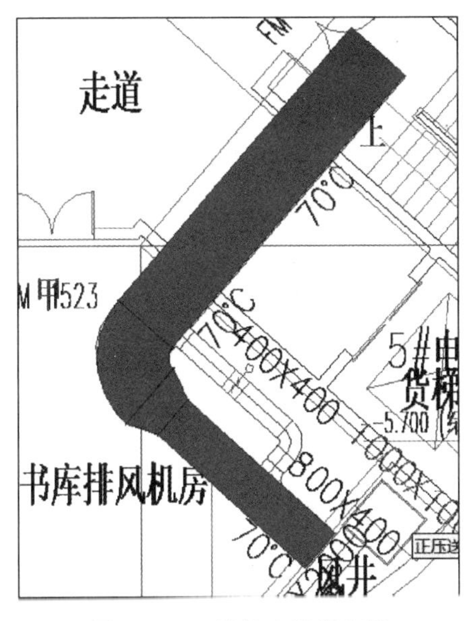

图 2.1-18　转换变径管位置

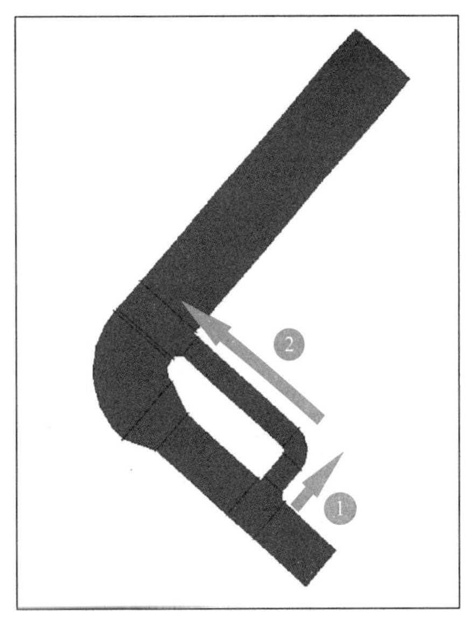

图 2.1-19　绘制第 3、第 4 段风管

4. 放置风机族

完成风管管段绘制后，我们将放置“送风机”族。由于绘制的风管管道挡住了 CAD 底图线条，我们看不清底图中风机位置，可选择 CAD 底图，将中间选项栏中的“背景”设置为“前景”模式，便可同时看到底图及绘制好的风管。

选择菜单栏中的“系统”选项卡下的“机械设备”命令，在“属性”栏选择新载入的“送风机”，选择“ZY-a01-D101”型号，鼠标左键捕捉到风管中心线位置，并单击，将风机直接添加到已绘制好的风管上，圆形风机与矩形风管之间会根据布管系统配置自动生成天圆地方连接，如图 2.1-20 所示。

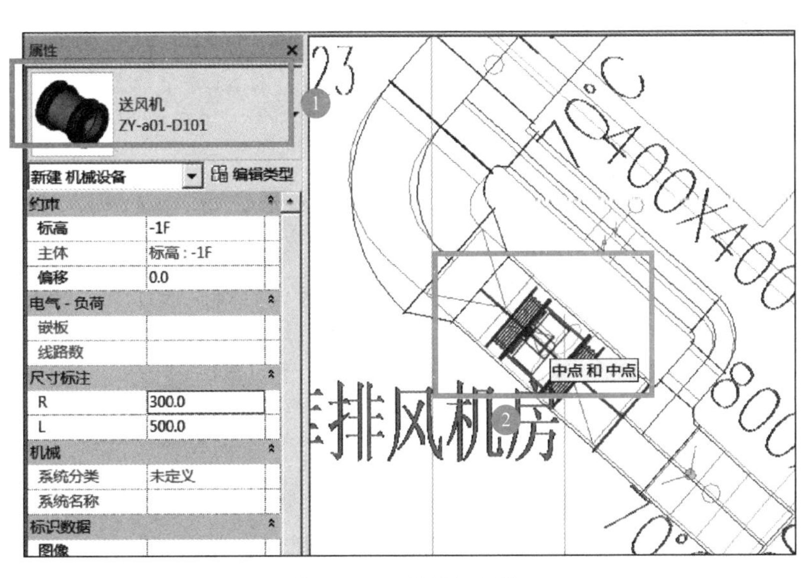

图 2.1-20　放置风机族

5. 添加风管附件

正压送风管完成后，需要根据工程图纸要求，在管道上添加止回阀和70℃防火阀、电动多叶调节阀等各类阀门。这里以70℃防火阀为例，电动多叶调节阀和防火阀绘制方法与之相同。Revit在平面视图和三维视图中都可以添加阀门。具体步骤如下：

（1）使用“载入族”命令，将所需要的阀门载入项目中，首先点击“系统”-“风管附件”-“载入族”，在Revit自带族库“消防”-“防排烟”-“风阀”文件夹中可以选择不同的防火阀族类型，我们选择“防火阀-矩形-电动-70摄氏度”，单击“打开”，如图2.1-21所示。

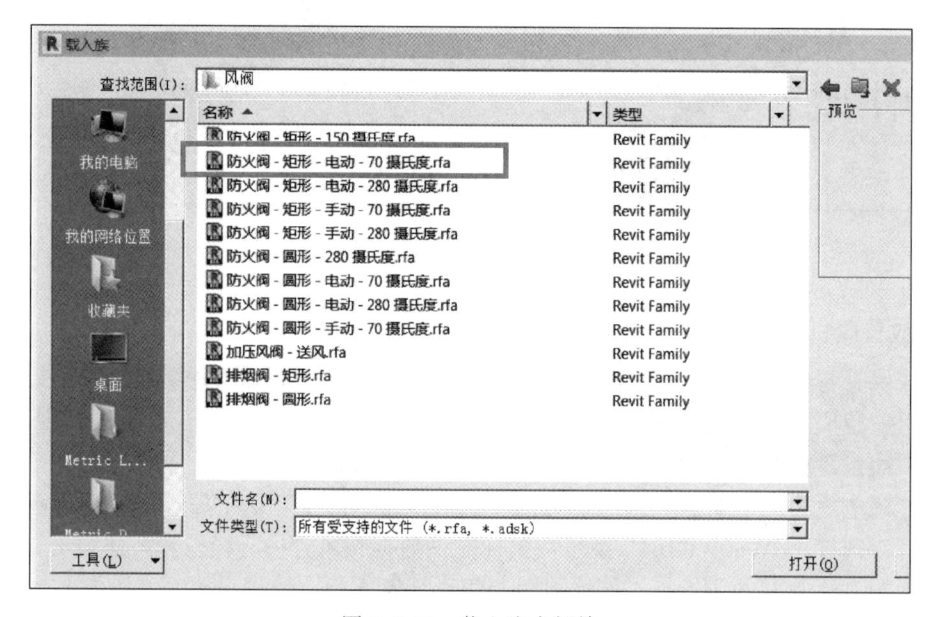

图2.1-21　载入防火阀族

（2）单击“系统”选项卡中的“风管附件”，弹出“修改｜风管附件”选项卡，在“属性”下拉列表中选择所需要的防火阀，将鼠标指针移动至正压送风管中心线处，捕捉到中心线时（中心线高亮显示），单击即可完成70℃防火阀的添加，如图2.1 22所示。

（3）点击放置好的70℃防火阀，可以激活“翻转管件”和“旋转”符号，可自由转换阀门安装的方向，如图2.1-23所示。

（4）“电动多叶调节阀”与“风管止回阀”族的载入方法和放置方法与“70℃防火阀”族相同。载入本书配套资源中的“暖通”-“风管附件”文件夹下的“电动多叶调节阀1”族和“风管止回阀-矩形”族，单击“系统”选项卡中的“风管附件”，弹出“修改｜风管附件”选项卡，在“属性”下拉列表中选择所需要的“电动多叶调节阀1”（或“风管止回阀-矩形”），将鼠标指针移动至正压送风管中心线处，捕捉到中心线时，单击即可完成“电动多叶调节阀”与“风管止回阀”的添加。完成添加风管附件后的模型如图2.1-24所示，图中①为“电动多叶调节阀”，②为“风管止回阀”。

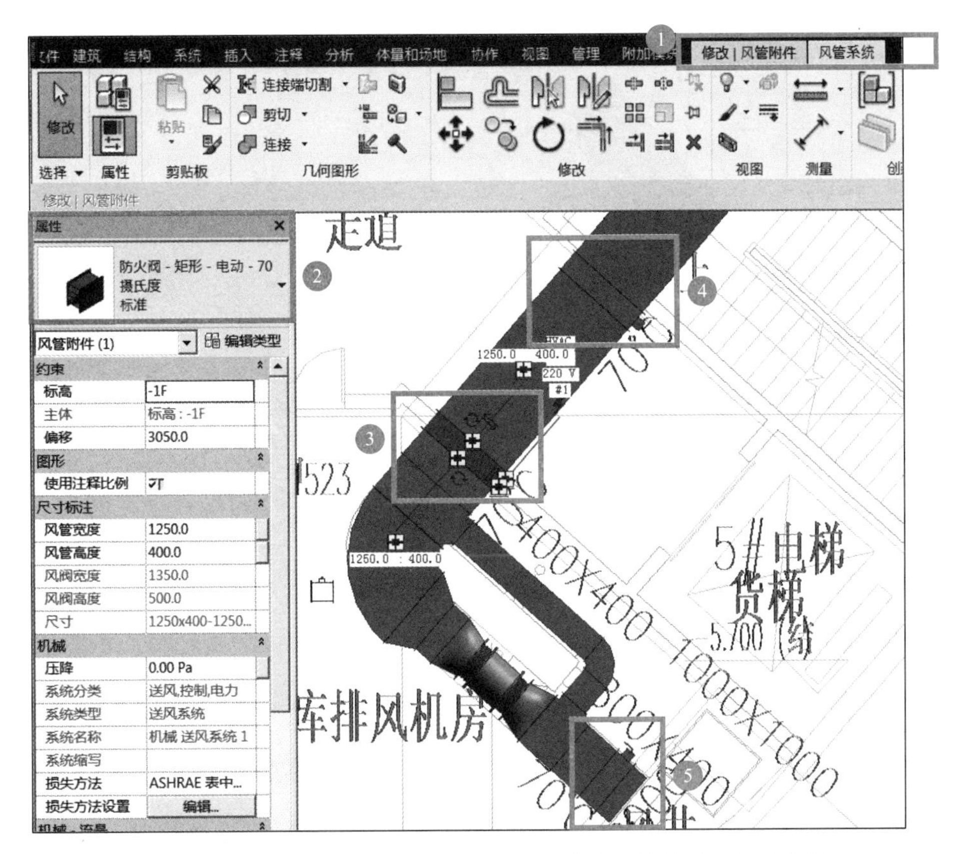

图 2.1-22 放置 70℃防火阀（该正压送风管有 3 处放置 70℃防火阀）

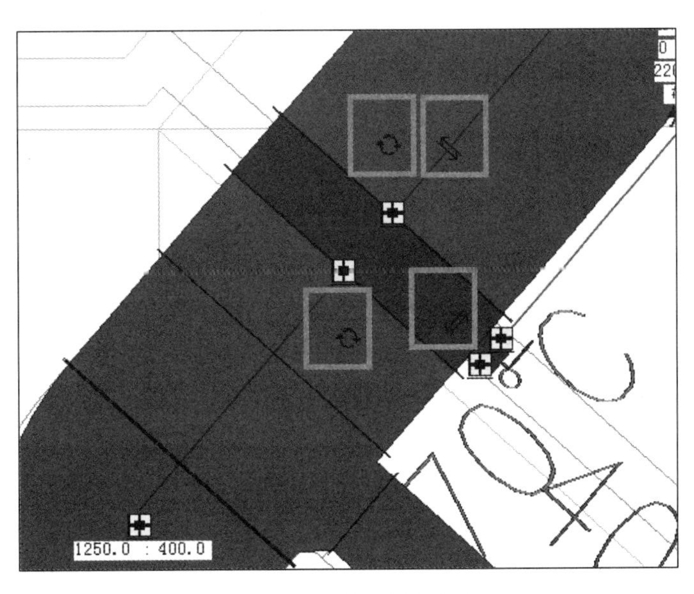

图 2.1-23 修改阀门方向

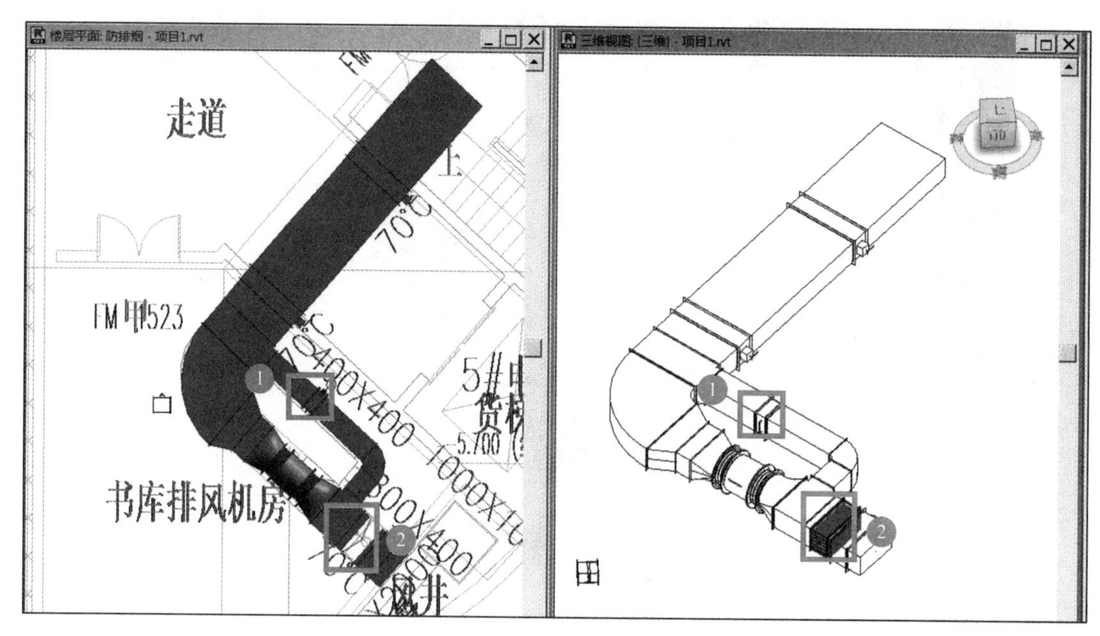

图 2.1-24　添加风管附件

6. 添加风道末端

Revit 在平面视图和三维视图中都可以添加风口。

（1）载入单层百叶送风口族。选择“系统”-“风道末端”-“载入族”，在 Revit 自带族库“机电”-“风管附件”-“风口”文件夹中选择“送风口-单层-矩形面矩形颈”（或者在本书配套资源中的“暖通”-“风道末端”文件夹中载入“风口”族）。

（2）单击“系统”选项卡中的“风道末端”，弹出“修改｜放置风道末端装置”栏，选择“风道末端安装到风管上”选项。

（3）修改送风口尺寸。在“属性”栏选择“送风口-单层-矩形面矩形颈”，根据 CAD 图纸，此处的单层百叶送风口尺寸为 1000×1000，我们可以点击“属性”-“编辑类型”，在弹出的“类型属性”对话框中通过复制创建新的 1000×1000 送风口类型，并相应修改“尺寸标注”下的风管宽度和高度为“1000”，如图 2.1-25 所示（如果上一步载入的是本书配套资源中的“暖通”-“风道末端”文件夹中的“风口”族，则可直接选择类型为 1000×1000 的风口族）。

（4）将鼠标指针移动至底图送风口位置所对应的正压送风管中心线处，捕捉到中心线时（中心线高亮显示），单击即可完成送风口的添加。完成后的送风口效果如图 2.1-26 所示。

用同样的方法，我们可以依次完成地下一层其余防排烟系统的模型建立。完成后如图 2.1-27 所示。

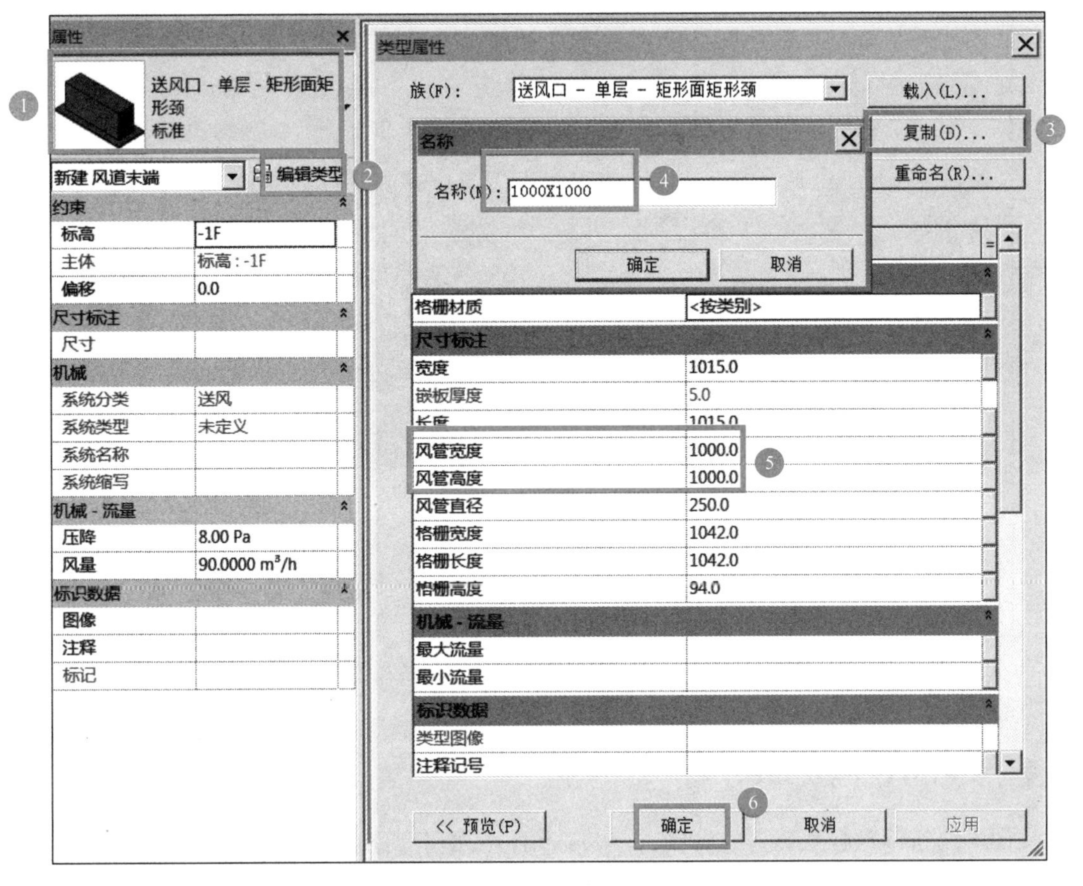

图 2.1-25　新建送风口类型

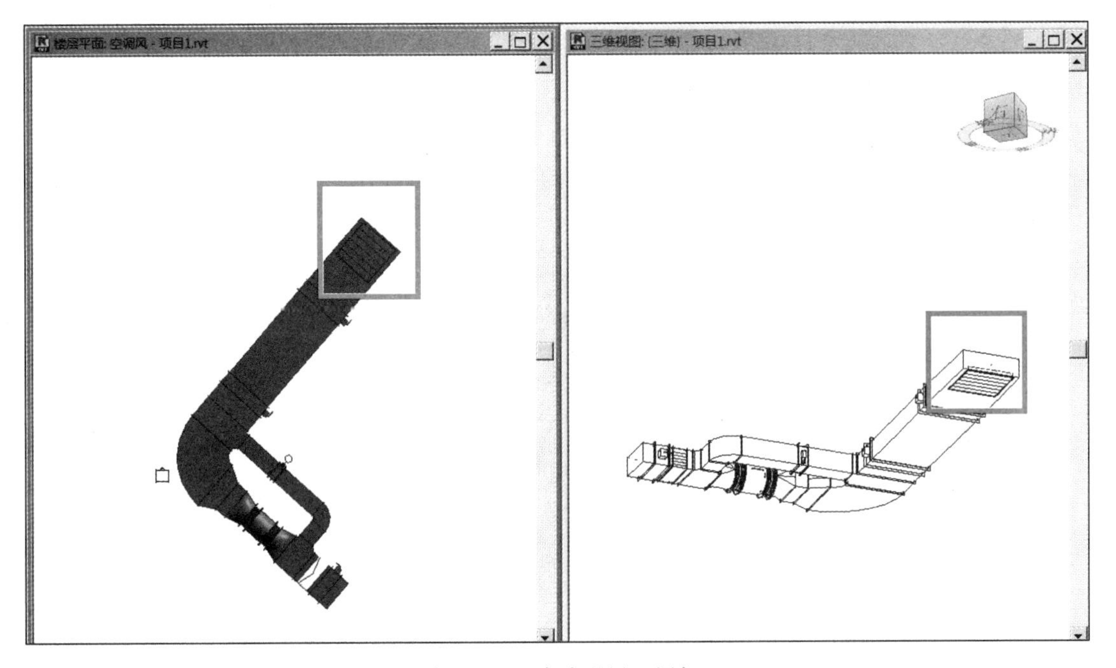

图 2.1-26　完成送风口添加

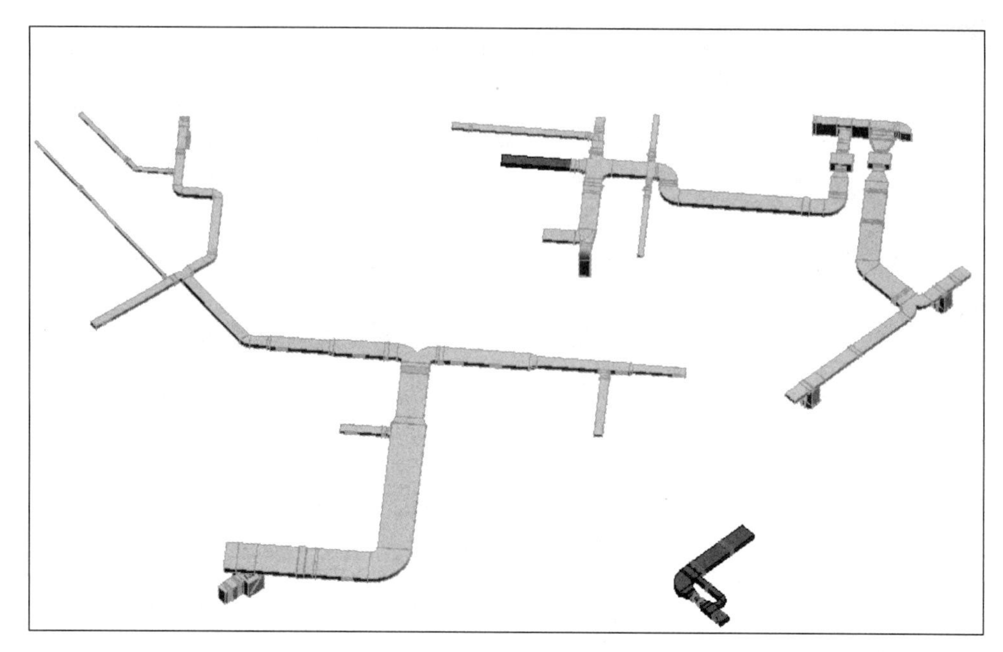

图 2.1-27 地下一层防排烟系统模型

1.5 空调水管 BIM 建模

图书馆空调水管系统为二管制（冷热兼用，按季节切换），原则上采用同程式机械循环，局部异程处设置压差平衡阀。其中空调水管系统主要绘制三部分：空调水管（包括冷冻水供水管、冷冻水回水管、冷凝水管等）、空调水管管件及空调水管相关机械设备（包括冷水机组、补水泵、分水器、集水器等）。空调水管采用热镀锌钢管，管径规格有 DN200、DN125、DN100 等。在布置空调水管前，我们已经在“楼层平面：空调水”平面视图中导入了清理后的图书馆地下一层空调水管平面图（详见本任务 1.2），接下来以地下一层平面图轴网“1-F～1-G/1-2～1-7”位置的冷冻机房内冷水机组冷冻供水管绘制为例进行讲解，具体位置见图 2.1-28、图 2.1-29。

空调水管
BIM 建模

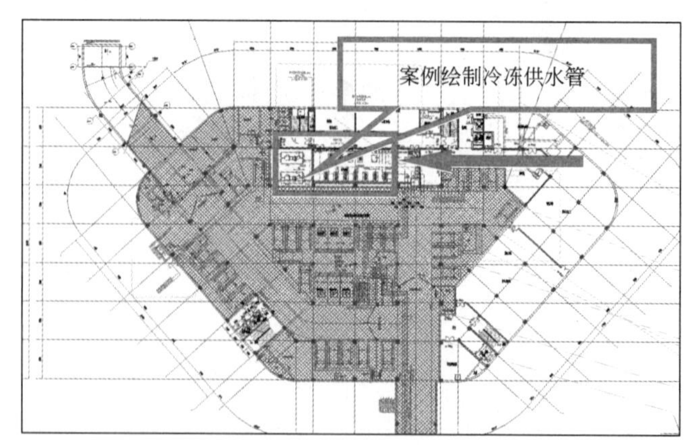

图 2.1-28 案例绘制冷冻供水管在 CAD 图中位置

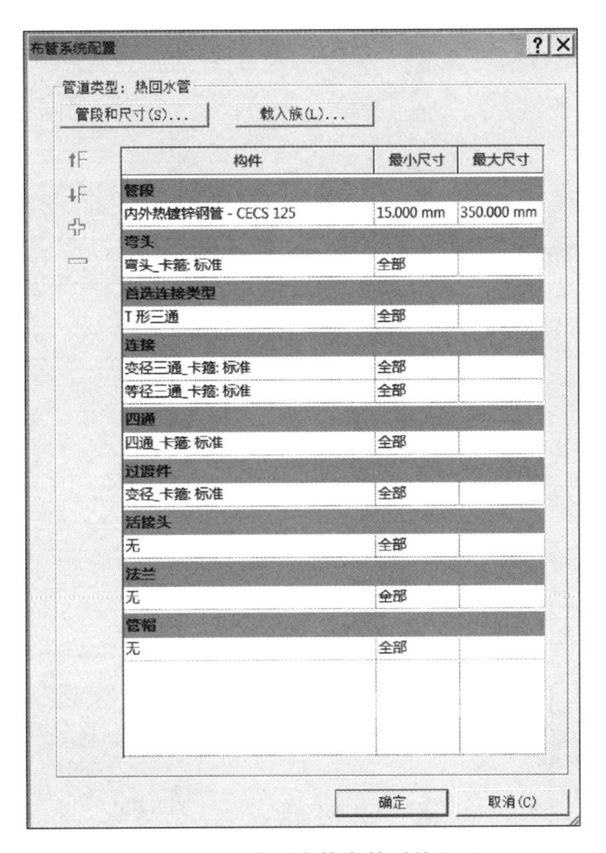

图 2.1-36　热回水管布管系统配置

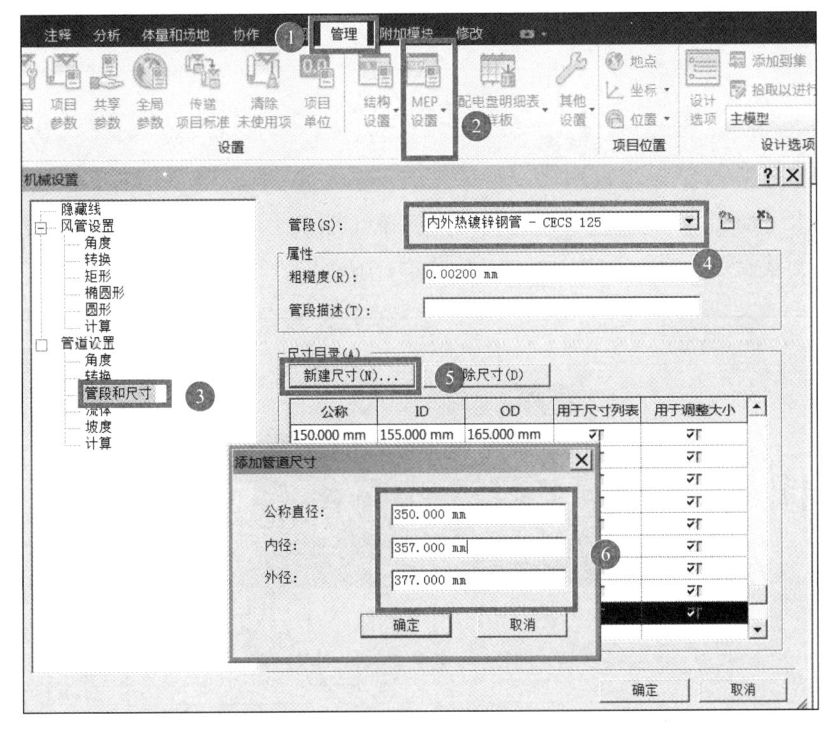

图 2.1-37　新建公称直径为 350mm 的管道尺寸

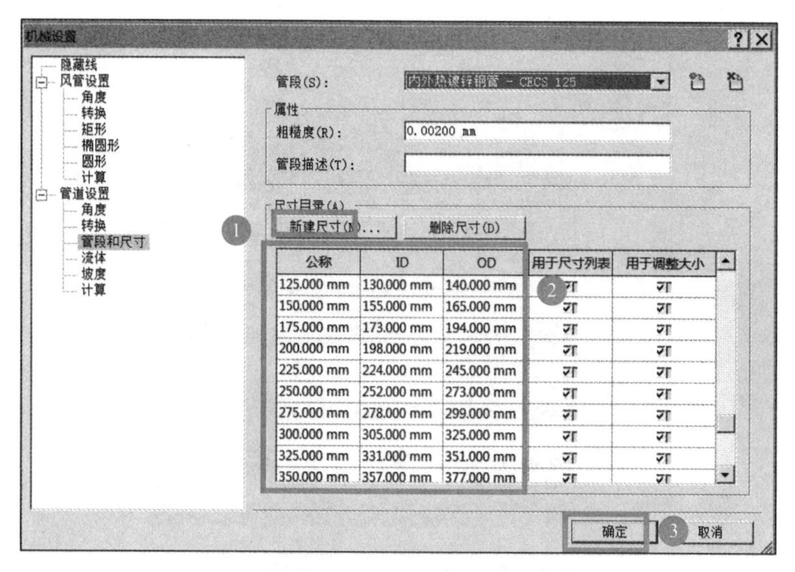

图 2.1-38　新建管道尺寸

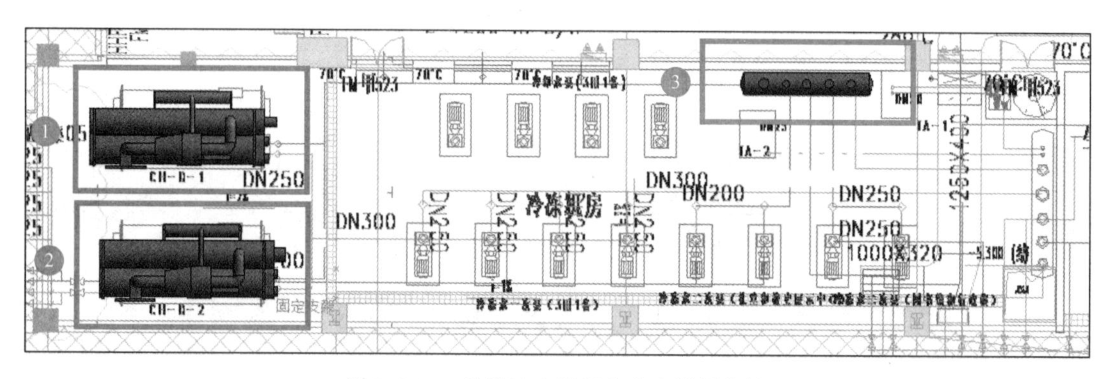

图 2.1-39　放置冷水机组和分水器设备族

6. 绘制第 1 段冷冻供水管横管

（1）点击“M _ 冷水机组 _ 离心式 _ 水冷-单压缩机 1 CH-D-1”，激活该设备族的连接口，单击“创建管道”接口，如图 2.1-40 所示。

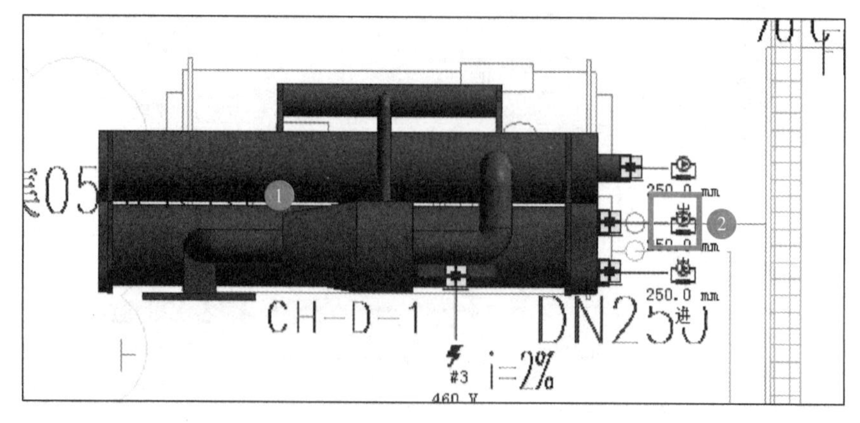

图 2.1-40　单击“创建管道”接口

（2）选择“属性”面板下的“管道类型”为“冷冻供水管”，“系统类型”为“冷冻供水系统”，“直径”为200mm，“偏移”为391mm，绘制第1段至底图有立管转折处，如图2.1-41所示。

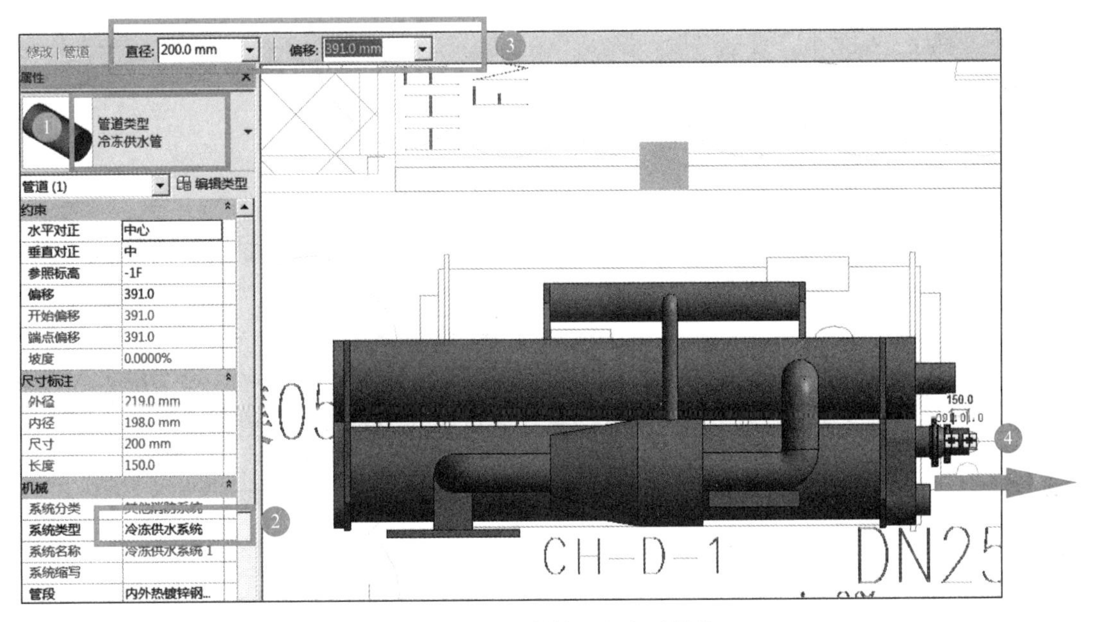

图2.1-41　绘制第1段水平横管

7. 绘制立管及第2段水平横管

右击管端点，在弹出的选项中选择“绘制管道”命令，将“修改｜管道”的“偏移”设为2500mm，继续往前绘制，此时在变偏移值处会自动生成立管，水平管转弯处系统自动生成弯头。如图2.1-42所示。注意此处应绘制成90°直角弯头。

三维效果如图2.1-43所示。

8. 生成T形三通，继续绘制水平横管与立管，与“M _ 冷水机组 _ 离心式 _ 水冷-单压缩机1 CH-D-2”连接

（1）选择弯头，单击弯头处“+”号，弯头变成T形三通，如图2.1-44所示。

（2）选择T形三通，在出现在下方的拖拽点处单击右键，选择“绘制管道”，绘制第3段水平横管，至底图有立管转折处，将中间选项栏“修改｜管件”的“偏移”改为391mm，继续往前绘制水平横管，与“M _ 冷水机组 _ 离心式 _ 水冷-单压缩机1 CH-D-2”连接，如图2.1-45所示。

9. 绘制分水器上方立管

选择分水器，点击最左边的“创建管道”接口，即生成了该接口位置分水器立管的第1点，将“修改｜放置管道”的“偏移”改为2500mm，点击“应用”，即完成分水器左上方立管的绘制，如图2.1-46所示。

10. 完成冷水机组与分水器间冷冻供水管连接

右击我们前面绘制的冷冻供水管端点，选择“绘制管道”命令，如图2.1-47所示。

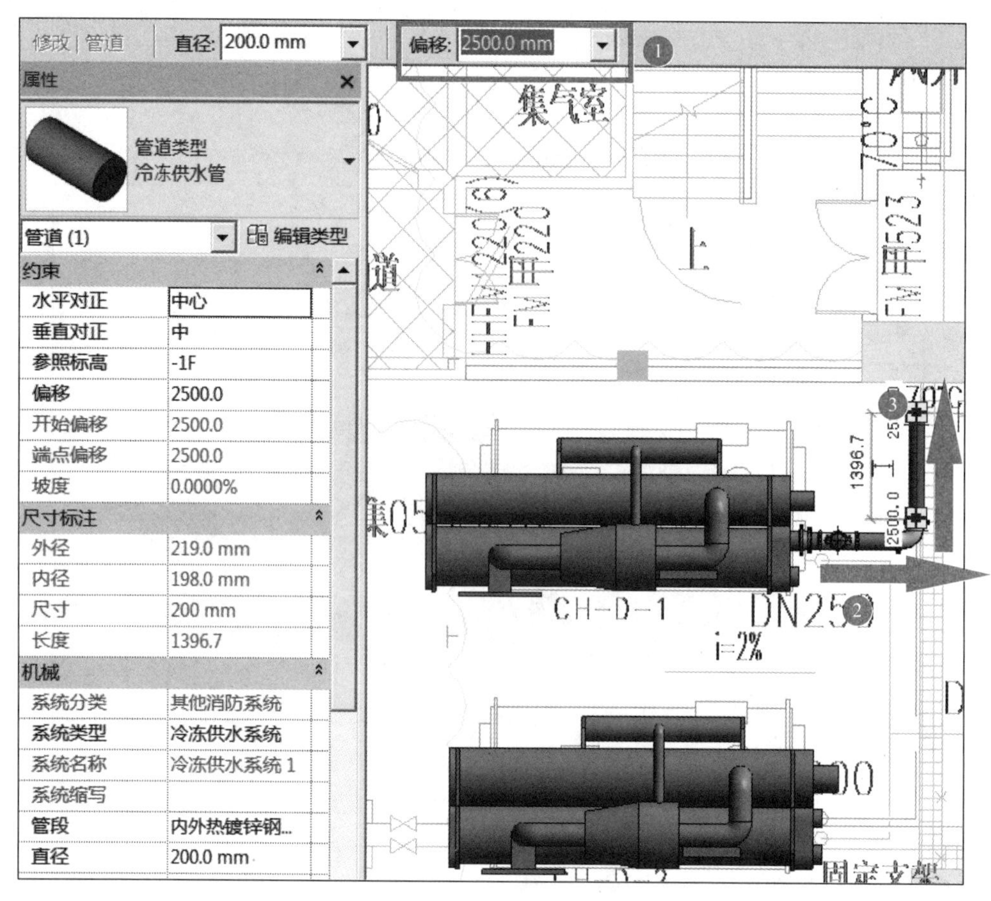

图 2.1-42 绘制立管及第 2 段水平横管

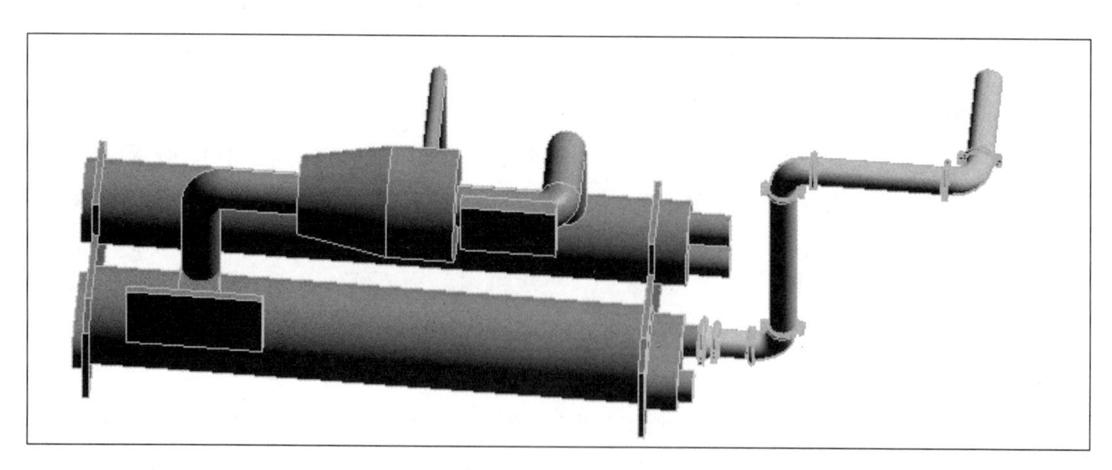

图 2.1-43 三维效果

在“修改｜放置管道”的“直径”栏选择 200mm，“偏移”栏输入 2500mm，继续绘制冷冻供水管，与分水器立管连接，如图 2.1-48、图 2.1-49 所示。

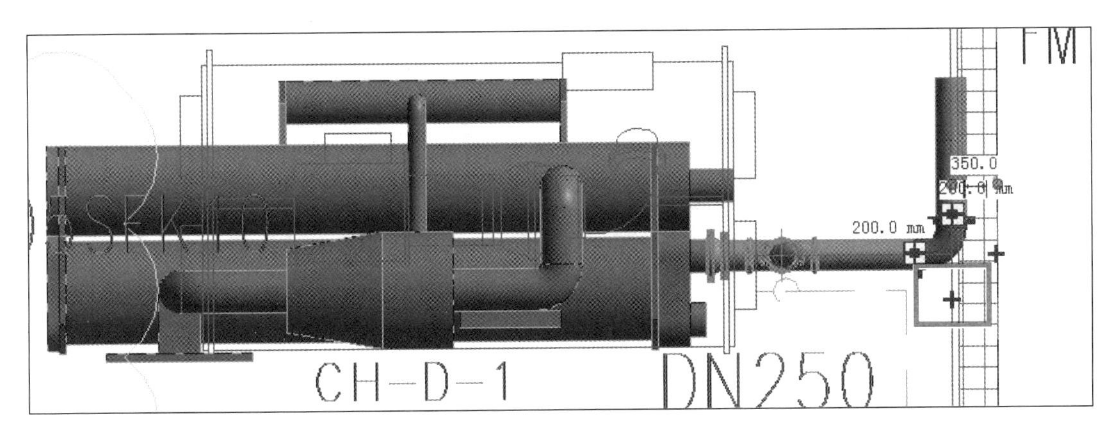

图 2.1-44　管道三通的修改

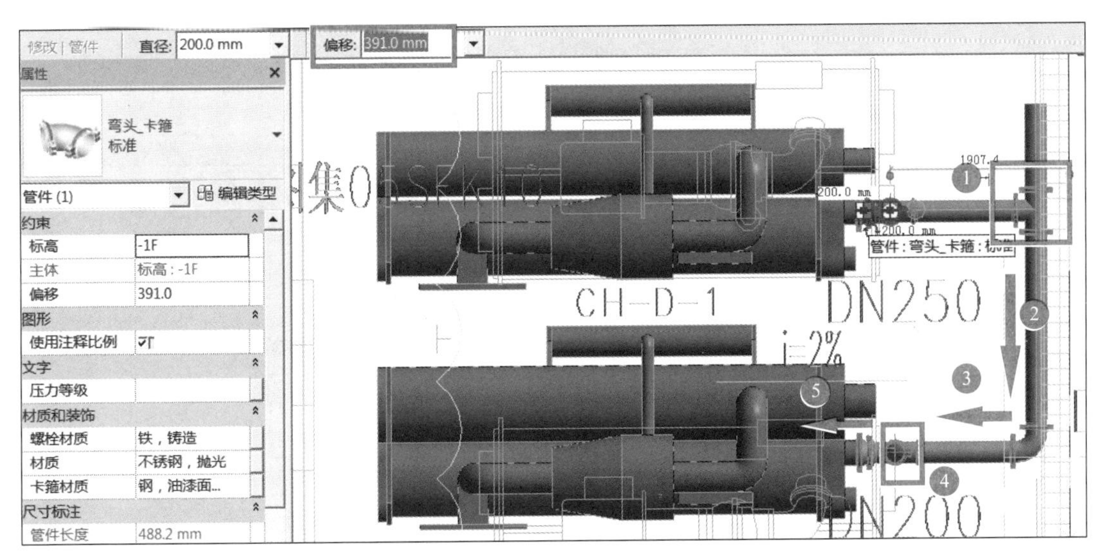

图 2.1-45　与“M _ 冷水机组 _ 离心式 _ 水冷-单压缩机 1 CH-D-2”连接

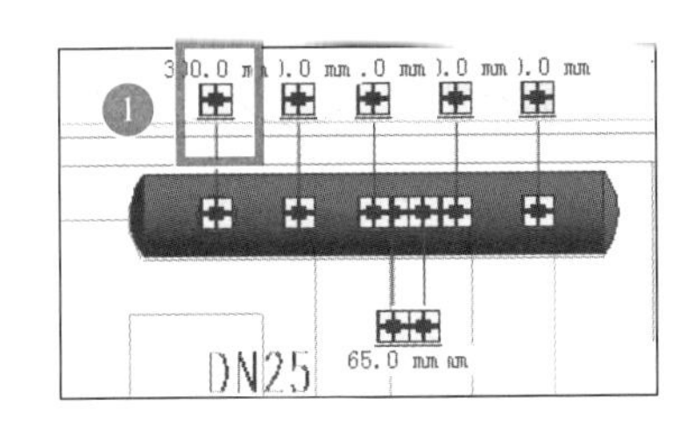

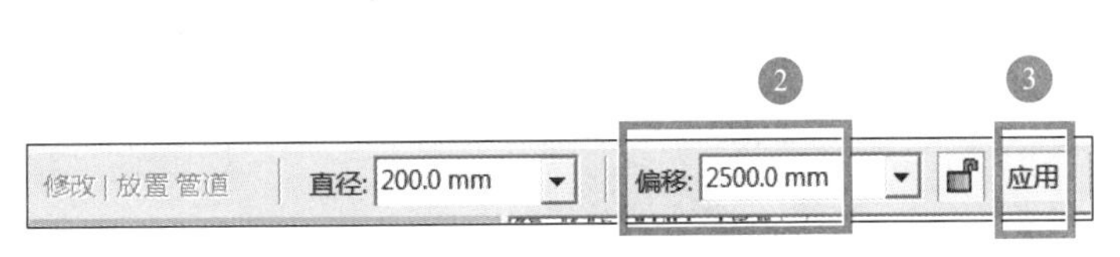

图 2.1-46　分水器左上方立管绘制

用同样的方法，我们可以依次完成地下一层其余空调水系统的模型建立，阀门的添加详见本书单元 3 第 1.4 节。完成后的模型如图 2.1-50 所示。

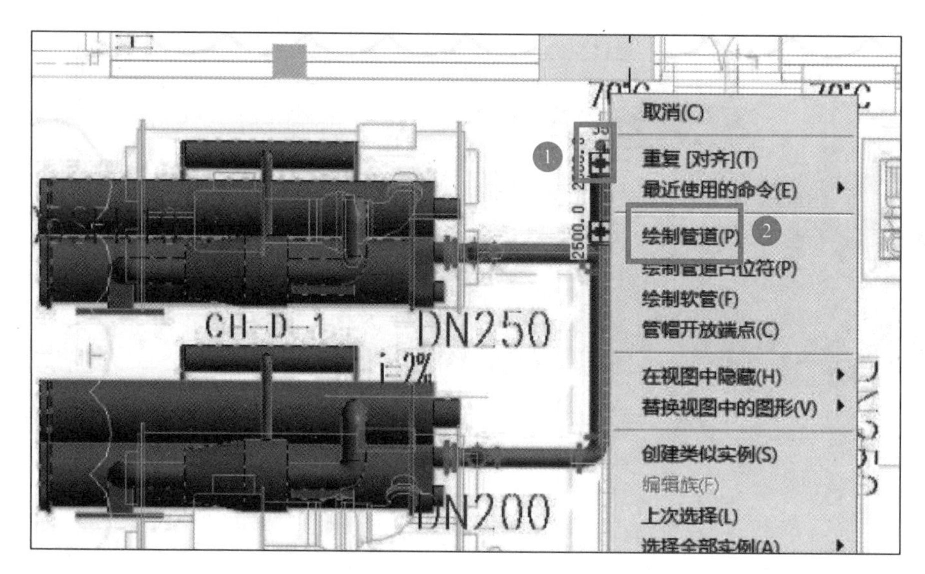

图 2.1-47 选择“绘制管道”命令

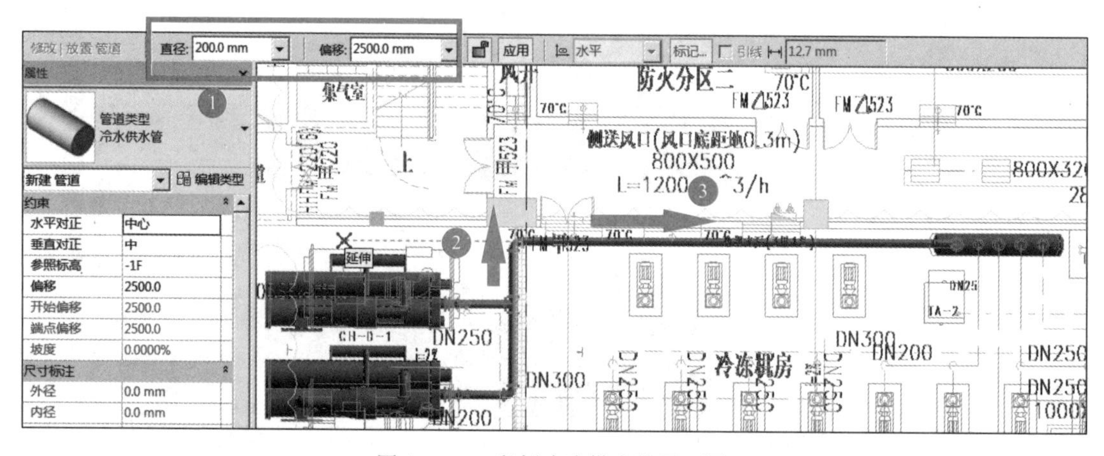

图 2.1-48 案例冷冻供水管平面图

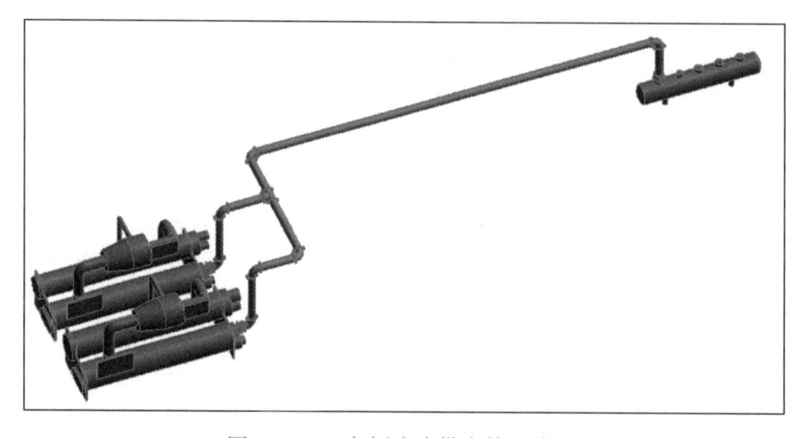

图 2.1-49 案例冷冻供水管三维图

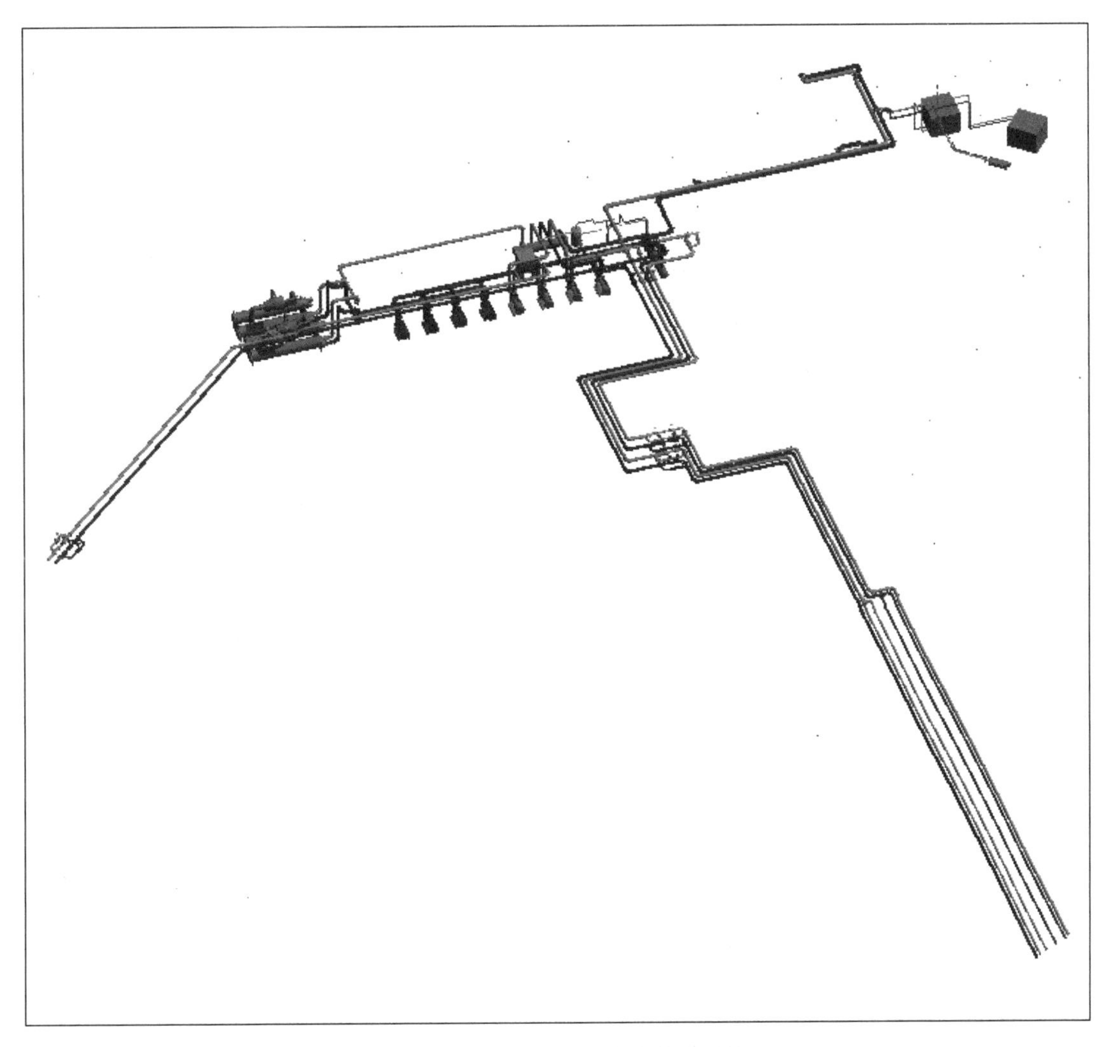

图 2.1-50 完成后的空调水管道系统

空调风管
BIM 建模

1.6 空调风管 BIM 建模

空调风管系统主要绘制以下五部分：机械设备、风管管道、风管管件、风管附件和风道末端。空调风管管道以矩形风管为主，主要包括送风管、回风管、排风管三种，尺寸规格有 1000×800、800×400、630×200、320×200 等。在布置空调风管管道前，我们已经导入了图书馆“地下一层空调风管平面图”（详见本任务 1.2），并设置好了空调风管管道的布管系统配置等信息（详见本任务 1.3），下面我们以空调平面图轴网（1-G～1-H/1-7～1-8）附近空调风机机组及其连接回风管为例进行讲解，详见图 2.1-51、图 2.1-52。

1. 打开“楼层平面：空调风”视图

选择“项目浏览器”面板中的“01 建模”-“02 暖通”-“楼层平面：空调风”选项，如图 2.1-53 所示。

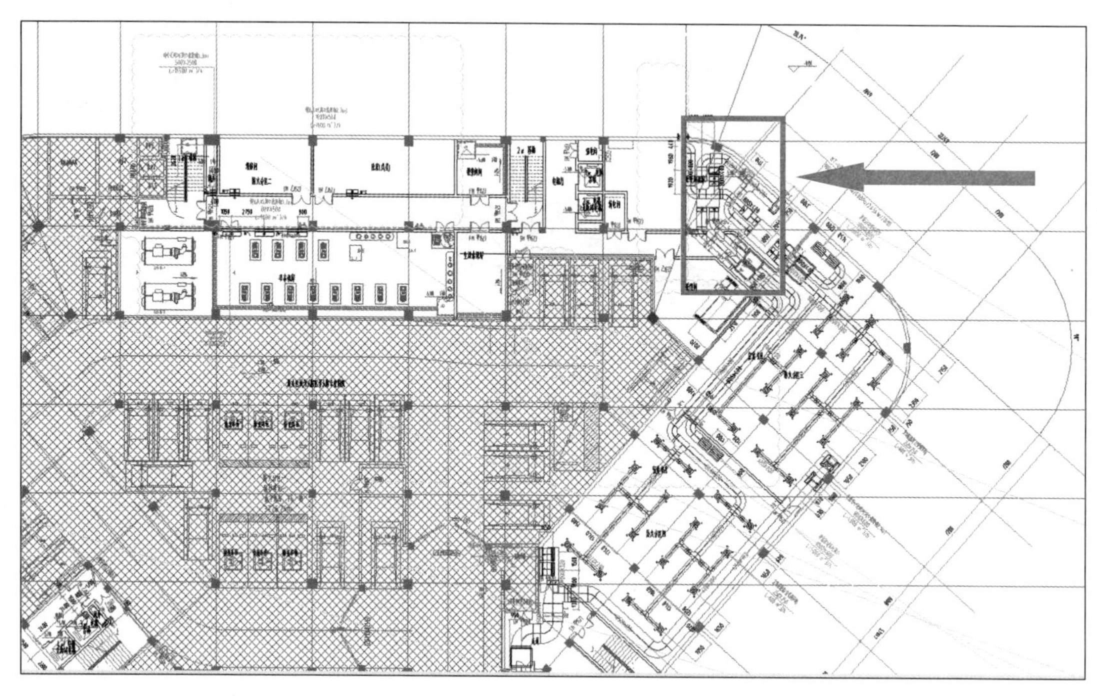

图 2.1-51　空调风管案例绘制位置示意图

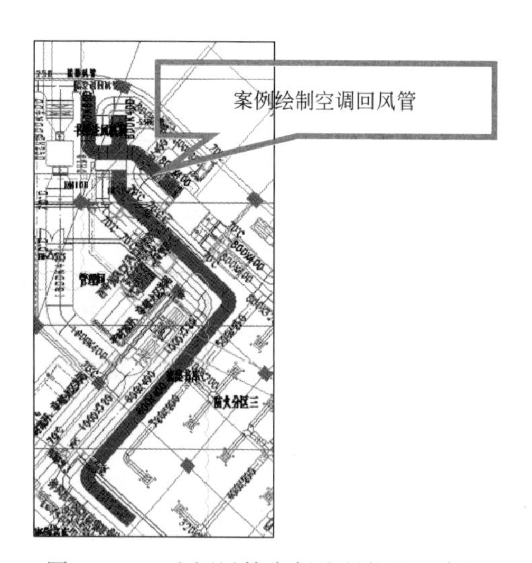

图 2.1-52　空调风管案例绘制位置示意图

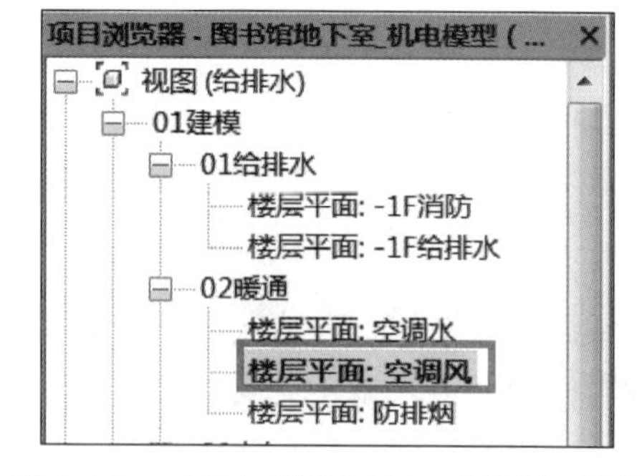

图 2.1-53　打开“楼层平面：空调风”视图

2. 载入空调风管机械设备族

下载本书配套资源中的各空调风管机械设备族，选择“插入”-“载入族”命令，各类机械设备族可从文件夹“暖通-机械设备”中载入。如图 2.1-54 所示，为方便起见，可将所有暖通专业所需机械设备族均载入项目中。

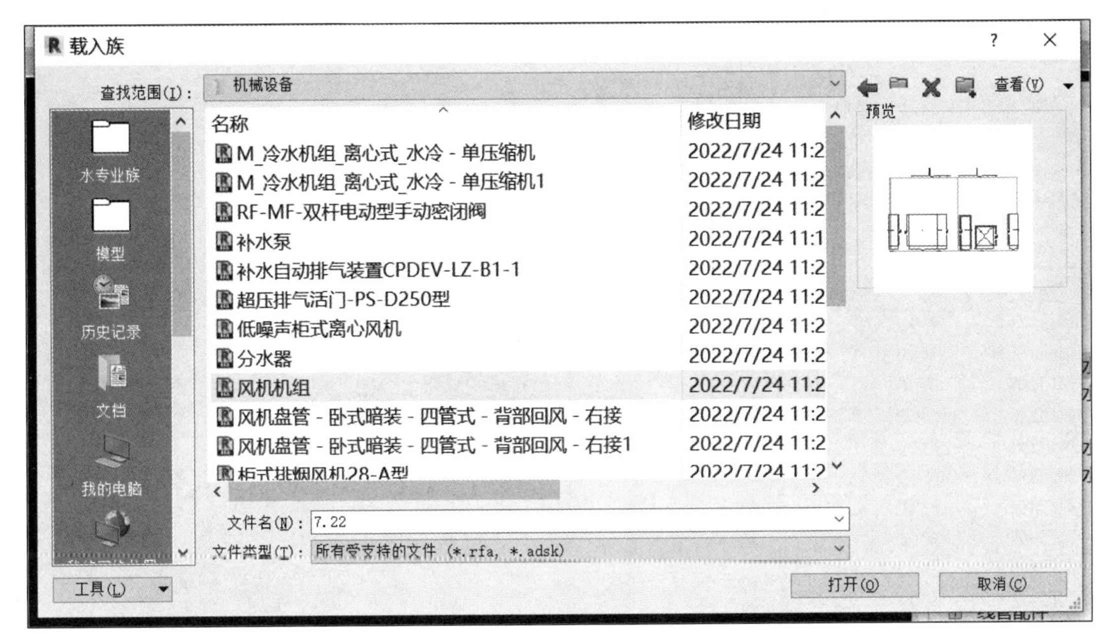

图 2.1-54　载入空调风管机械设备族

3. 放置空调风管机械设备族

选择“系统”-“机械设备”命令，在“属性”栏选择新载入的“风机机组”，选择“KT-a01-D101”型号，设置“偏移”值为“0”，修改“风机宽”为“2100”，“风机长”为“1900”，修改各风口的宽和高度尺寸，配合运用“对齐”命令（快捷键“AL”）和键盘空格键（按空格键可使设备旋转），放置在图中与CAD图对应的“书库进风机房”位置。利用相同方法修改“KT-a01-D102”型号风机，各风口尺寸及风机宽、风机长与“KT-a01-D101”型号风机相同，并放置于合适位置。如图2.1-55所示。

4. 绘制“KT-a01-D101”型号风机机组前侧回风管

选择“KT-a01-D101”风机机组，激活连接口，点击右前方“创建风管”接口，如图2.1-56所示，绘制一段回风管。由于在放置风机机组时我们已将各风口尺寸设置正确，因此，此时绘制的风管自动设置为宽度“800”，高度“400”，偏移“527.5mm”，与底图要求相符合，通过“对齐”命令将风管与底图对齐。在“属性”栏选择“矩形风管：回风管”管道类型，“水平对正”栏中选择“中心”选项，“垂直对正”栏中选择“中”，“参照标高”为“－1F”，“系统类型”为“回风系统”，如图2.1-57所示。

如果绘制的第1段回风管无法选择“属性”栏下的“回风系统”等选项，我们可以用鼠标左键点击第1段回风管的起点拖拽点，即图2.1-57中⑥所在方框位置，将所绘第1段回风管与风机脱离，改完“属性”栏设置后，再将该段回风管与风机相连。

5. 绘制转折处立管

单击第1段回风管端部，选择“绘制风管”，将风管偏移修改为2450mm，点击“应用”，完成转折处立管绘制。三维效果如图2.1-58所示。

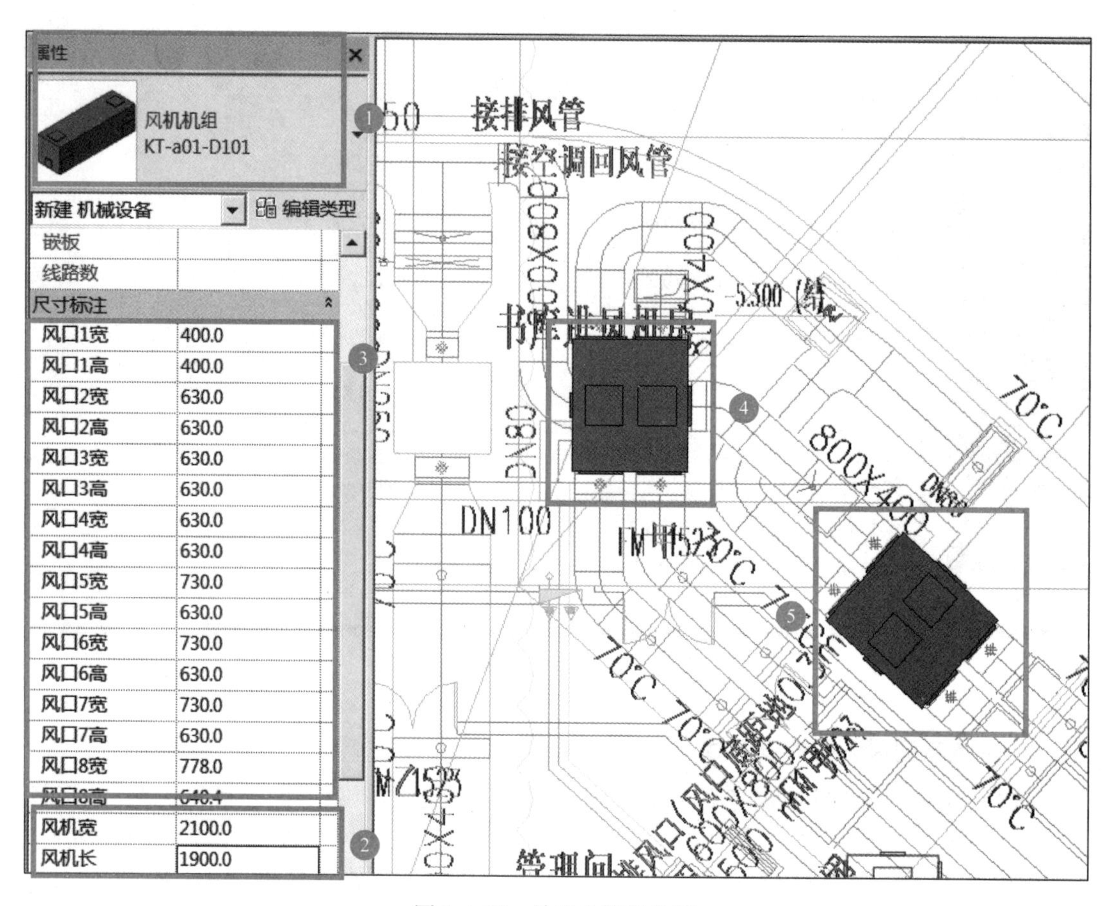

图 2.1-55　放置空调设备族

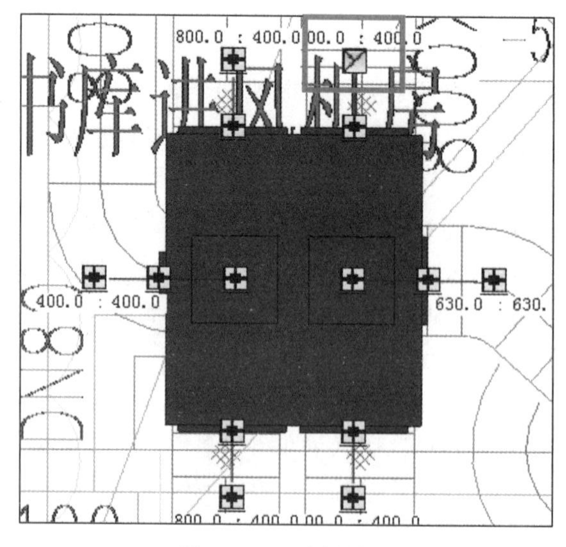

图 2.1-56　选择风口

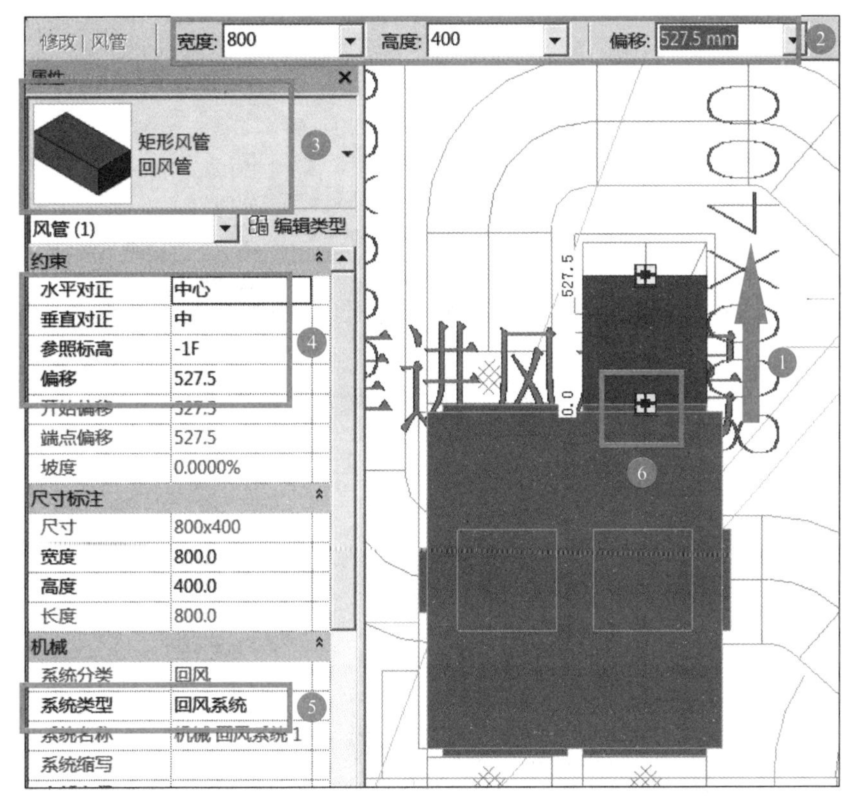

图 2.1-57　绘制第 1 段回风管

图 2.1-58　生成第 1 段立管

6. 继续绘制"KT-a01-D101"风机机组上方风管

（1）在楼层平面中，选择立管，右键单击端部拖拽点，选择"绘制风管"，如图 2.1-59

所示。

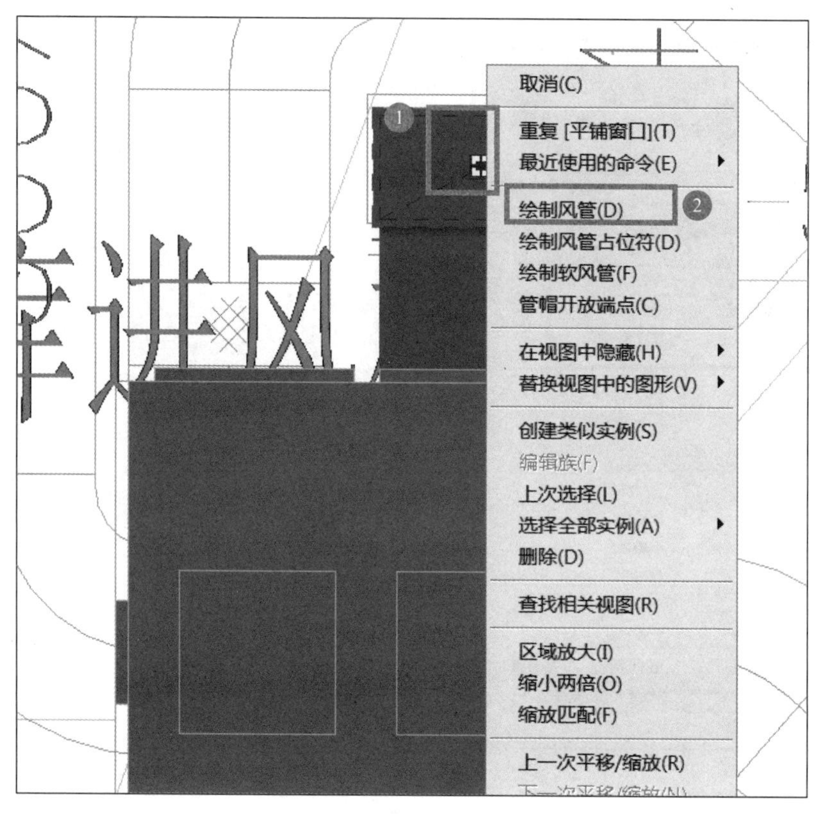

图 2.1-59　选择立管端部拖拽点

（2）绘制宽度为 800mm，高度为 400mm，偏移值为 2450mm 的水平管，通过“对齐”命令将风管与底图对齐。如图 2.1-60 所示。

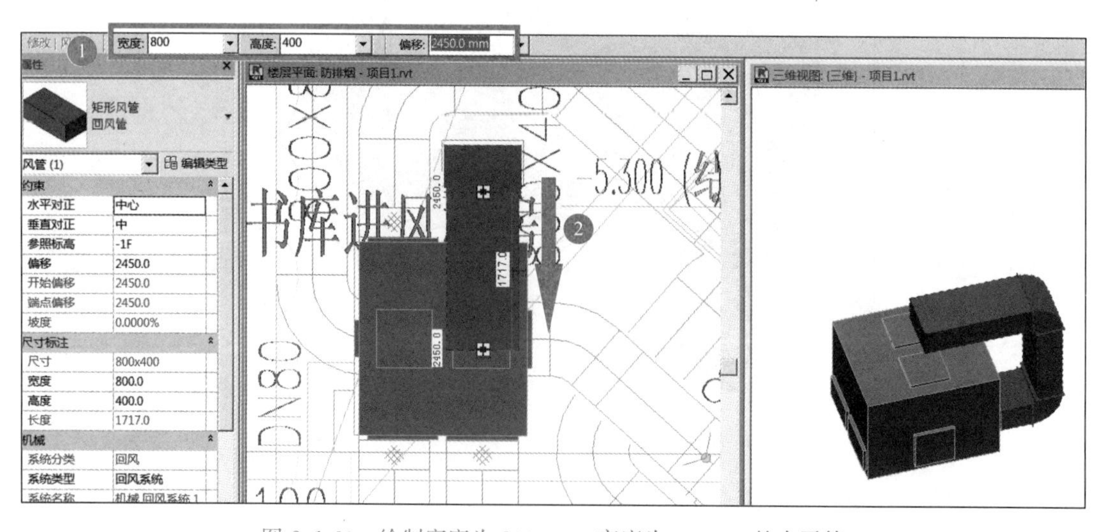

图 2.1-60　绘制宽度为 800mm，高度为 400mm 的水平管

（3）至往左转折处修改风管高度为800mm，继续按底图绘制，如图2.1-61所示。

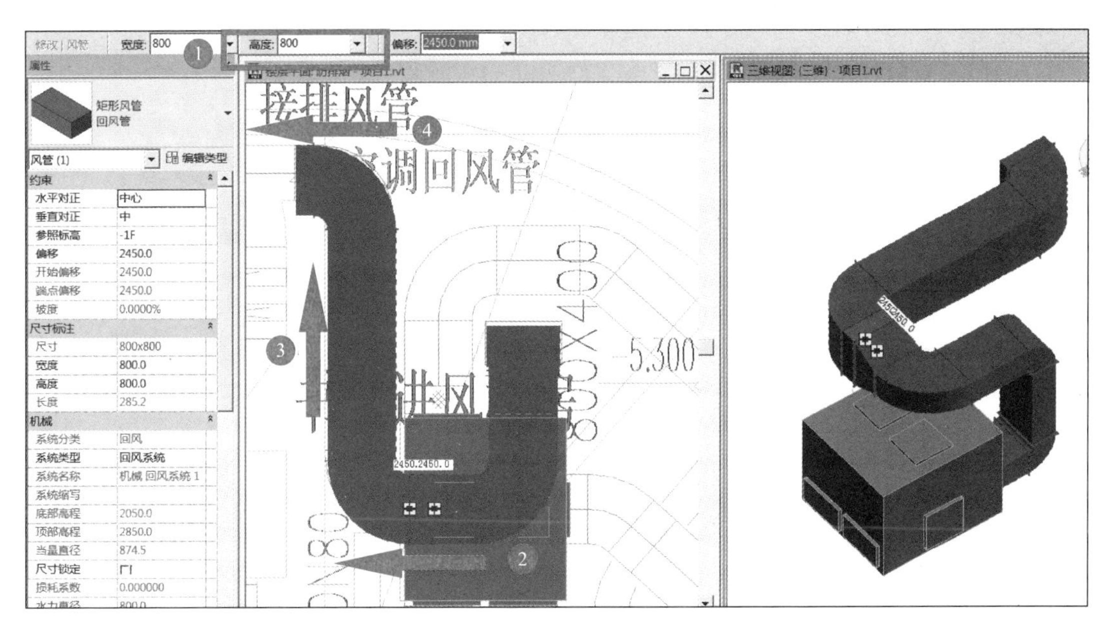

图2.1-61 绘制宽度为800mm，高度为800mm的水平管

（4）选择弯头，单击弯头处“+”号，弯头变成T形三通，如图2.1-62所示。

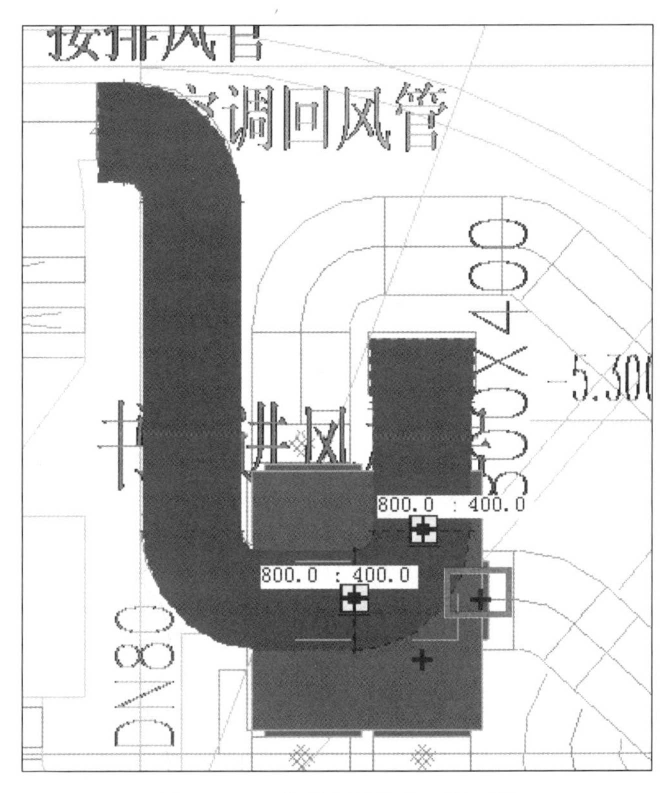

图2.1-62 将弯头转换成T形三通

（5）选择T形三通，在出现在右方的拖拽点处单击右键，选择“绘制管道”，绘制右边宽度800mm，高度400mm的水平风管，偏移值仍为2450mm，如图2.1-63所示。至底图有立管转折处，将中间选项栏“修改｜风管”的偏移值改为527.5mm，点击“应用”，形成立管，如图2.1-64所示。

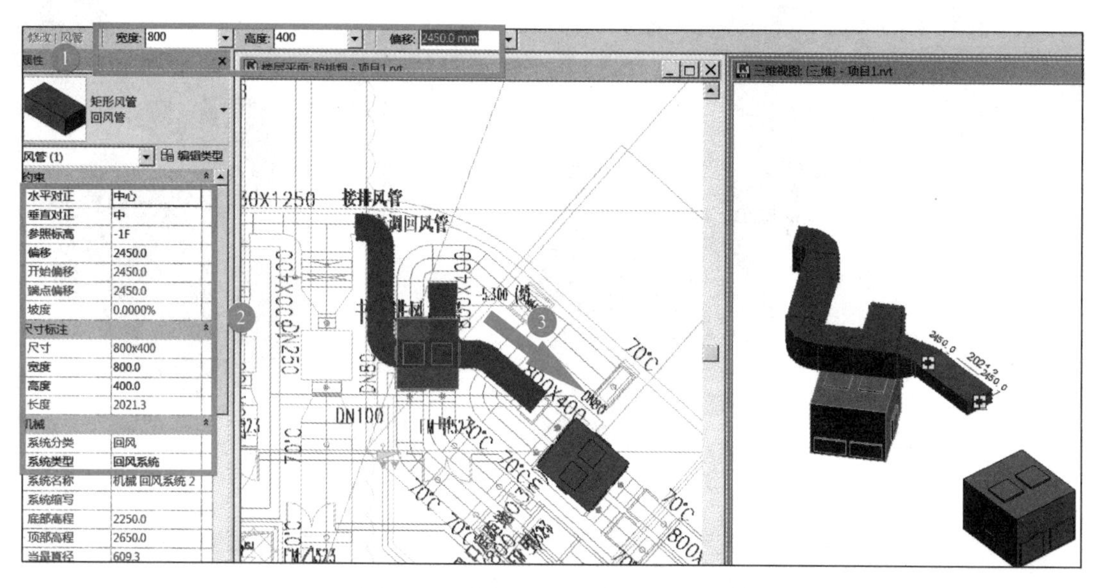

图2.1-63　绘制T形三通右端水平风管

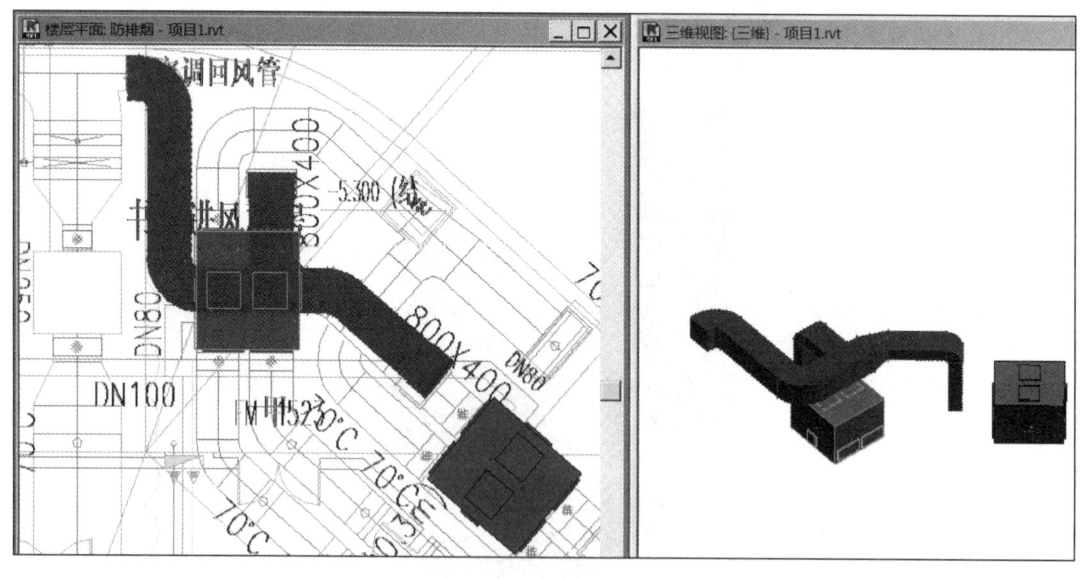

图2.1-64　水平风管往下弯折

（6）切开剖面。由于在“楼层平面：空调风”中我们无法捕捉立管的下端点，需要切开剖面来完成下方水平管的绘制。选择“视图”选项卡下“创建”面板中的“剖面”工具，在“楼层平面：空调风”适当位置绘制剖面 1，右击“剖面 1”，选择“转到视图”，如图 2.1-65 所示。

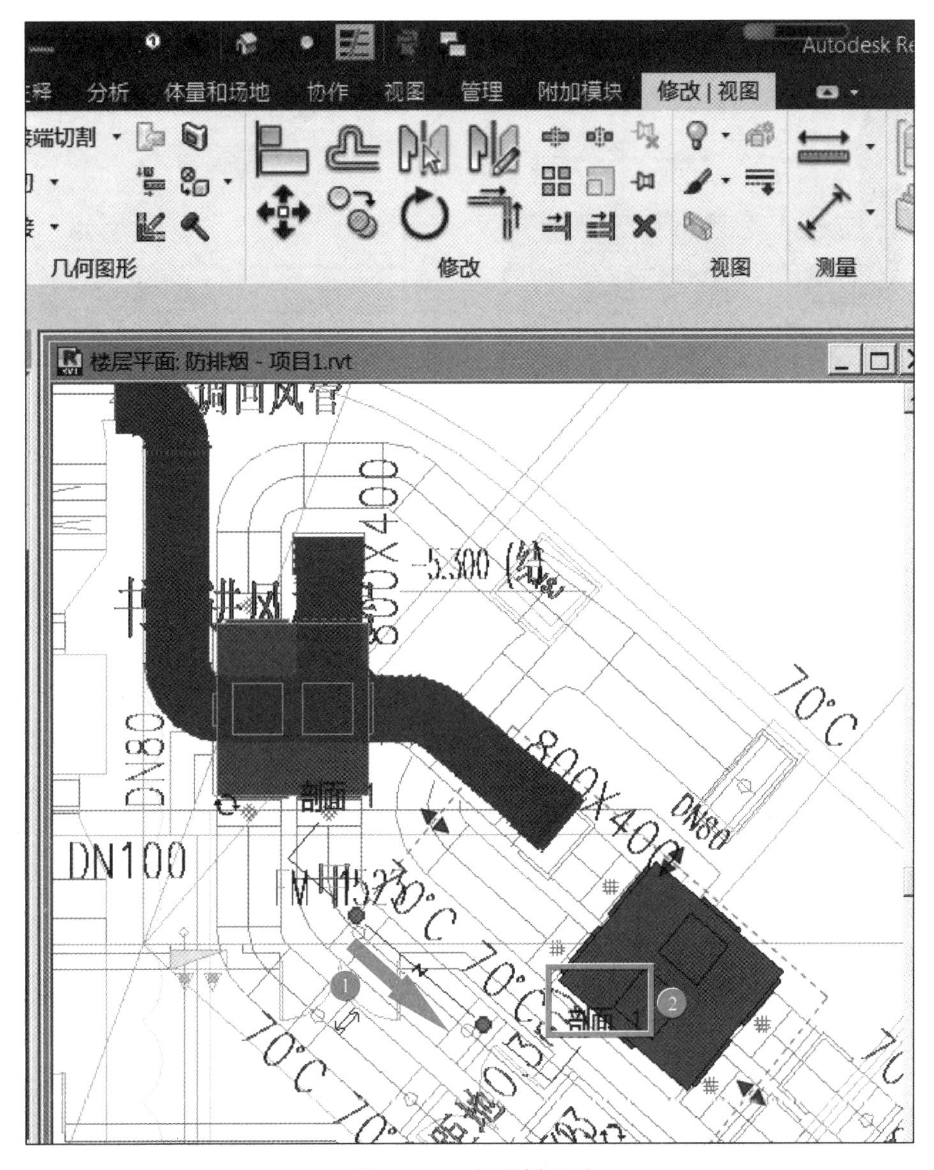

图 2.1-65 切开剖面图

（7）绘制立管下方风管水平段。在切开的剖面图中，选择立管，右击下方拖拽点，选择“绘制风管”，绘制一段水平管。调整水平风管位置，用“AL”对齐命令，将左边风管中心线与右边“KT-a01-D102”风机接口中心线对齐。如图 2.1-66 所示。

（8）回到“楼层平面：空调风”，在平面图上，将新绘制的水平风管中心线与右边“KT-a01-D102”风机接口中心线对齐。如图 2.1-67 所示。

（9）选择新绘制的风管水平管，继续绘制，与“KT-a01-D102”风机机组相连接。

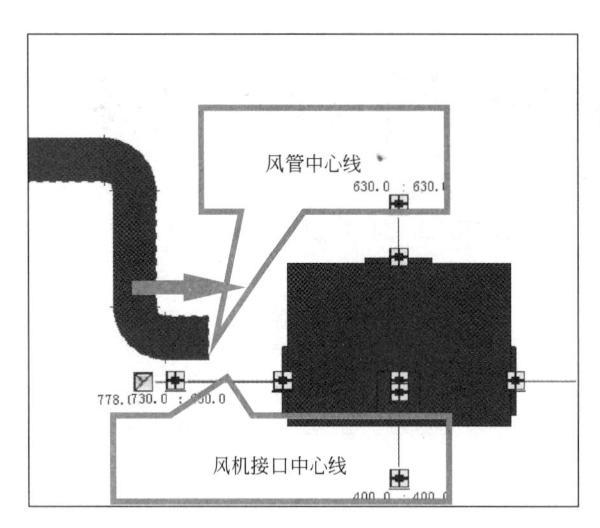

图 2.1-66 在剖面图中绘制水平风管

图 2.1-67 中心线对齐

7. 绘制"KT-a01-D101"风机机组后方回风管

继续选择"KT-a01-D101"风机机组，激活连接口，点击右后方"创建风管"接口，绘制一段回风管。由于在放置风机机组时我们已将各风口尺寸设置正确，因此，此时绘制的风管自动设置为宽度 800mm，高度 400mm，偏移 300mm，属性栏设置如图 2.1-68 所示。如果无法选择该风管的系统类型为"回风系统"，我们可以如前面布置 4 所述操作，用鼠标左键点击新绘回风管的起点拖拽点，将所绘回风管与风机脱离，改完"属性"栏设置后，再将该段回风管与风机相连。

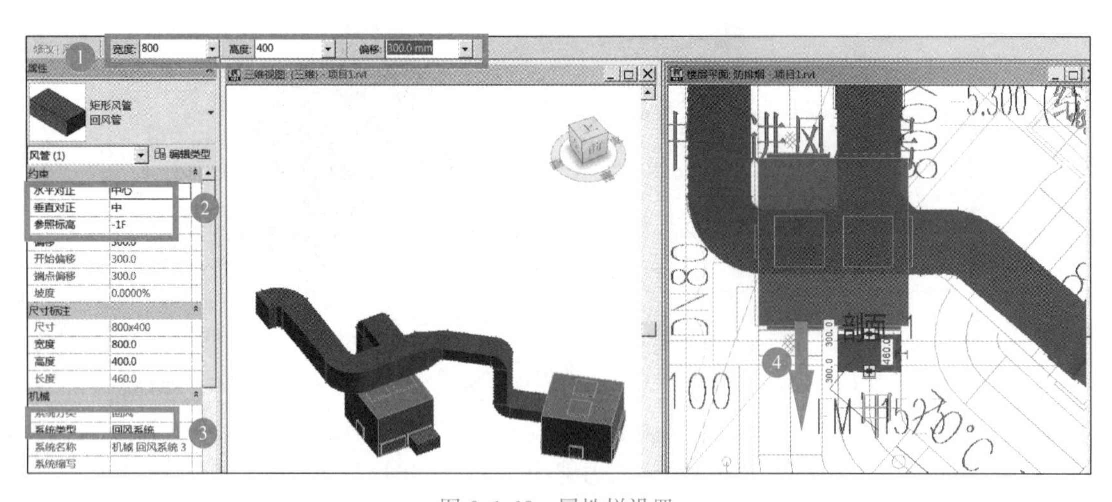

图 2.1-68 属性栏设置

8. 绘制上翻立管及水平管

与步骤 5 相似，单击新绘制的回风管端部，选择"绘制风管"，修改风管偏移为

2650mm，点击“应用”，完成转折处立管绘制。

与步骤 6 相同，在楼层平面中，选择立管，右键单击端部拖拽点，选择“绘制风管”，绘制宽度为 800mm，高度为 400mm，偏移值为 2650mm 的水平回风管，通过“对齐”命令将风管与底图对齐。如图 2.1-69 所示。

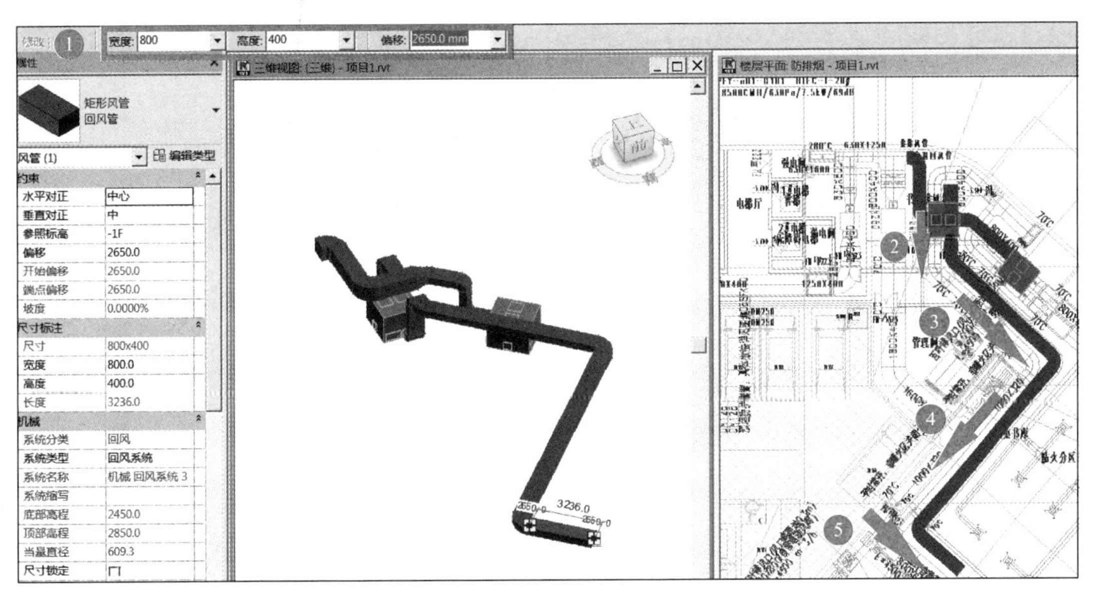

图 2.1-69　绘制上翻立管及水平管

9. 添加消声器、70℃防火阀、止回阀和风管软件段等风管附件

Revit 在平面视图和三维视图中都可以添加风管附件和风道末端。

（1）载入本书配套资源中的“暖通”-“风管附件”文件夹下的“消声器”和“风管软件-方形”族。

（2）单击“系统”选项卡中的“风管附件”，弹出“修改｜放置风管附件”选项卡，在“属性”下拉列表中选择所需要的“风管软件-方形”，将鼠标指针移动至回风管中心线处，捕捉到中心线时，单击即可完成风管软件段的添加。如图 2.1-70 位置①所示。

（3）用同样的方法，单击“系统”选项卡中的“风管附件”，弹出“修改｜放置风管附件”选项卡，在“属性”下拉列表中选择“消声器 ZP1”类型，将鼠标指针移动至回风管风管中心线处，捕捉到中心线时，单击即可完成风管软件段的添加。如图 2.1-70 位置②所示。

（4）70℃防火阀与止回阀的布置我们已在本任务 1.4 节防排烟系统 BIM 建模中内容“5. 添加风管附件”中叙述，添加位置如图 2.1-70③和④所示。

10. 添加单层活动百叶风口

与本任务 1.4 节防排烟系统 BIM 建模中添加送风口方法相同：

（1）通过“系统”-“载入族”命令，载入本书配套资源中“暖通”-“风道末端”文件夹中的“风口”族。

（2）单击“系统”选项卡中的“风道末端”，弹出“修改｜放置风道末端装置”栏，

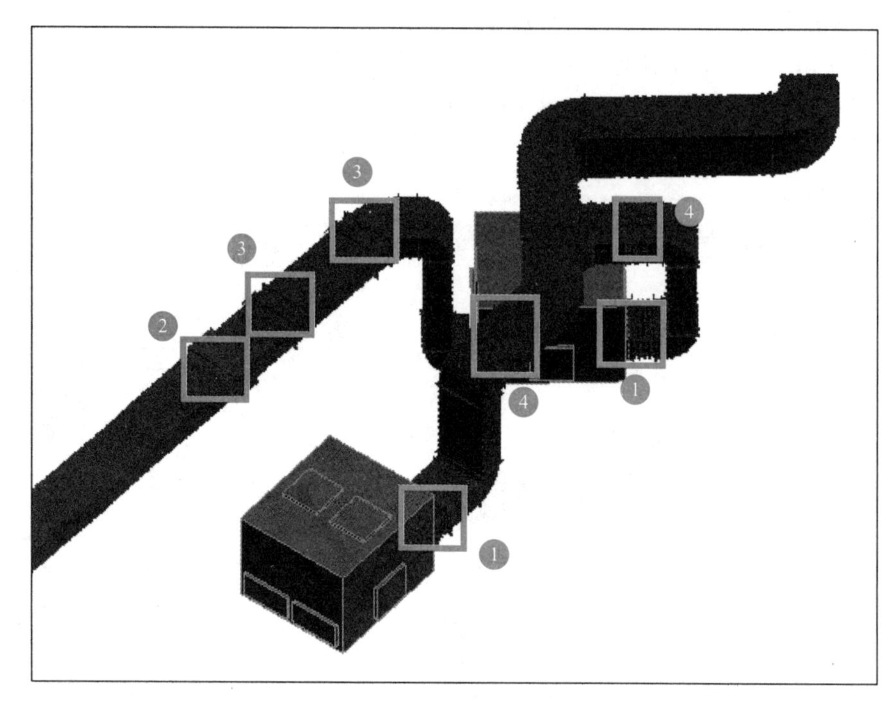

图 2.1-70　添加风管附件

选择“风道末端安装到风管上”选项。

（3）在“属性”栏选择“风口 1000×600”类型，将鼠标指针移动至底图单层活动百叶风口位置所对应的回风管中心线处，捕捉到中心线时（中心线高亮显示），单击即可完成风口的添加，如图 2.1-71 所示。

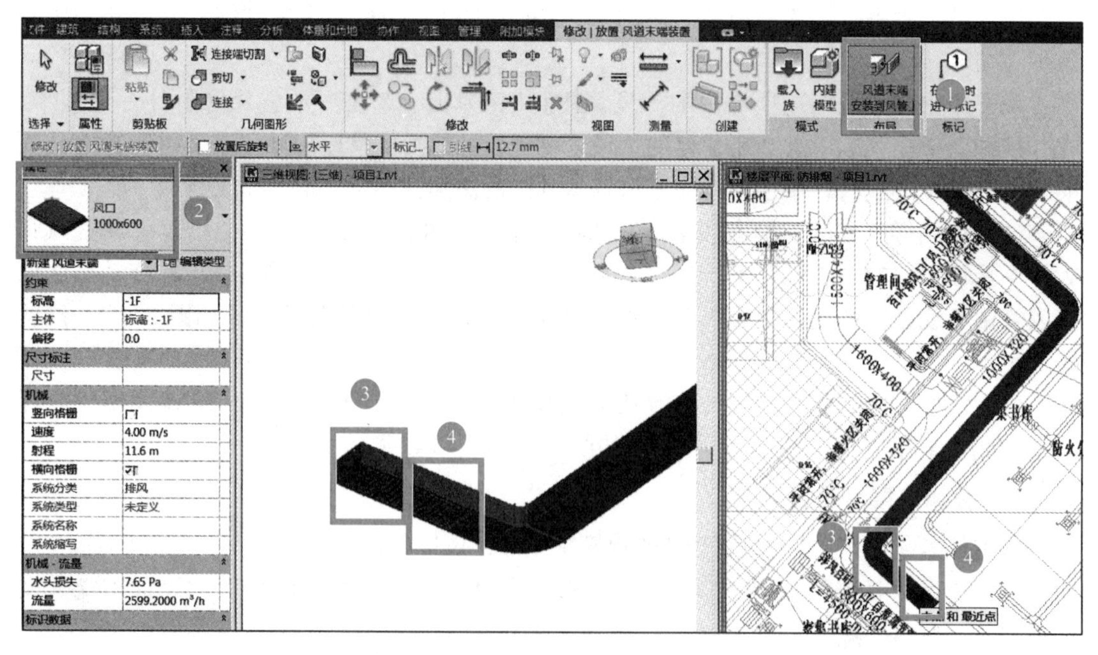

图 2.1-71　添加单层活动百叶风口

用同样的方法，我们可以依次完成地下一层其余空调风管系统的模型建立，完成后的模型如图 2.1-72 所示。

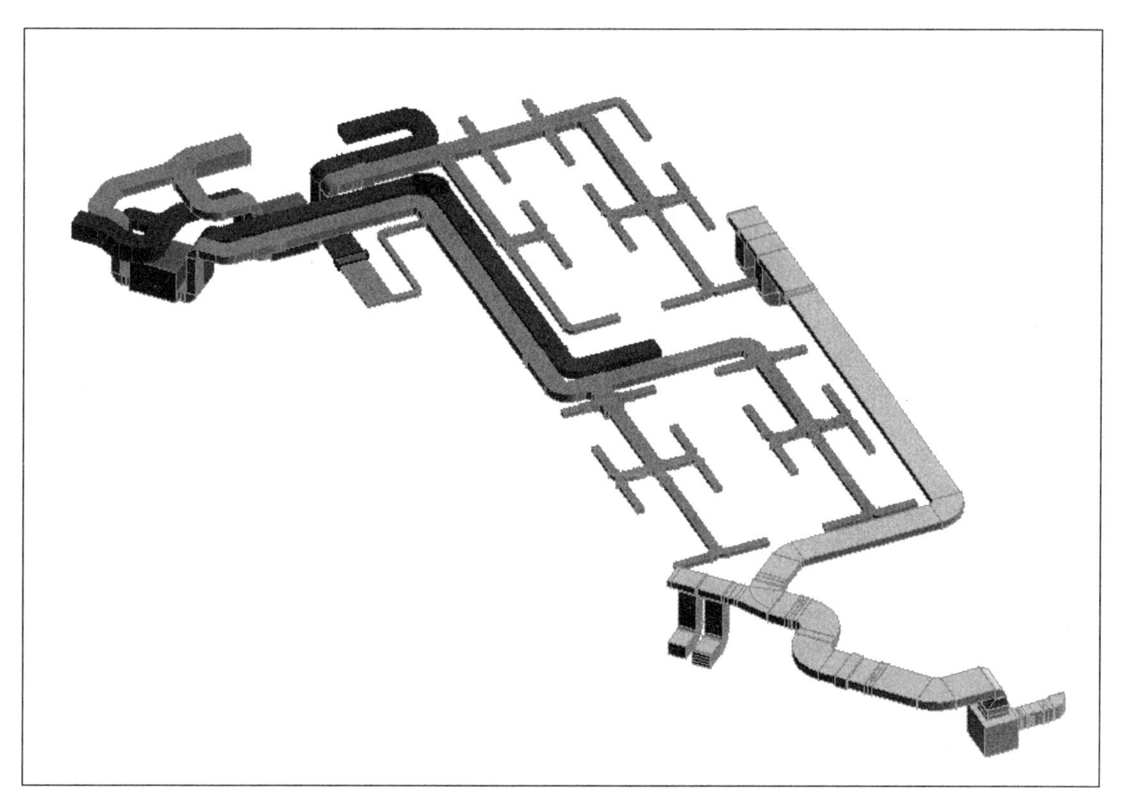

图 2.1-72 地下一层空调风管系统模型

单元3　BIM 给排水建模

单元3学生资源

单元3教师资源

建筑给排水的主要组成部分为管道系统。管道系统包含生活给排水系统、空调水系统、雨水系统、消防给水系统等。本单元主要以图书馆地下一层为例，讲解给排水系统模型的创建方法。

任务1　生活给排水系统 BIM 建模

能力目标

1. 会识读施工图纸相关信息；
2. 能正确设置给排水管道系统及参数；
3. 熟练掌握给排水管道的绘制方法和技巧。

任务书

根据图书馆给排水施工图，选择相应的给排水系统、给排水管道的类型，添加阀门等管路附件。掌握水平管道和立管的绘制方法，完成管道坡度的设置和绘制，最后完成图书馆地下一层的给排水建模。任务清单见表3.1-1。

任务清单　　表3.1-1

序号	内容	要求完成时间	实际完成时间
1	给水管道类型创建与设置		
2	给水管道绘制		
3	给水管件、阀门等附件的添加和设备的放置		
4	排水管道类型创建与设置		
5	排水管道绘制		
6	排水管件、阀门等附件的添加和设备的放置		

工作准备

1. 阅读任务书，识读“图书馆地下一层给排水平面图”“给排水系统原理图”，进行图面分析（表 3.1-2），并完成“图纸识读-图书馆地下一层给排水平面图与给排水系统原理图”问题。

2. 结合图书馆项目分析建模的难点与重点。

图面分析　　表 3.1-2

主题：图书馆地下一层生活给排水系统建模 图纸编号：水施-01，水施-12
问题 1：本工程地下一层给水系统有哪几种类别？ 问题 2：本工程地下一层排水系统有哪几种类别？ 问题 3：给水系统采用的管材是什么？ 问题 4：排水系统采用的管材是什么？
是否存在设计错误：(需标明图纸出处) 更正建议：
是否存在信息缺失：

3. 根据给排水建模一般操作方法与步骤回答以下问题。

（1）需要导入哪张图纸？在建模过程中主要保留 CAD 图纸的哪些图层？

（2）如何进行生活给水管道系统的设置？

（3）如何进行水管坡度的设置？

（4）如何进行水管尺寸的设置？

1.1　生活给排水施工图识读

本工程为图书馆楼，地上 4 层，地下 1 层。周边市政条件良好，能满足工程需求，给水水源选用城市自来水，从市政给水管网上接入。

图书馆工程给排水图纸包含“给排水”和“人防水”两个文件夹。其中“给排水”文件夹中“通用说明”为室内给水排水施工图设计总说明，“图书馆给排水平面图”为图书馆地下一层至地上四层给排水平面图以及屋面层排水平面图，“图书馆喷淋水平面图”为图书馆地下一层至地上四层喷淋平面图，“系统原理图”为给排水系统、消防系统和压力流雨水系统原理图以及卫生间给排水详图。“人防水”文件夹中“图书馆、行政楼人防工程水施”为人防给水排水施工图设计说明、主要设备材料表及图例、地下一层平时给排水平面图、地下一层战时给排水平面图、地下一层喷淋平面图、给水排水系统原理图、喷淋系统原理图及消火栓系统图。

1. 给排水系统概况

本项目室内生活给水系统按市政管网压力直供设计，为保证供水安全性，在图书馆地下一层水泵房内设置一套罐式叠压供水设备，用于市政压力不足时，加压直供生活给水管网。在轴线 1-5 与 1-6 之间，给水引入管 J-DN200 从－1.100m 高度穿基础进入室内，给水管上西面连接 J-DN25 管道为冷冻机房预留给水点，东面连接 J-DN20 管道为空调机房预留给水点。加压给水管 J1-DN200 从－1.100m 高度同侧穿基础出室外至生活给水管网，如图 3.1-1 所示。人防地下室以城市自来水做供水水源，战时给水系统包括人员生活用水、人员饮用水、人员洗消和口部染毒区用水。

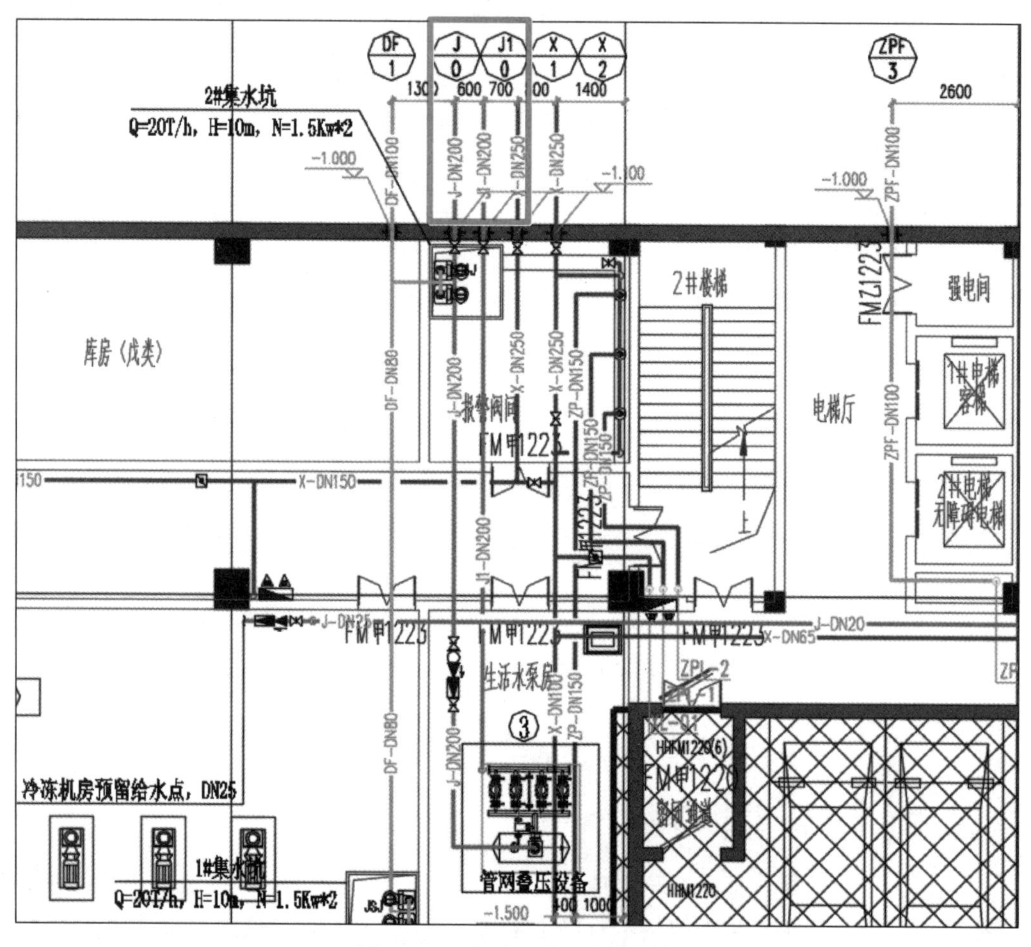

图 3.1-1　地下一层生活给水管

本项目室内排水系统采用雨、污水分流制，污水管设环形通气管或专用通气立管，以保证污水管均能形成良好的水流状况。图书馆屋面采用压力流虹吸雨水系统，图书馆地下一层废水经集水坑收集后由潜污泵提升排至室外雨水井，如图 3.1-2 所示，压力废水管 DF-DN100 从－1.000m 高度穿基础出室外。图书馆人防为平战结合及战时排水系统，平战系统主要排出平时及战时生活污水，战时系统排出战时及战后的人员洗消、地面和墙面洗消污水，均经过污水集水坑由潜污泵排出室外。

2. 管材附件设备

室内生活给水管采用钢塑复合管（内衬聚乙烯 PE），DN＞80 或系统工作压力＞

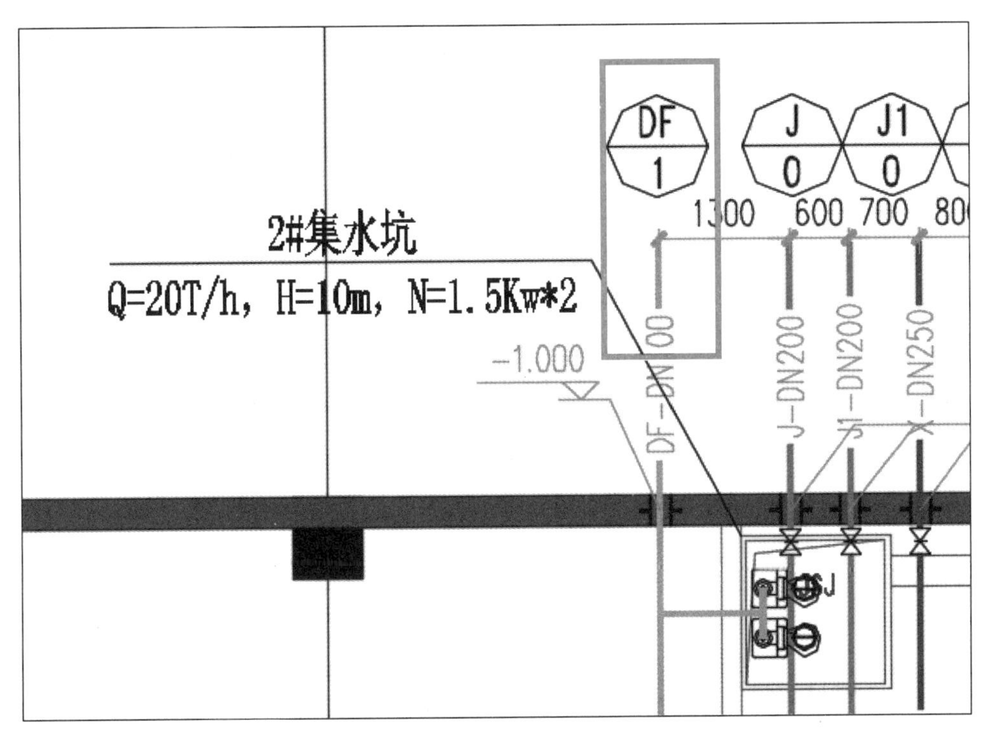

图 3.1-2　地下一层压力排水管

1.0MPa 的采用配套管件沟槽式连接（也称卡箍连接），DN≤80 且系统工作压力≤1.0MPa 的采用配套管件丝扣连接。图书馆地下一层水泵房内生活给水管采用法兰连接，给水泵出水管上设置微阻缓闭消声止回阀，并设水锤消除器。

室内生活排水管均采用 U-PVC 管材，粘结连接。地下室潜污泵压力流排水采用内外壁热镀锌钢管，DN<100 采用丝扣连接，DN≥100 采用沟槽式管件连接。雨水管采用虹吸排水专用 HDPE 管，采用热熔对焊接或电熔连接。

1.2　图纸导入

图纸导入 Revit 之前，首先要对图纸进行拆分处理，生活给排水建模前，可先将“给排水”文件夹中的“图书馆给排水平面图”进行图纸拆分，并按照各楼层进行整理，如图 3.1-3 所示。后续用同样方法可对“人防水”文件夹中“图书馆、行政楼人防工程水施”图纸进行拆分整理。

在 Revit 中导入拆分好的图纸。

1. 打开“楼层平面：－1F 给排水”视图

选择“项目浏览器”面板中的“01 建模”-“01 给排水”-“楼层平面：－1F 给排水”选项，如图 3.1-4 所示。

2. 链接或导入 CAD 图纸

生活给排水系统 BIM 建模时，需在“楼层平面：－1F 给排水”视图中先后导入“给排水”文件夹中拆分出来的“图书馆地下一层给排水平面图”和“人防水”文件夹中拆分

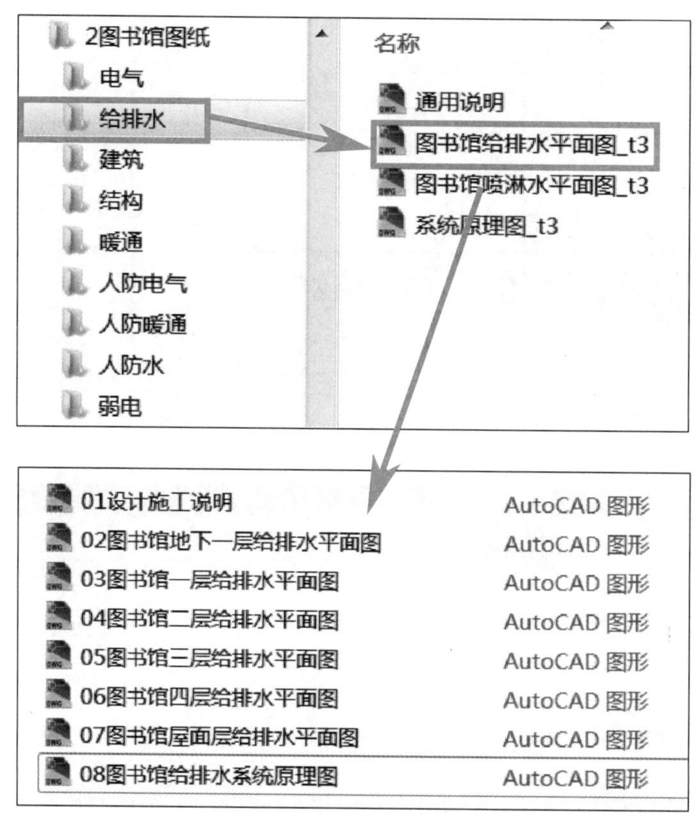

图 3.1-3　给排水图纸拆分与处理

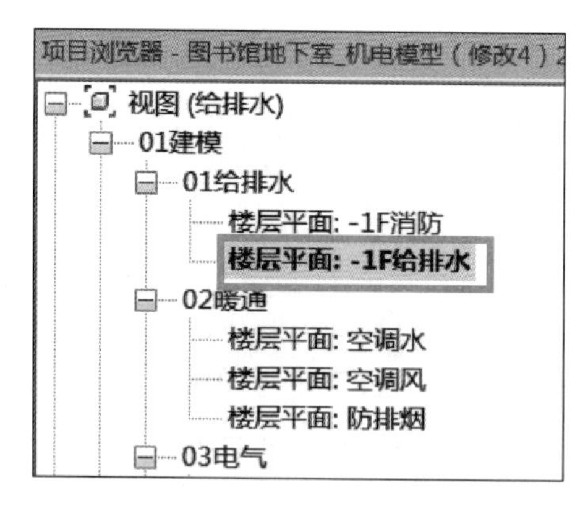

图 3.1-4　打开“楼层平面：—1F 给排水”视图

出来的“地下一层平时给排水平面图”“地下一层战时给排水平面图”。导入或链接 CAD 图的方法我们已在本书单元 2 任务 1 的 1.2 图纸导入中讲述，此处不再赘述。

1.3　管道参数设置

图书馆地下一层给排水系统中包含多种类型的管道，如生活给水管、压力排水管、自喷废水管等。在绘制管道之前，应先创建不同类型的管道，并对管道进行相应的布管系统配置，设置管道尺寸、坡度等参数。

1. 创建管道类型

管道类型可以在管道的“类型属性”中通过“复制”来进行新建，也可以在“项目浏览器”-“族”-“管道类型”中通过右键进行复制新建。

(1) 选择“系统”选项卡，单击“卫浴和管道”面板上的“管道”，或直接输入快捷键“PI”。在“属性”栏选择管道类型“标准”，单击“编辑类型”按钮，弹出“类型属性”对话框，如图 3.1-5 所示。

(2) 在“类型属性”对话框中单击“复制”按钮，修改给水管名称为“J”，如图 3.1-6 所示。单击“确定”按钮，完成“J”管道类型的创建。

图 3.1-5 管道属性栏

管道参数设置

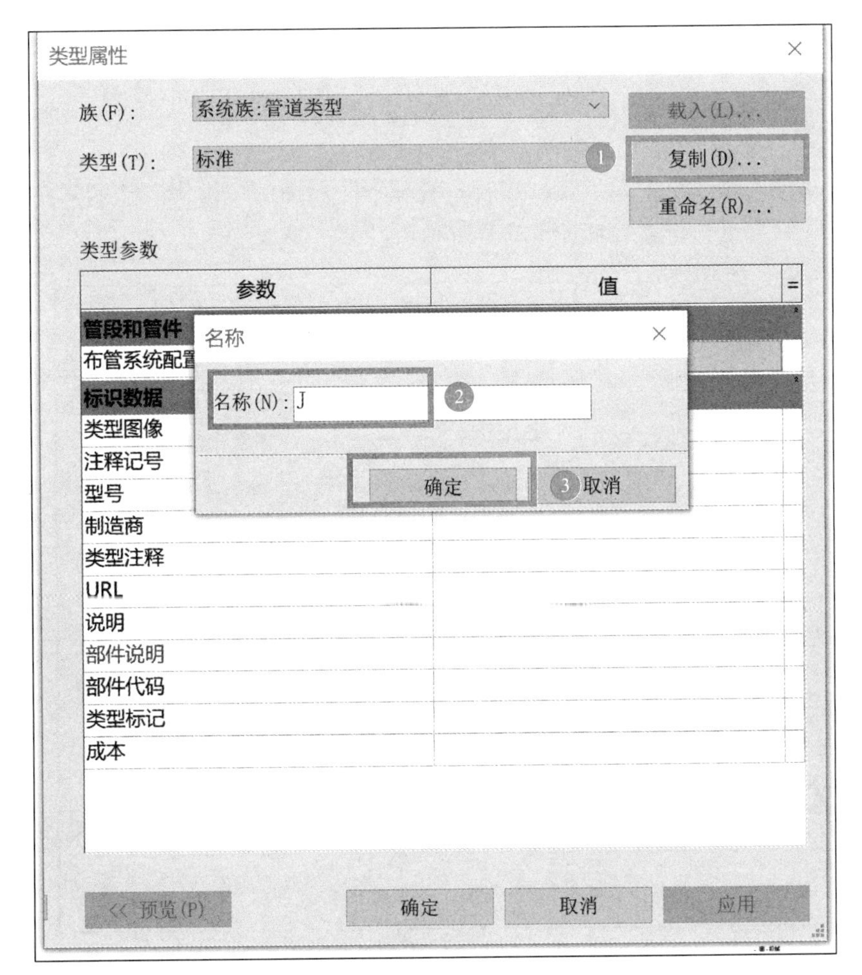

图 3.1-6 新建管道类型

（3）采用同样方法可继续创建压力给水管“J1”、压力排水管“DF”和自喷废水管“ZPF”，在管道类型“PVC-U-排水”基础上进行复制新建，如图 3.1-7 所示。创建完成后的给排水管道类型如图 3.1-8 所示。

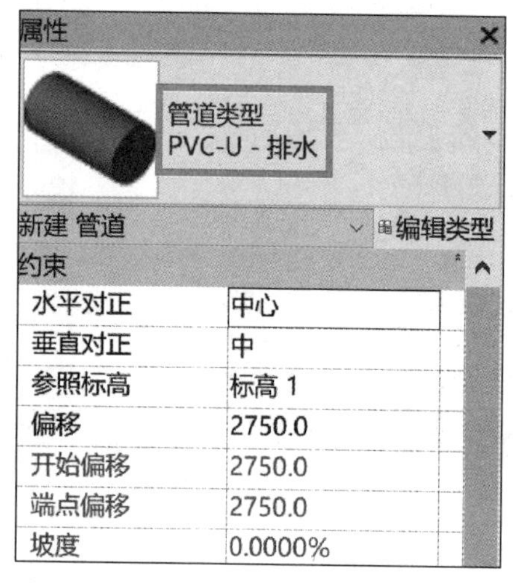

图 3.1-7　管道类型选择

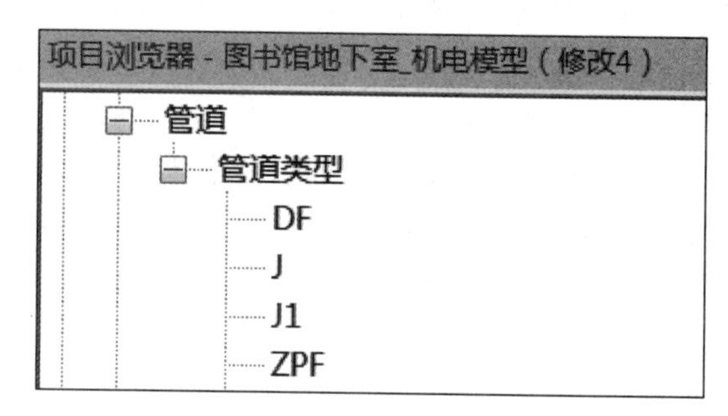

图 3.1-8　新建管道类型列表

2. 布管系统配置

在管道“类型属性”对话框中，点击“布管系统配置”后面的“编辑”按钮，在弹出的对话框中对管段、管件进行设置，如图 3.1-9 所示。

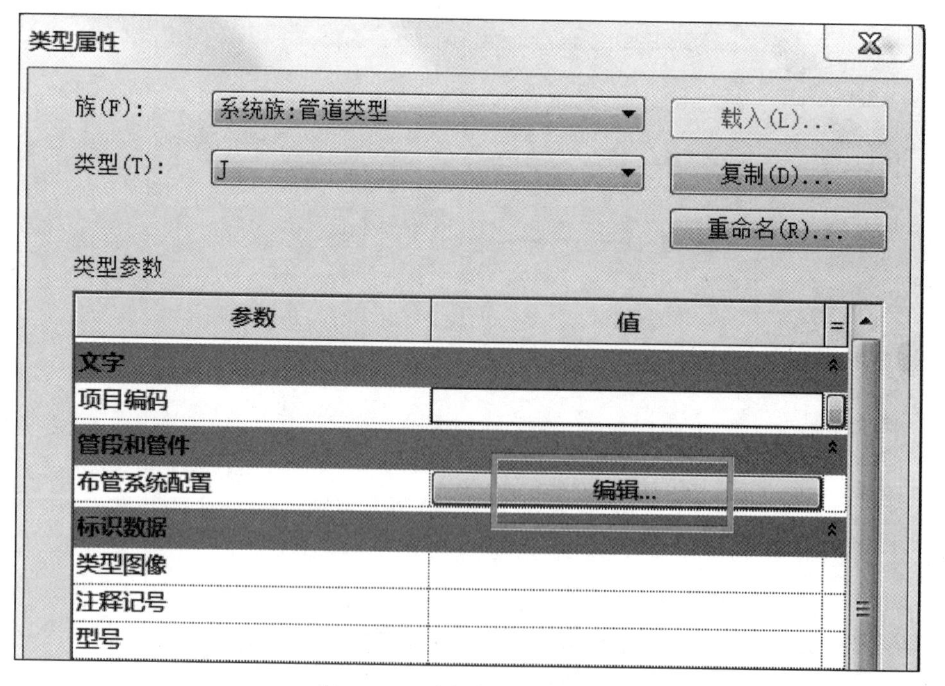

图 3.1-9　编辑布管系统配置

在“布管系统配置”对话框中选择“J”管道类型的管段为钢塑复合管，最小尺寸为15mm，最大尺寸为200mm，构件列表中添加相应的弯头、三通、接头、四通、过渡件等管件族。如果管件下拉菜单中没有需要的管件类型，可以通过“载入族”按钮把需要的管件载入进来，如图 3.1-10 所示。

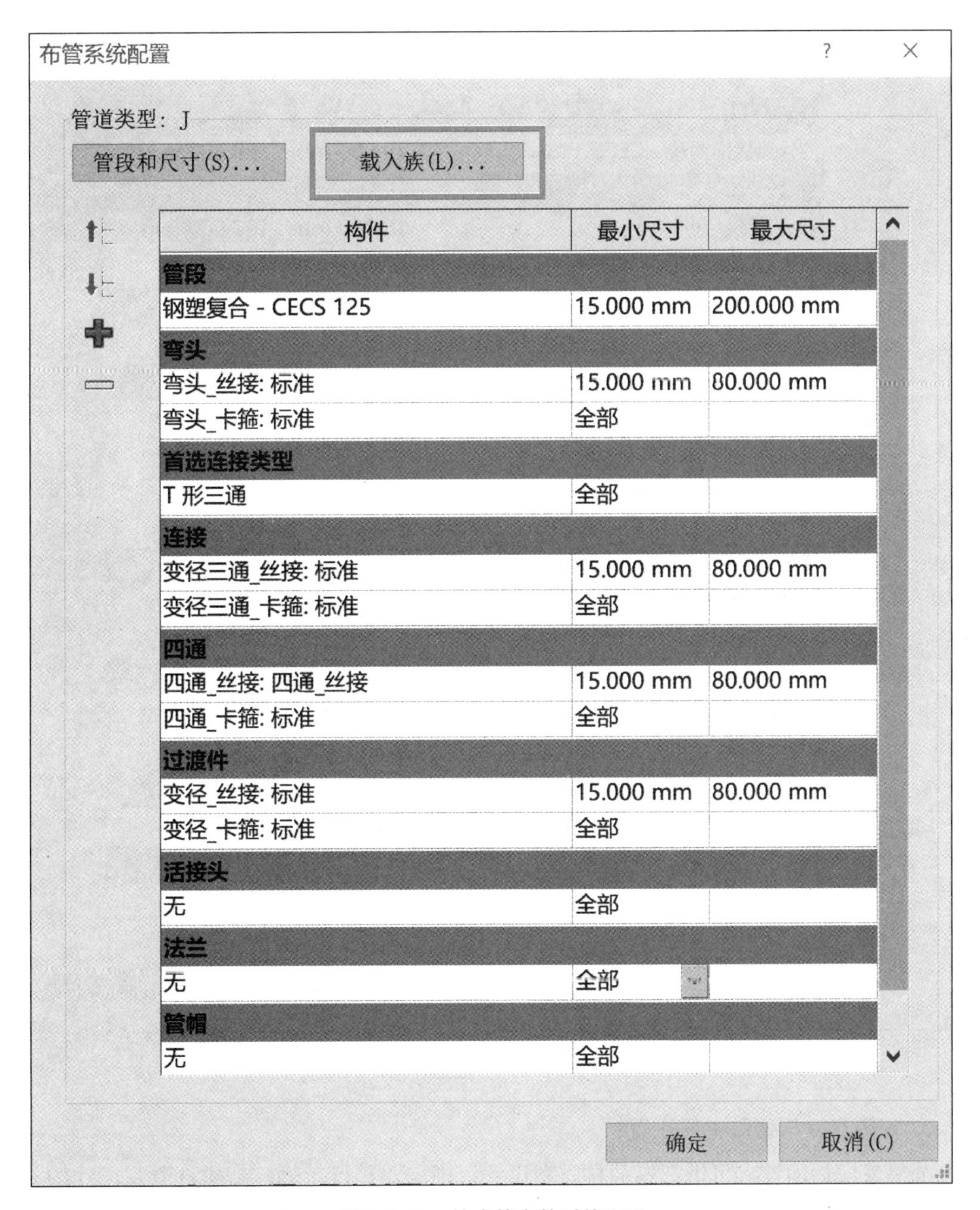

图 3.1-10　给水管布管系统配置

用同样的方法对其他类型的管道依次完成布管系统配置，压力排水管“DF”布管系统配置如图 3.1-11 所示，压力给水管“J1”布管系统配置与上述给水管“J”相同。

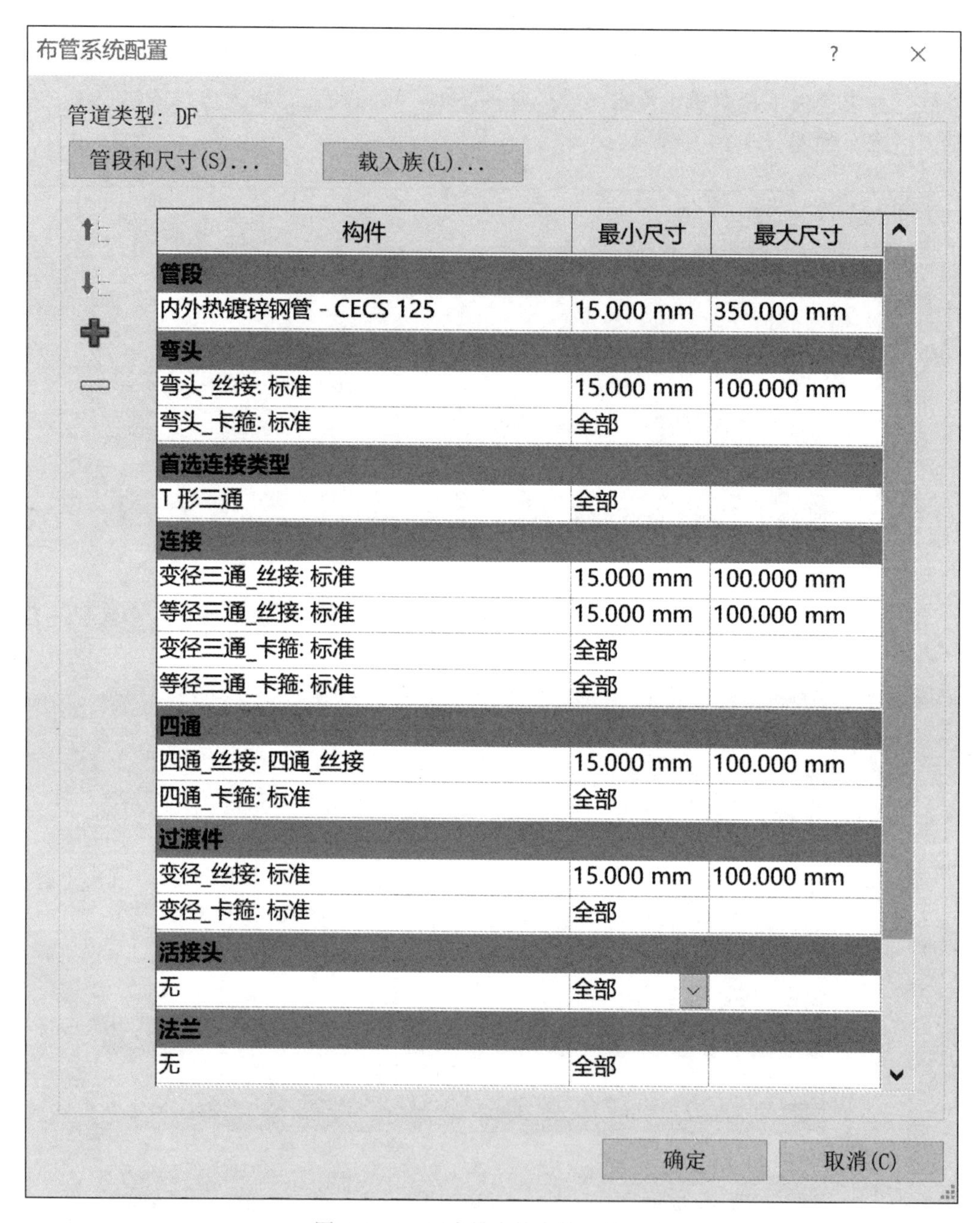

图 3.1-11　压力排水管布管系统配置

3. 管道尺寸与管段材质设置

如果管段后面没有可供选择的材质和尺寸，则需要进行新建。新建材质和尺寸的方法详见本书单元 2 任务 1 的 1.5 空调水管 BIM 建模中内容“3. 空调系统水管布管系统配置”和“4. 管道尺寸设置”。

在本单元任务 1 中，我们需要绘制 DN200 给水管，添加 DN200 给水管的步骤如下：

选择“管理”选项卡，在“MEP 设置”下拉列表中单击“机械设置”命令，在弹出的“机械设置”对话框中选择左侧面板“管道设置”下的“管段和尺寸”，先选择管段为“钢塑复合-CECS 125”，点击“新建尺寸”，在弹出的“添加管道尺寸”对话框中设置“公称直径”为 200mm，“内径”为 198mm，“外径”为 219mm，单击“确定”按钮即可完成 DN200 管道尺寸的添加，如图 3.1-12 所示。

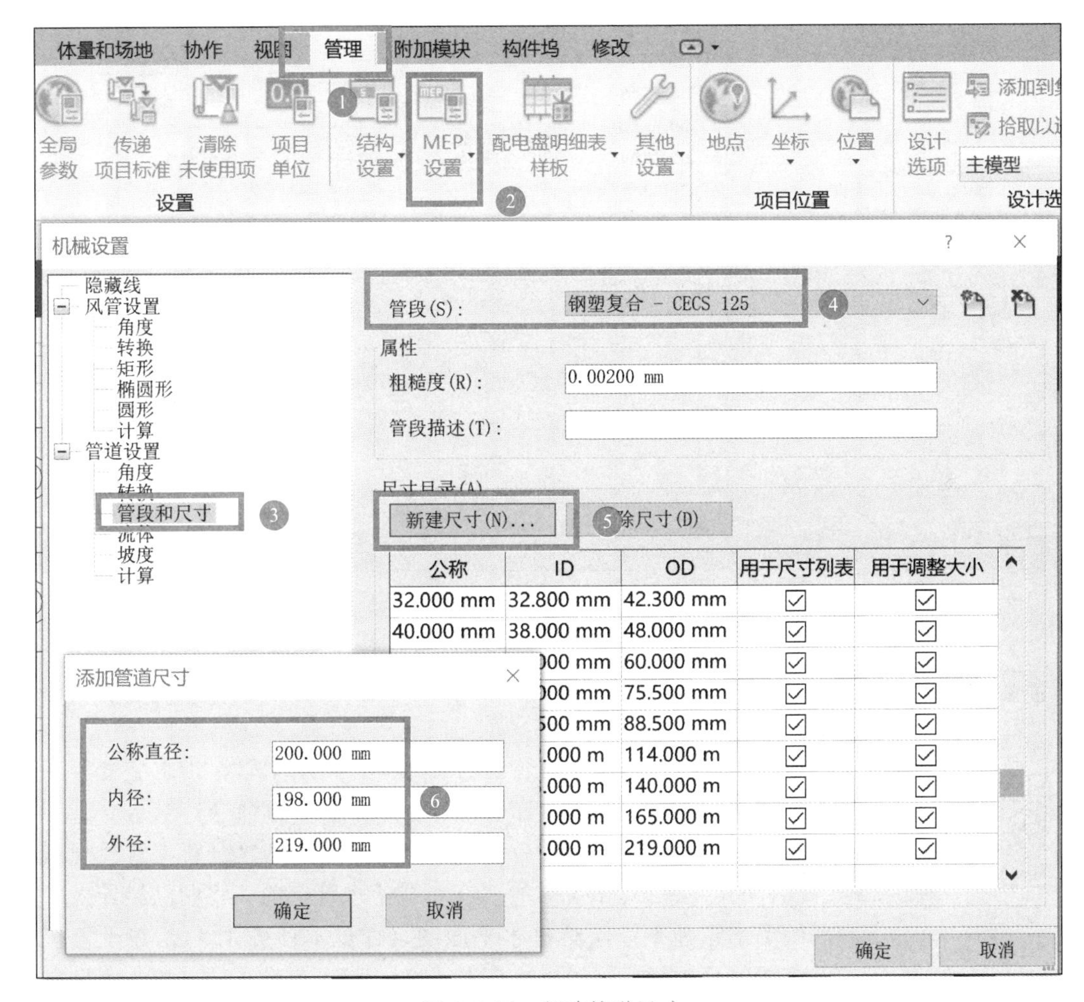

图 3.1-12 新建管道尺寸

4. 管道坡度设置

一般情况下，地上楼层卫生间、厨房等排水都采用重力排水，为了保证排水的通畅，排水横管必须保证一定的坡度大小。本项目由于是图书馆地下室给排水系统，未涉及管道坡度的问题。

如需设置坡度大小，可在“机械设置”对话框中选择左侧面板“管道设置”下的“坡度”，点击右侧面板上“新建坡度”按钮，输入坡度值大小即可创建新的坡度，如图 3.1-13 所示。根据《建筑给水排水设计标准》GB 50015—2019 要求，建筑排水塑料横管的坡度一般情况下应采用标准坡度，排水横支管的标准坡度应为 0.026，排水横干管的最小坡度、通用坡度与管径大小相关，具体可查阅规范相应内容。

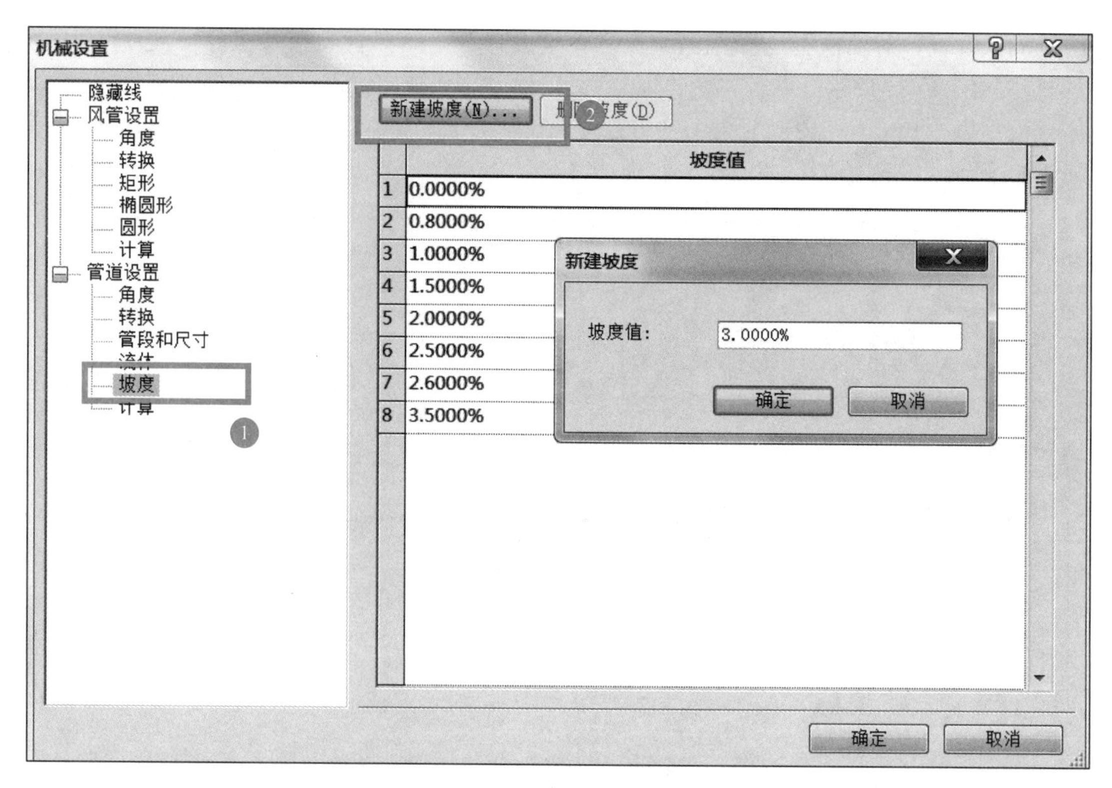

图 3.1-13 管道坡度设置

1.4 给水系统 BIM 建模

给水系统
BIM 建模

图书馆地下一层给水系统主管道有引入管、给水干管、给水立管等。其中引入管、给水干管为水平管，布置时选择水平管布置命令；给水立管为垂直管，布置时选择垂直管布置命令。给水主管采用钢塑复合管，管径规格有 DN200、DN100、DN25、DN20 等。在布置给水管道前，我们已经导入了拆分清理后的图书馆地下一层给排水平面图（详见本任务 1.2），并设置了给水管道系统的编号和材质（详见本任务 1.3），接下来我们进入 2＃楼梯左侧 J1-DN200 生活给水管道系统的布置，如图 3.1-14、图 3.1-15 所示。

1. 打开“楼层平面：－1F 给排水”视图

选择“项目浏览器”面板中的“01 建模”-“01 给排水”-“楼层平面：－1F 给排水”视图，如图 3.1-16 所示。

2. 载入变频设备族

选择“插入”-“载入族”命令，由于 Revit 族库中无此族，需单独建立，下载本书配套资源中的该变频设备族，单击“打开”按钮，将“凯泉 _ 第五代全变频供水设备---4 台”族文件载入项目中，如图 3.1-17 所示。

3. 放置变频设备族

选择菜单栏中的“建筑”-“构件”-“放置构件”命令，在“属性”栏选择新载入的

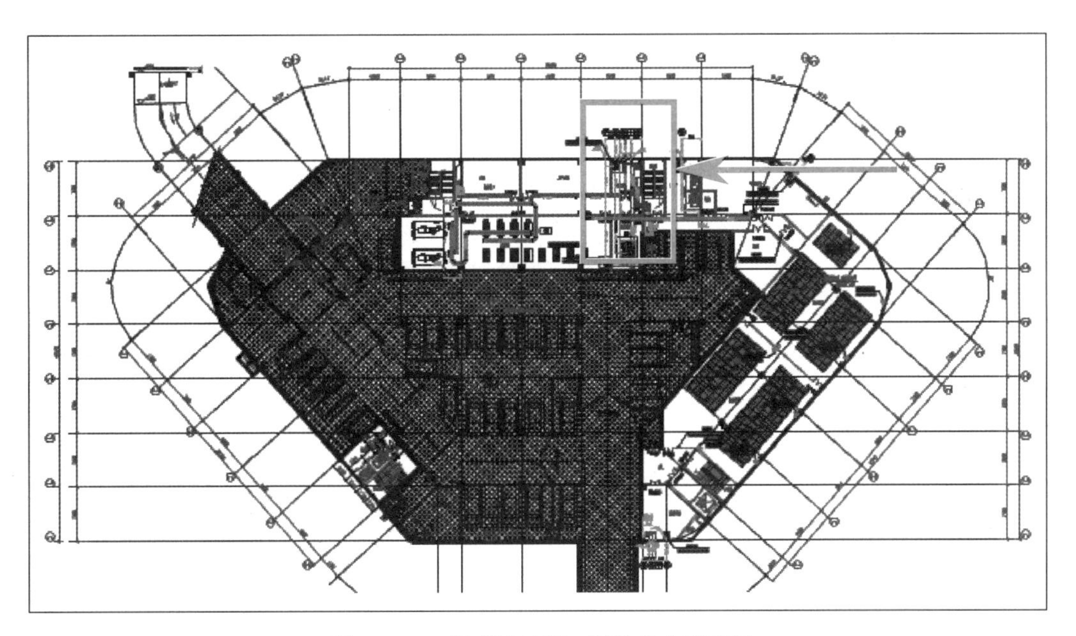

图 3.1-14　图书馆地下一层给排水平面图

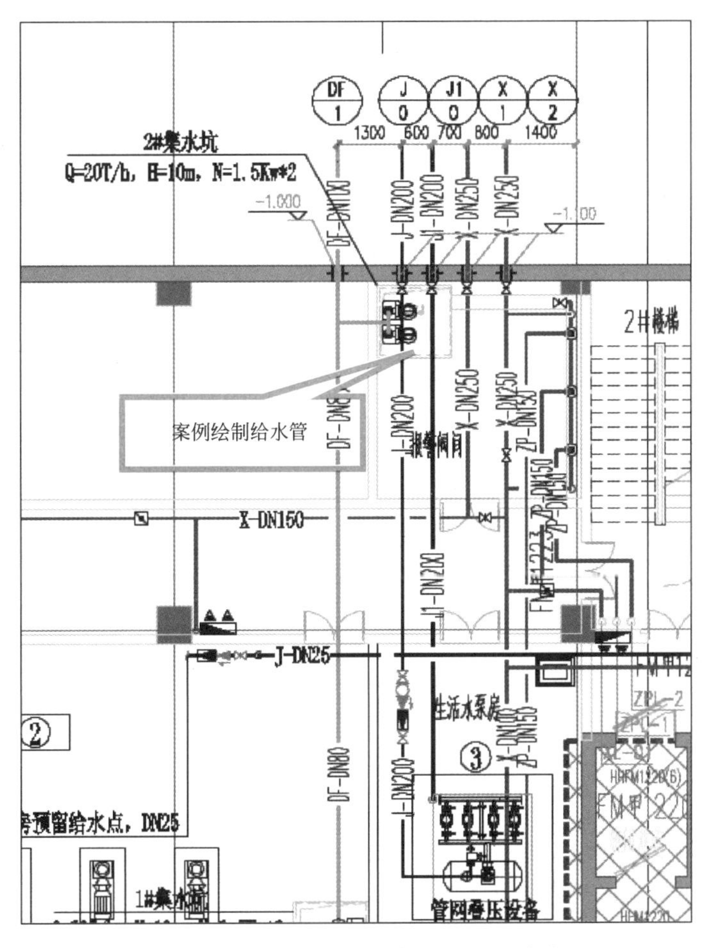

图 3.1-15　案例绘制给水管在 CAD 图中位置

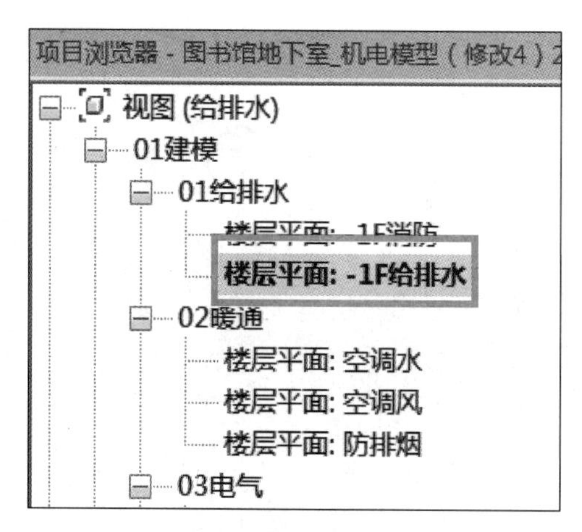

图 3.1-16　打开“楼层平面：—1F 给排水”视图

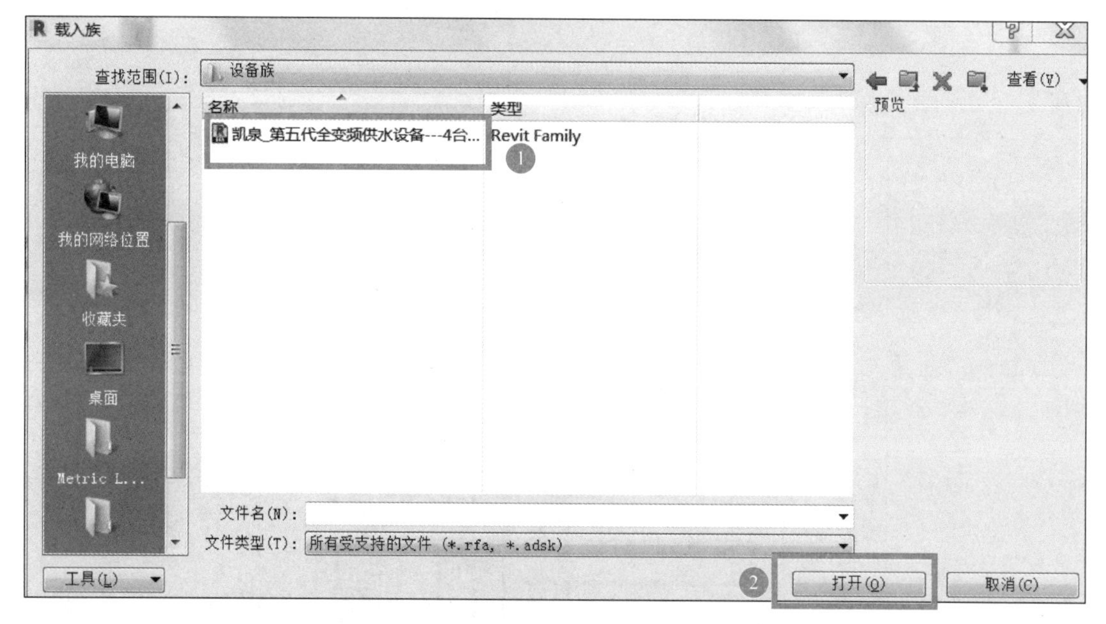

图 3.1-17　载入变频设备族

“凯泉 _ 第五代全变频供水设备---4 台”，选择“200WFYV-135-53-11X4”型号，设置实例属性中的“偏移”值为“0”，然后移动鼠标至绘图区域 CAD 图上对应的“管网叠压设备”位置，单击左键即完成放置，如图 3.1-18 所示。

4. 绘制水平横管

选择“系统”选项卡“卫浴和管道”面板中的“管道”，或直接键入“PI”（管道快捷键），进入管道绘制模式。

（1）选择“给水管”类型

绘制给水管道时要在绘图区域左侧“属性”对话框的“系统类型”栏中选择“给水管”类型为“J1”。

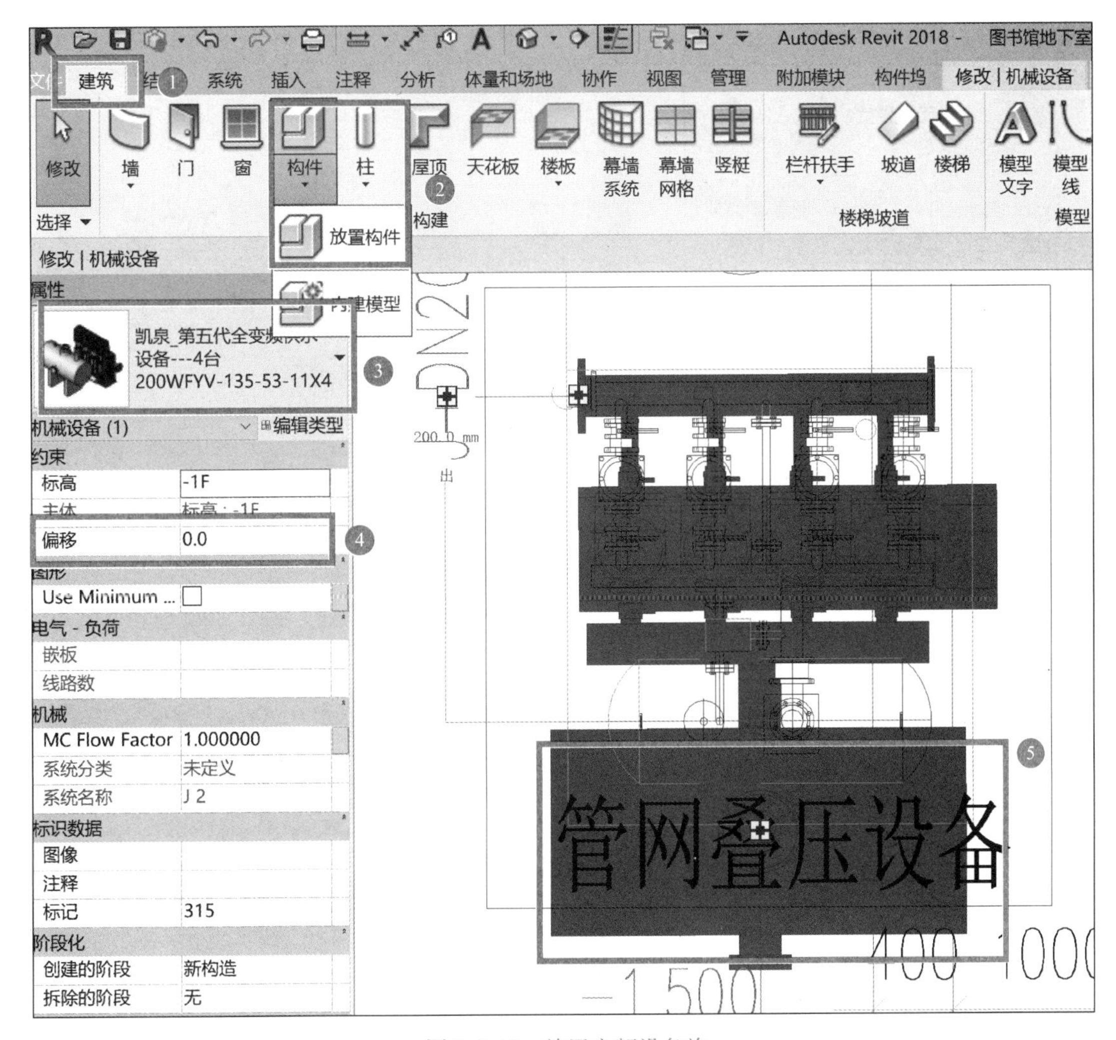

图 3.1-18 放置变频设备族

(2) 设置“给水管”实例属性

在“属性”面板中，依次在“水平对正”栏中选择“中心”选项，“垂直对正”栏中选择“中”，“参照标高”为“－1F”，“偏移”值为 3100mm，“系统类型”为“给水系统”，如图 3.1-19 所示。

(3) 绘制第 1 段给水横管

按快捷键“PI”进入“管道”命令，在“修改 | 管道”的“直径”栏中选择直径为 200mm，“偏移”值输入为 3100mm，在绘图区域依次单击鼠标左键，指定管道起点和终点，完成第 1 段给水横管的绘制。管道绘制完毕后，可使用“对齐”命令（快捷键“AL”）将管道中心线与底图相应位置对齐，如图 3.1-20 所示。根据上述操作即可完成图纸中“J1-DN200”水平横管的绘制。

5. 绘制给水立管

(1) 鼠标左键点击刚才绘制的第 1 段水平横管，鼠标右键点击管道端点处的拖拽点，在弹出的对话框中选择“绘制管道”，即指定了给水立管的起点，如图 3.1-21 所示。

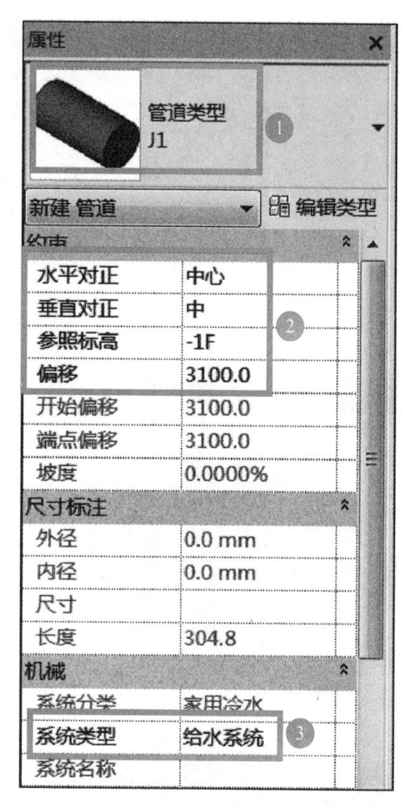

图 3.1-19 设置管道实例属性

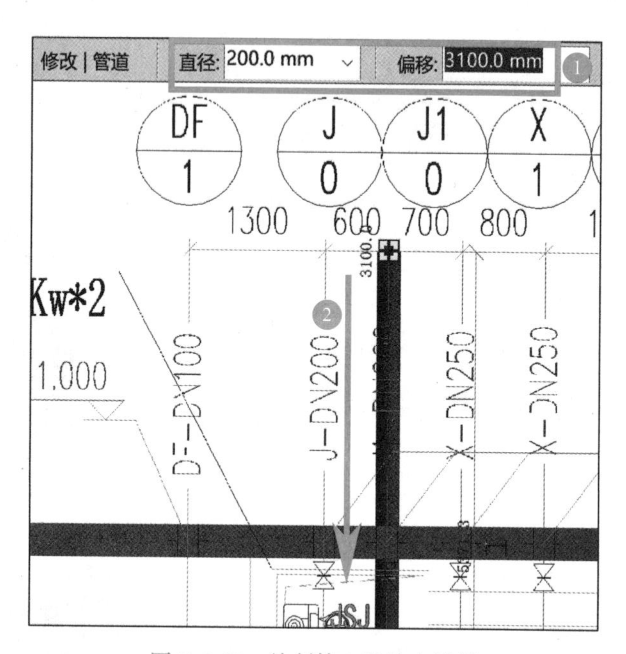

图 3.1-20 绘制第 1 段给水横管

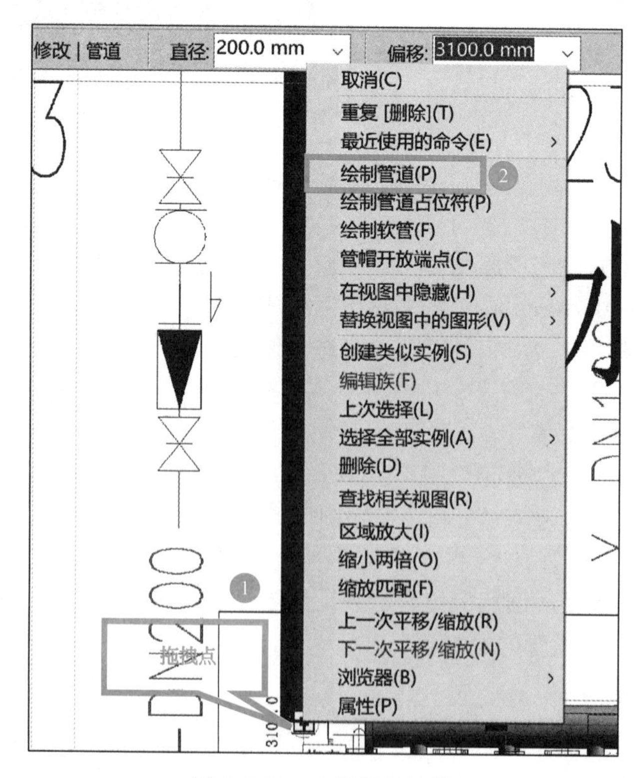

图 3.1-21 立管起点绘制

（2）将选项栏“修改｜放置管道”的“偏移”值改为 248mm，单击“应用”按钮，即可完成该段给水立管的绘制，如图 3.1-22 所示。绘制完成后的给水立管三维效果如图 3.1-23 所示。

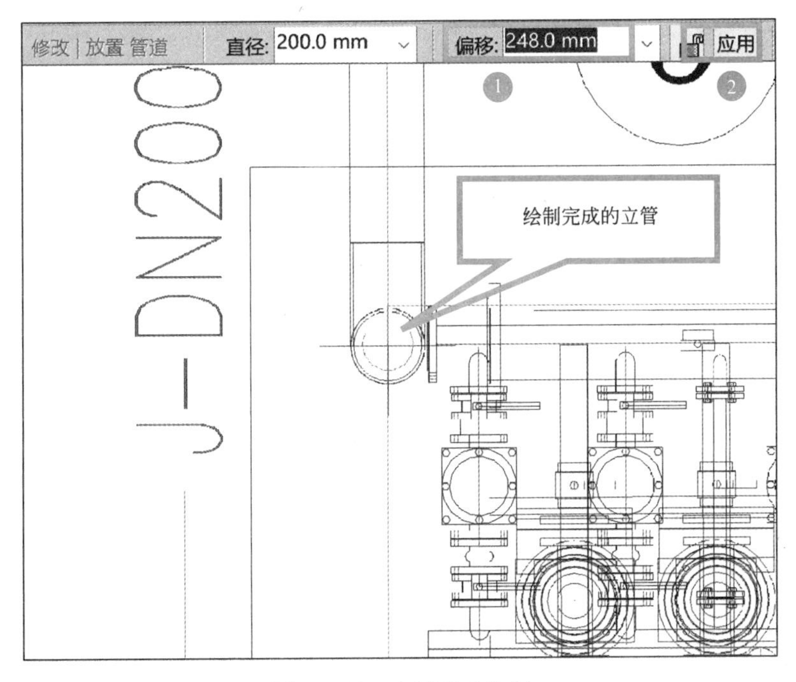

图 3.1-22　立管终点绘制

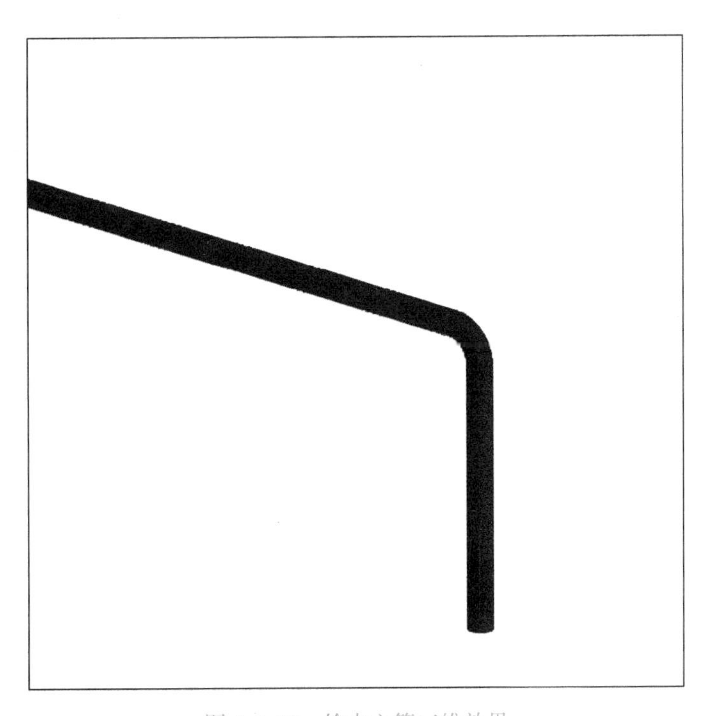

图 3.1-23　给水立管三维效果

6. 绘制立管下方的水平横管

接下来继续绘制立管下方的水平横管，由于在平面视图中很难捕捉到立管的下端点，此时可以借助剖面视图来进行绘制。

（1）点击“视图”选项卡下的“剖面”命令（或直接点击“快速访问工具栏”中的“剖面”命令），在立管后方绘制剖切面，如图 3.1-24 所示。

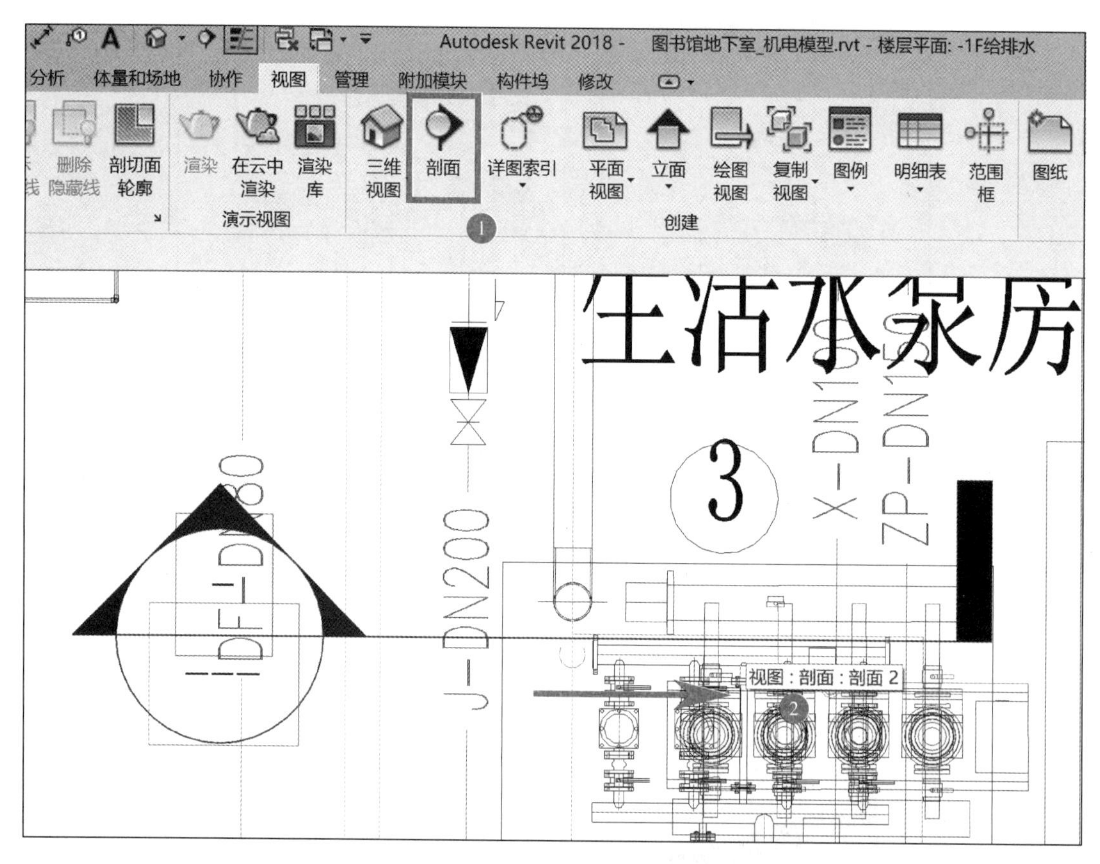

图 3.1-24　绘制剖切面

（2）将鼠标移动至剖切符号上单击右键，在弹出的对话框中选择“转到视图”，即进入该剖面视图，如图 3.1-25 所示。

（3）在剖面视图中，点击给水立管，右键单击下部出现的拖拽点，在弹出的对话框中选择“绘制管道”，往右移动鼠标，并单击，确定该水平横管的终点，立管与横管连接处的弯头管件将根据布管系统配置自动生成，绘制完成效果如图 3.1-26 所示。

7. 给水管与变频设备的连接

前面我们已经完成了“凯泉 _ 第五代全变频供水设备---4 台”变频设备的放置，现在需要将刚绘制完成的 J1-DN200 生活给水管与变频设备进行连接，这是本节的难点。

（1）在平面视图中点击该变频设备，用鼠标右键单击出现的管道出水口连接点，绘制一段水平横管，如图 3.1-27 所示。

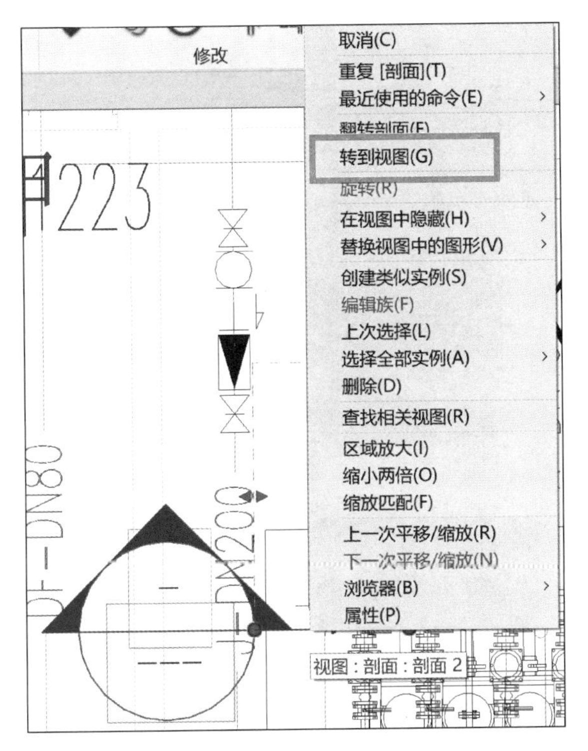

图 3.1-25　转至剖面视图

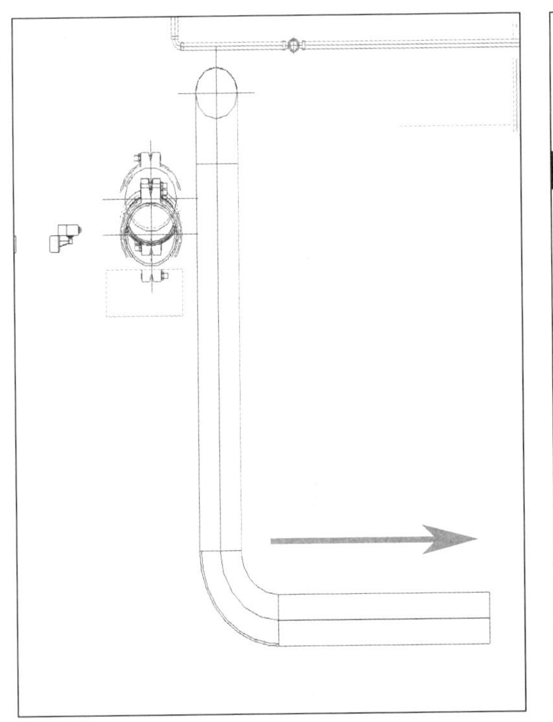

图 3.1-26　J1-DN200 生活给水管道（局部）

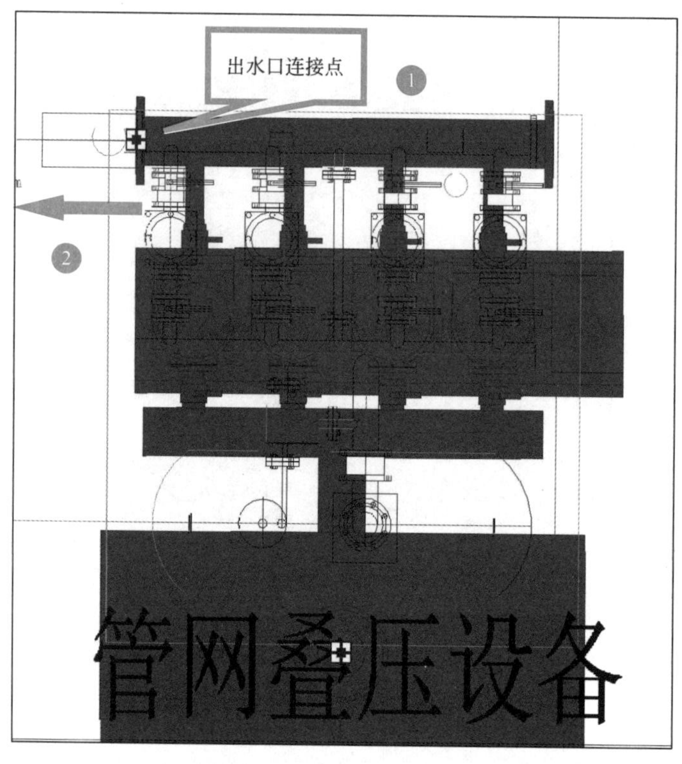

图 3.1-27　变频设备出水口连接点

（2）利用“修改”选项卡中的“对齐”命令，将左边给水横管与右边变频设备出水口给水管中心对齐，如图 3.1-28 所示。

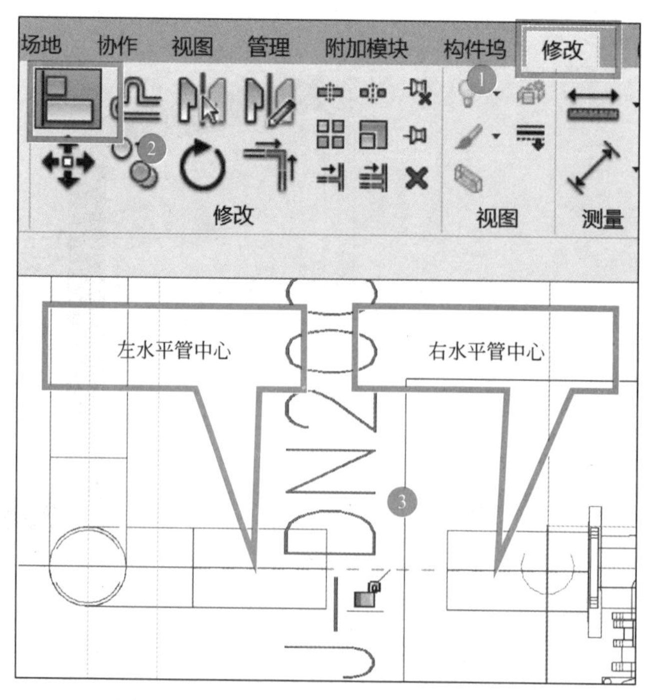

图 3.1-28　平面图中左右水平管中心对齐

（3）进入剖面视图，同样利用“对齐”命令，将左边水平管与右边水平管中心高度对齐，如图 3.1-29 所示。

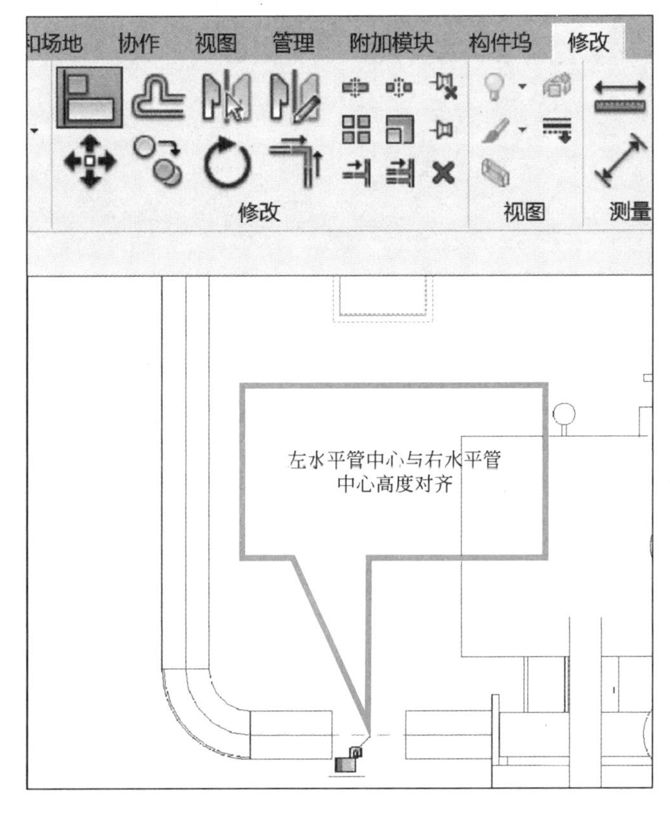

图 3.1-29　剖面图中左右水平管中心高度对齐

（4）单击左边水平管道的拖拽点，拖动鼠标至右边水平横管中心点重合，即可完成 J1-DN200 生活给水管道与该变频设备的连接。

8. 添加阀门

给水管道完成后，需要根据工程图纸要求，在管道上添加闸阀、电磁阀等各类阀门。Revit 在平面视图和三维视图中都可以进行添加阀门操作，下面以添加 J1-DN200 生活给水管上的法兰闸阀为例。

（1）使用“载入族”命令，在 Revit 自带族库“机电”-“阀门”-“闸阀”文件夹中可以选择不同的闸阀族类型，如选择“闸阀-Z40 型-明杆弹性闸板-法兰式”，单击“打开”，在弹出的“指定类型”对话框中选择“Z40X-10-200mm”类型，点击“确定”，如图 3.1-30 所示。

（2）单击“系统”选项卡“卫浴和管道”面板中的“管路附件”，或直接输入快捷键“PA”，自动弹出“修改｜放置管道附件”上下文选项卡，在“属性”下拉列表中选择刚载入的“Z40X-10-200mm”闸阀类型（阀门直径须与管道直径 DN200 相一致）。在平面图中将鼠标指针移动至给水管道上阀门位置，当捕捉到管道中心线时（中心线高亮显示），单击即可完成该闸阀的添加，如图 3.1-31 所示。

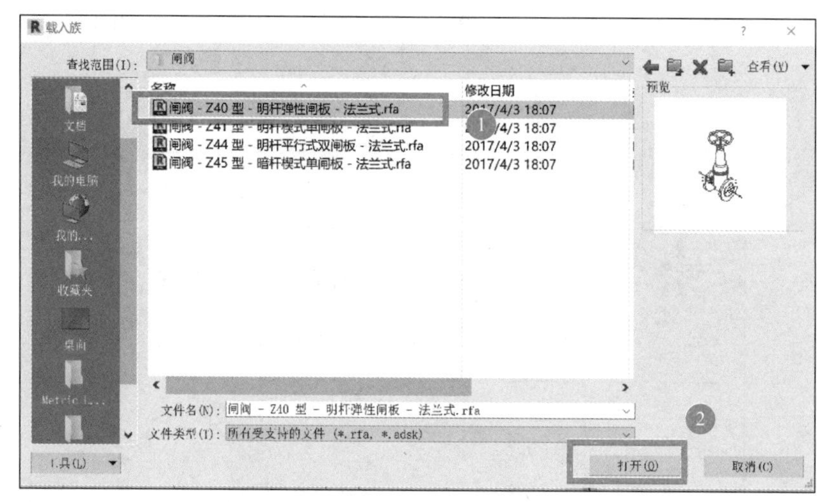

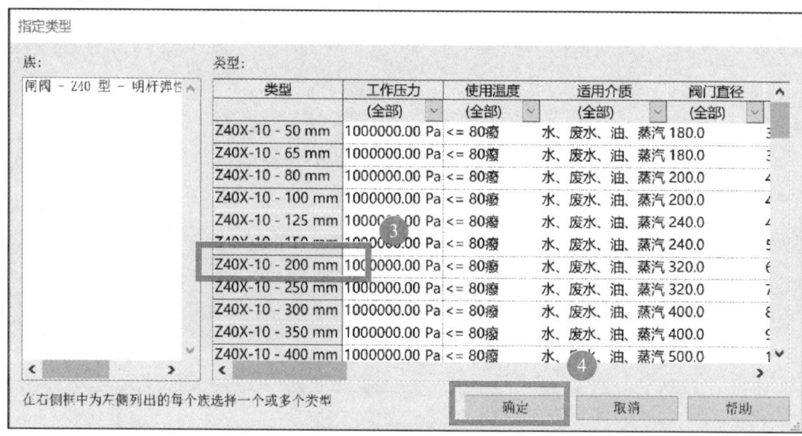

图 3.1-30　载入闸阀类型

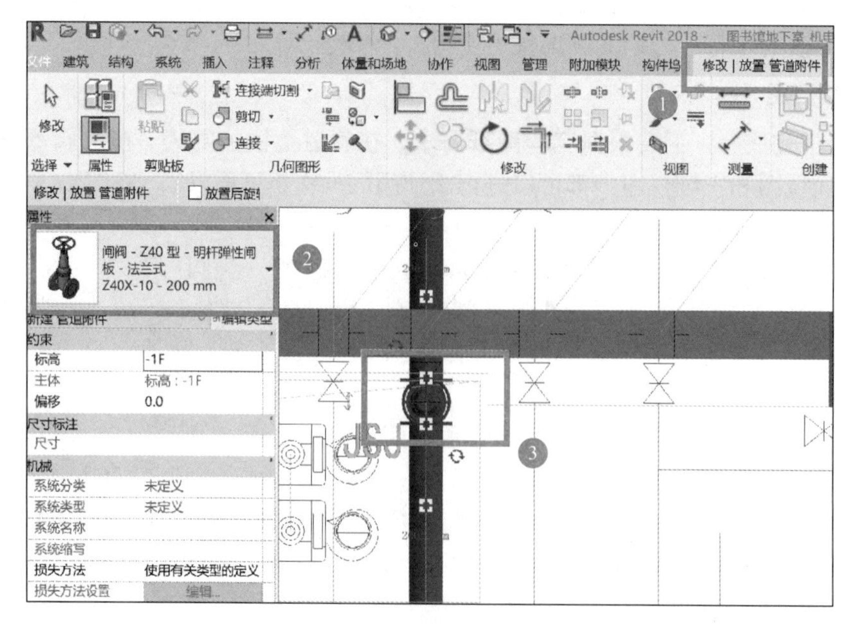

图 3.1-31　添加闸阀

（3）如果载入的闸阀类型没有可与给水管直径尺寸相匹配的，我们可以点击“编辑类型”，在弹出的“类型属性”对话框中，通过“复制”创建新的闸阀类型，输入名称，并相应修改闸阀的公称半径或公称直径大小，如图 3.1-32 所示。

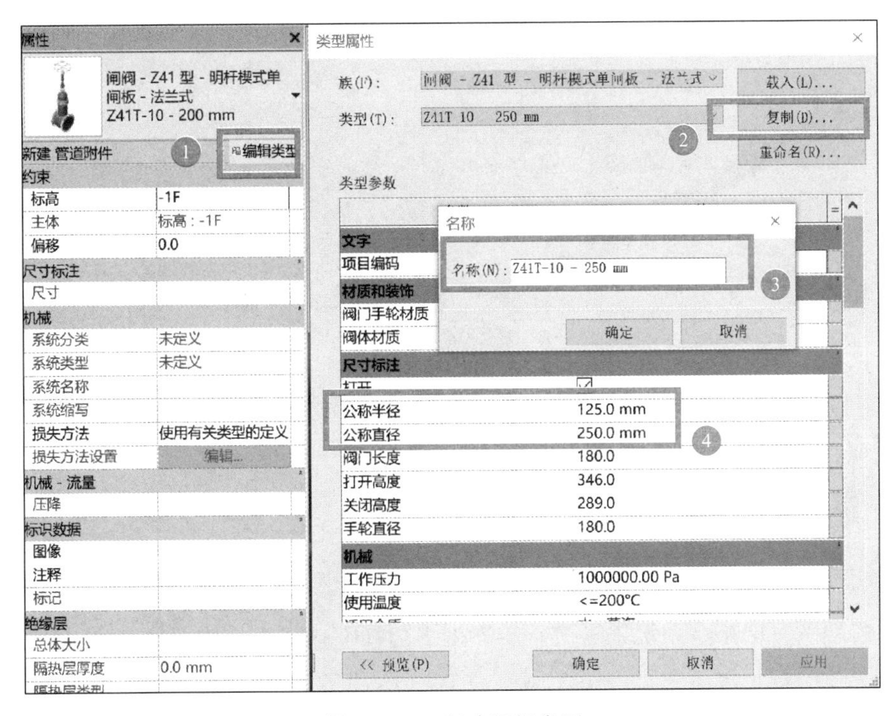

图 3.1-32　新建闸阀类型

（4）在平面图或三维图中点击已添加的闸阀，通过旁边“翻转管件”和“旋转”符号可以自由转换闸阀安装的方向，如图 3.1-33 所示。用同样方法可继续添加电磁阀等其他阀门附件。

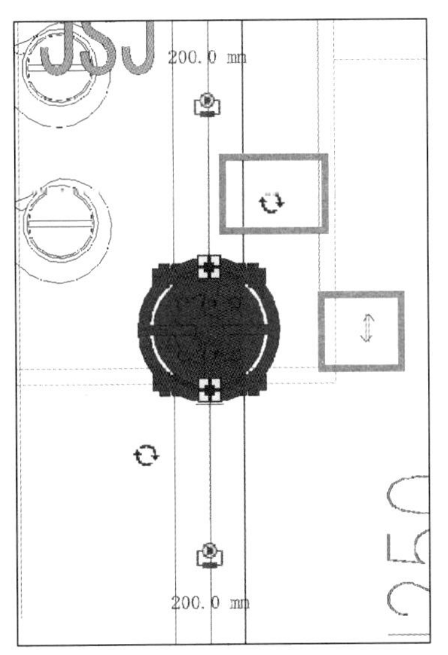

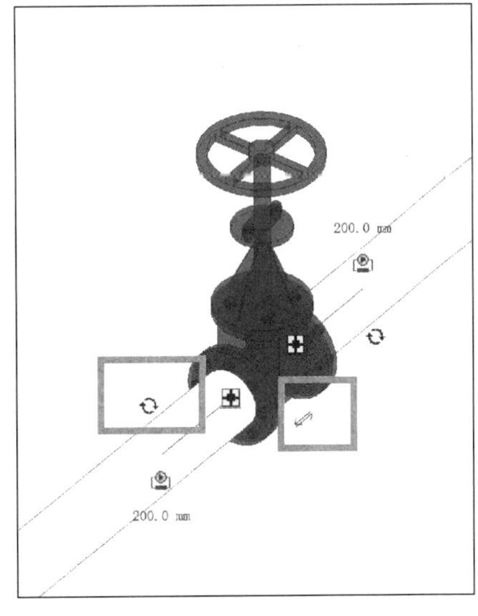

图 3.1-33　修改闸阀方向

依照上述“J1-DN200”管道的绘制步骤，我们可以依次完成图书馆地下一层其他给水管道，完成后的给水系统模型效果如图 3.1-34 所示。

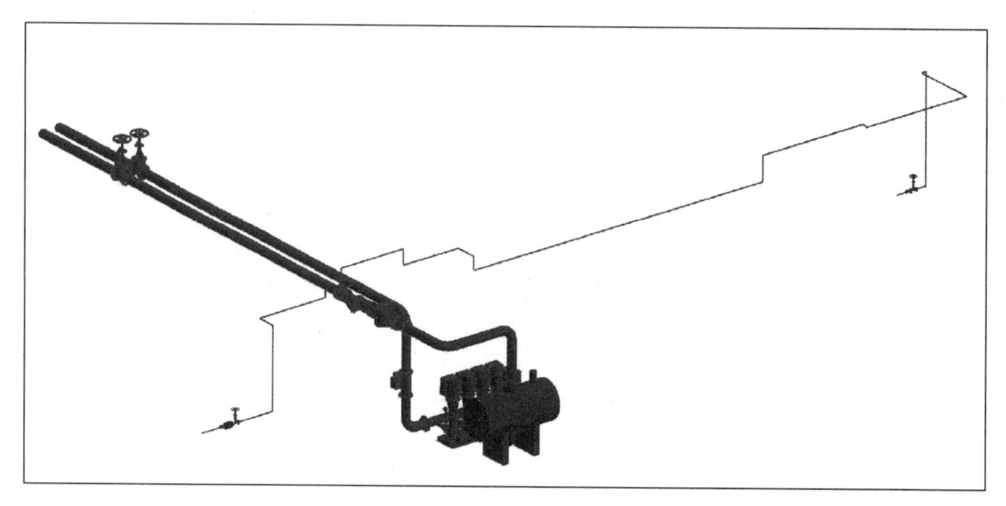

图 3.1-34　地下一层生活给水系统模型

1.5　排水系统 BIM 建模

图书馆地下一层排水系统主管道有压力排水与虹吸式雨水排出管、排水干管、排水立管等。其中排出管、排水干管为水平管，布置时选择水平管布置命令；排水立管为垂直管，布置时选择垂直管布置命令。压力废水排水管采用内外壁热镀锌钢管，管径规格有 DN100、DN80、DN65 等，雨水排水采用虹吸专用 HDPE 管，管径规格为 DN200。在布置排水管道前，我们已经导入了拆分整理后的图书馆地下一层给排水平面图（详见本任务 1.2），并设置了排水管道类型和材质（详见本任务 1.3），接下来我们进入图纸中 2＃楼梯左侧“DF/1”压力排水管道系统的布置，如图 3.1-35 所示。

排水系统
BIM 建模

1. 打开“楼层平面：－1F 给排水”视图

选择“项目浏览器”面板中的“01 建模”-“01 给排水”-“楼层平面：－1F 给排水”视图。

2. 载入潜水泵设备族

选择“插入”-“载入族”命令，由于 Revit 族库中无此族，需单独建立，下载本书配套资源中的“潜水泵”设备族，单击“打开”按钮，将族载入项目中。如图 3.1-36 所示。

3. 放置潜水泵设备族

选择菜单栏中的“建筑”-“构件”-“放置构件”命令，或“系统”选项卡中的“机械设备”命令，在“属性”栏选择新载入的“潜水泵”类型为“干式立式潜污泵-YF”，设置实例属性“标高”为“－1F”，“偏移”量为－1100mm，“尺寸标注”中连接件 2 为 40mm。鼠标移动至平面图 2＃集水坑的位置，单击鼠标左键即完成潜污泵的放置，如图 3.1-37 所示。

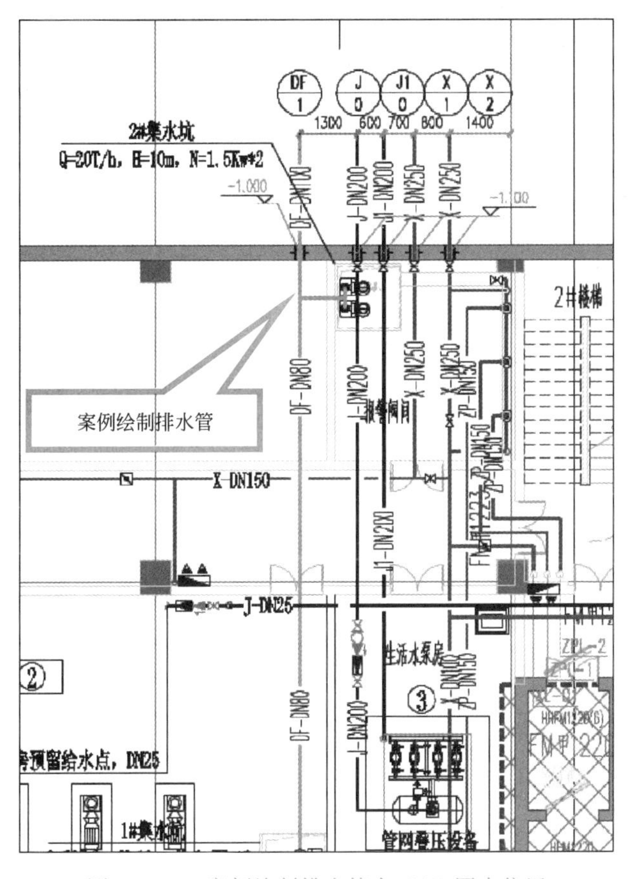

图 3.1-35　案例绘制排水管在 CAD 图中位置

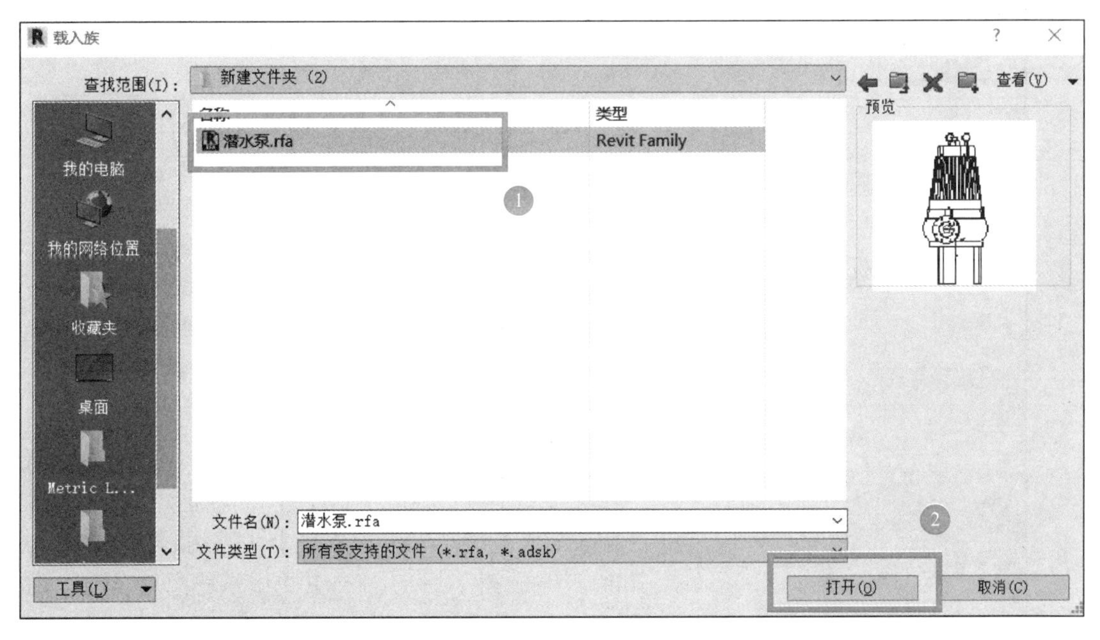

图 3.1-36　载入潜水泵族

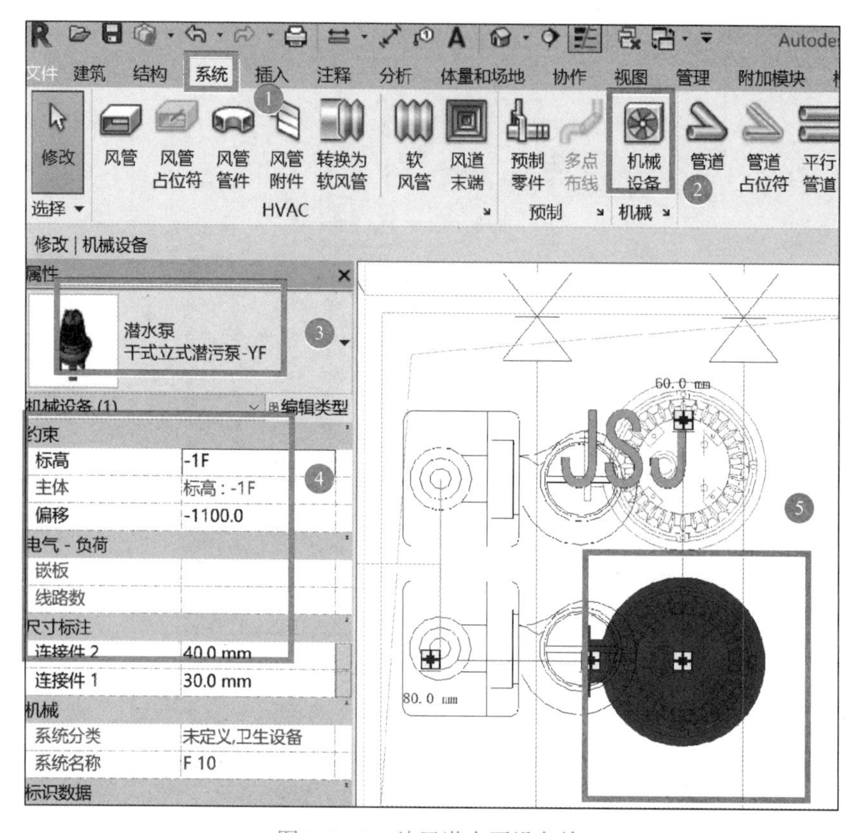

图 3.1-37　放置潜水泵设备族

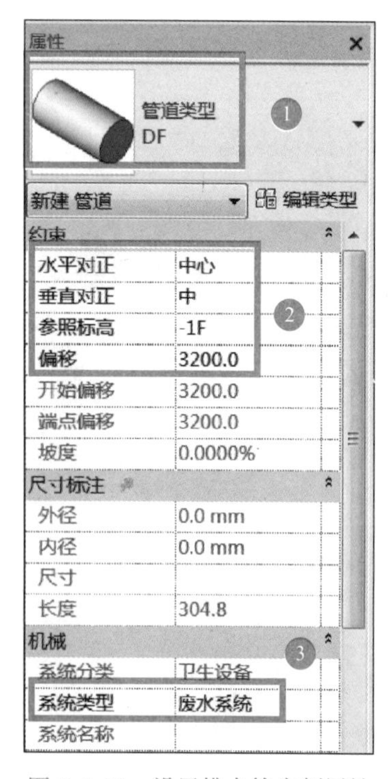

图 3.1-38　设置排水管实例属性

4. 绘制压力排水管

选择“系统”选项卡“卫浴和管道”面板中的“管道”，或直接键入“PI”（管道快捷键），进入管道绘制模式。

（1）选择排水管类型，设置实例属性

绘制给排水管道时要在绘图区域左侧“属性”对话框的“系统类型”栏中选择管道类型为“DF”。

在“属性”面板中，依次在“水平对正”栏中选择“中心”选项，“垂直对正”栏中选择“中”，“参照标高”为“－1F”，“偏移”值为 3200mm，“系统类型”为“废水系统”，如图 3.1-38 所示。

（2）绘制排水横管

按快捷键“PI”进入“管道”绘制命令，在“修改｜管道”选项栏中设置“直径”为 100mm，“偏移”值为 3200mm，在绘图区域指定管道起点和终点完成第 1 段 DF-DN100 排水横管的绘制，如图 3.1-39 所示。

在不退出管道绘制命令的情况下，直接修改选

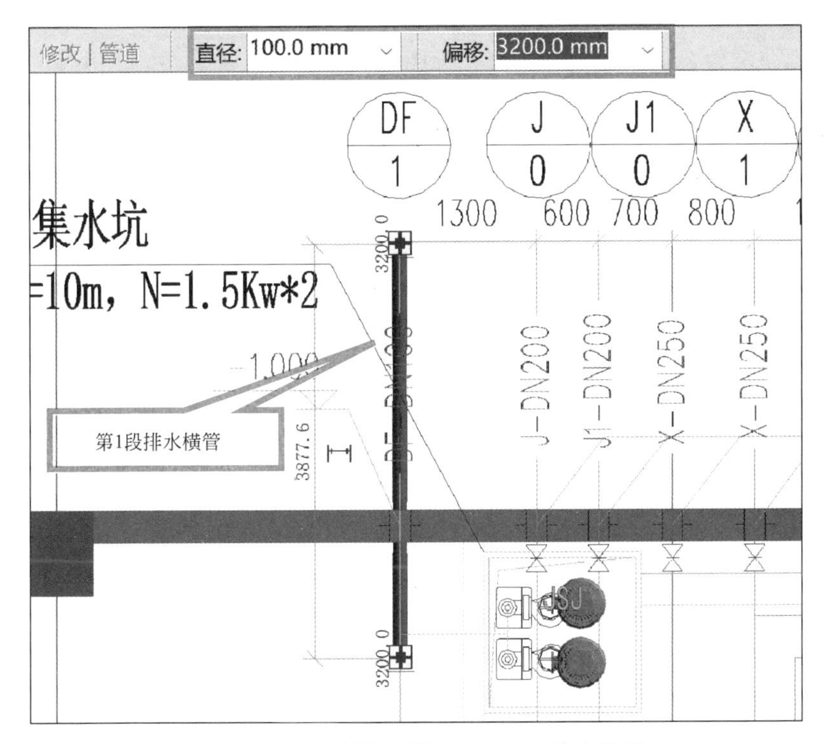

图 3.1-39　绘制第 1 段 DF-DN100 排水横管

项栏中的“直径”大小为 80mm，“偏移”值大小不变，继续绘制第 2 段 DF-DN80 排水横管，管道之间的连接会根据布管系统配置自动生成变径管，如图 3.1-40 所示。

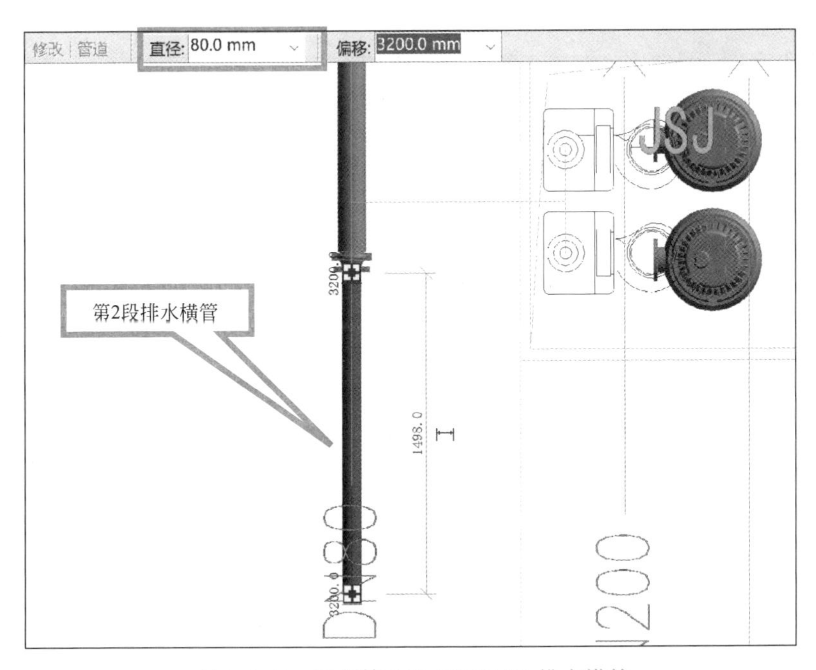

图 3.1-40　绘制第 2 段 DF-DN80 排水横管

用同样的操作方法可继续绘制第 3 段和第 4 段 DF-DN80 排水横管，管道之间的连接会根据布管系统配置自动生成变径三通，如图 3.1-41 所示。

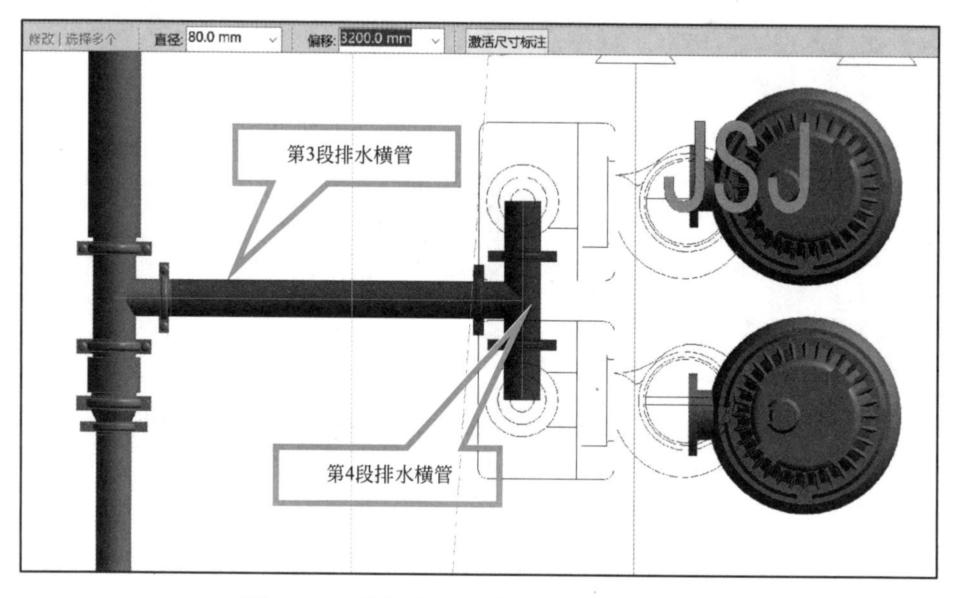

图 3.1-41　绘制第 3、4 段 DF-DN80 排水横管

（3）绘制排水立管

点击刚才绘制的第 4 段 DF-DN80 排水横管，鼠标右键单击拖拽点，在弹出的对话框中选择“绘制管道”，修改管道“偏移”大小为－850mm，点击“应用”按钮，即可完成排水立管的绘制，如图 3.1-42 所示。

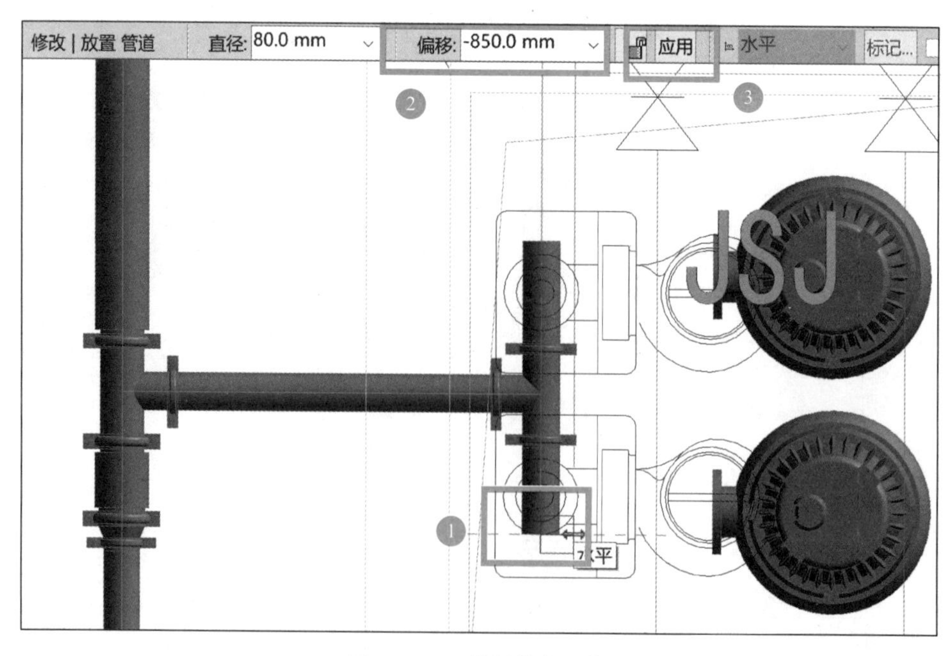

图 3.1-42　绘制排水立管

绘制完成后的排水横管与立管三维效果如图 3.1-43 所示。

图 3.1-43　压力排水管道三维效果（局部）

5. 压力排水管与潜水泵设备的连接

前面我们已经放置了型号为“干式立式潜污泵-YF”的潜水泵设备，绘制了压力排水横管与立管，现在需要将“DF-DN80”排水管与潜水泵进行连接。这里利用前面介绍过的切剖面方法进行绘制会比较方便。

（1）在潜水泵旁边绘制一个剖面，在剖面视图中点击潜水泵，鼠标右键点击潜水泵出水口拖拽点，选择“绘制管道”，绘制一段 DN80 的水平管道，如图 3.1-44 所示。

（2）在平面视图中利用“对齐”命令先将潜水泵出水口的 DN80 水平管道中心与 DN80 排水立管中心对齐，再切换到剖面视图中利用“修剪”命令将水平管与立管进行连接，即完成了“DF-DN80”废水管与潜水泵设备的连接，如图 3.1-45 所示。

6. 绘制带坡度的重力排水管

地下室的排水系统都属于压力流排水，排水横管不需要设置坡度。但是需要注意的是，地面楼层卫生间的排水系统水流状态一般都属于重力流，因此为了保证排水的通畅，排水横管必须保证一定的坡度。本工程地下室无卫生间，我们以常规地上卫生间污水管为例，来讲述带坡度排水管的绘制方法。

（1）选择“系统”选项卡“卫浴和管道”面板中的“管道”，或直接输入快捷键“PI”，进入管道绘制模式，在属性对话框的“类型选择器”中选择管道类型为“污水管”。在“属性”面板中，依次在“水平对正”栏中选择“中心”选项，“垂直对正”栏中选择“中”，

图 3.1-44　剖面视图中绘制潜水泵出水口管道

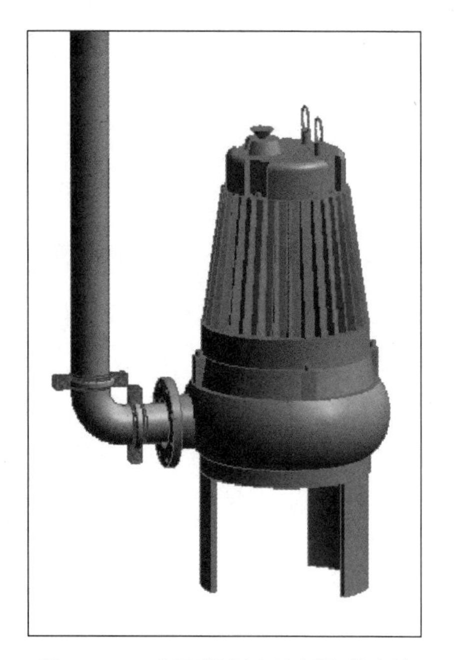

图 3.1-45　剖面视图中进行管道连接

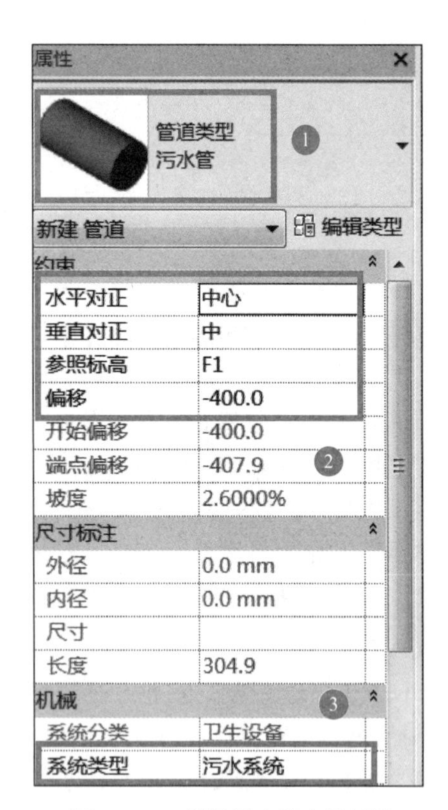

图 3.1-46　设置污水管实例属性

“参照标高”为“F1”，“偏移”值以－400mm 为例，“系统类型”为“污水系统”，如图 3.1-46 所示。这里的管道类型“污水管”和“污水系统”的创建方法与前面排水管相同，不再重复叙述。

（2）在“修改｜放置管道”选项栏的“直径”下拉列表中选择或直接输入管道尺寸为 110mm，在右上角“带坡度管道”面板中点击“向下坡度”，并将“坡度值”设置为“2.6000%”，然后在绘图区域中根据排水方向由高往低指定污水管的起点和终点，即完成管道的绘制，如图 3.1-47 所示。绘制完成后的坡度重力污水管，通过改变管段的起点、终点值大小或修改中间的坡度值都可以重新控制管道的倾斜度。

（3）如果要继续绘制排水支管，必须确保支管的坡度值大小也一致。进入管道绘制模式后，激活“继承高程”命令，设置“向上坡度”的“坡度值”大小为“2.6000%”不变，然后依次指定排水支管的起点与终点，会自动生成顺水三通，如图 3.1-48 所示。完成后的带坡度排水管三维效果如图 3.1-49 所示。

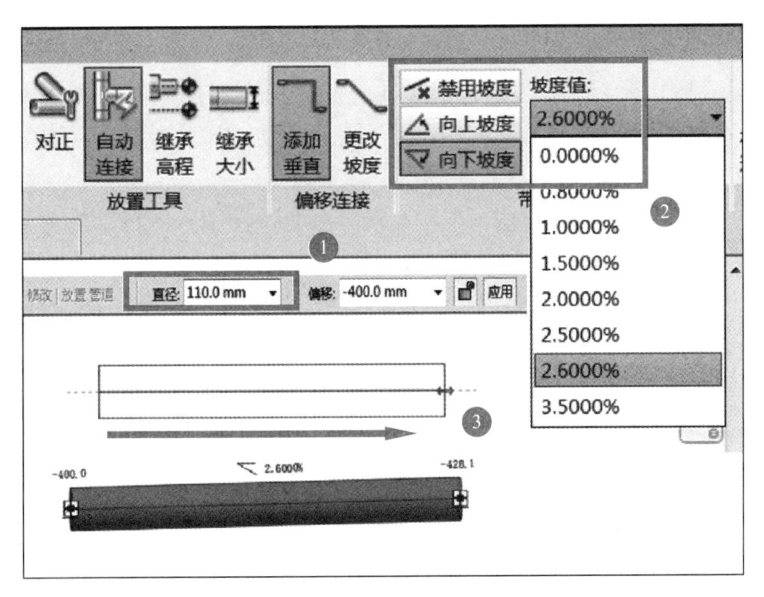

图 3.1-47　绘制带坡度排水管

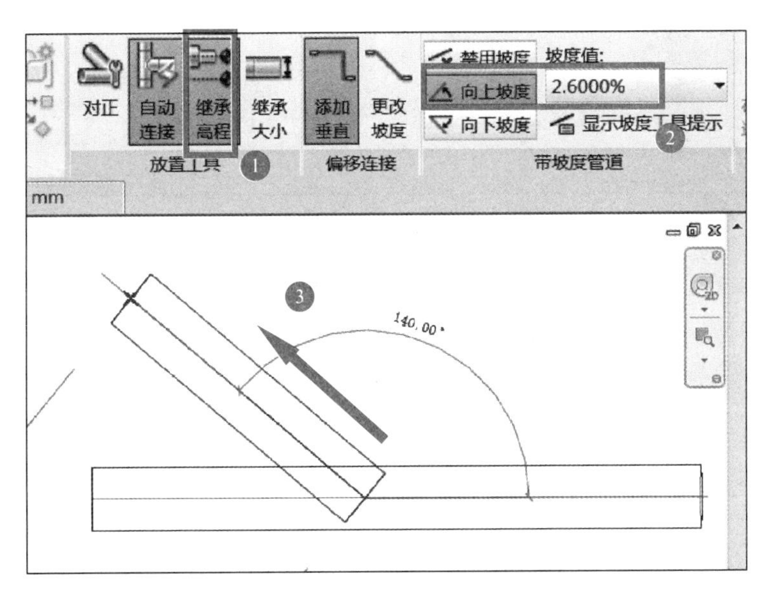

图 3.1-48　绘制带坡度排水支管

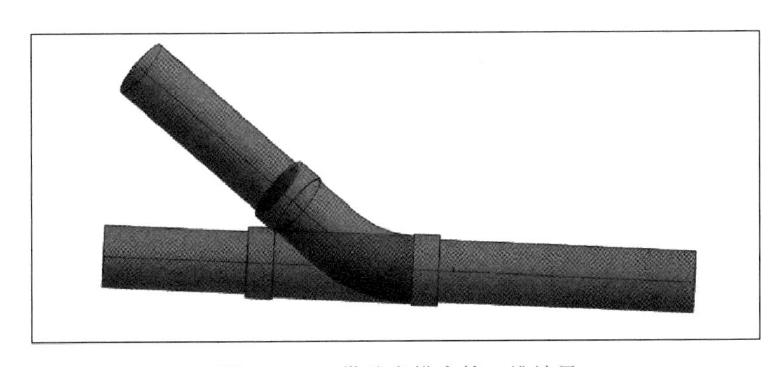

图 3.1-49　带坡度排水管三维效果

7. 添加阀门

排水管道完成后，需要根据工程图纸要求，在管道上添加闸阀、止回阀、压力表等各类附件。Revit 在平面视图和三维视图中都可以进行添加阀门操作，下面以添加 DF-DN80 生活排水立管上的止回阀为例。

（1）点击“插入”选项卡，选择“载入族”命令，在 Revit 自带族库“China”-“机电”-“阀门”-“止回阀”文件夹中可以选择不同的止回阀族类型，如选择“止回阀-H44 型-单瓣旋启式-法兰式”，单击“打开”，在弹出的“指定类型”对话框中选择“H44t-10-80mm”类型，点击“确定”，如图 3.1-50 所示。

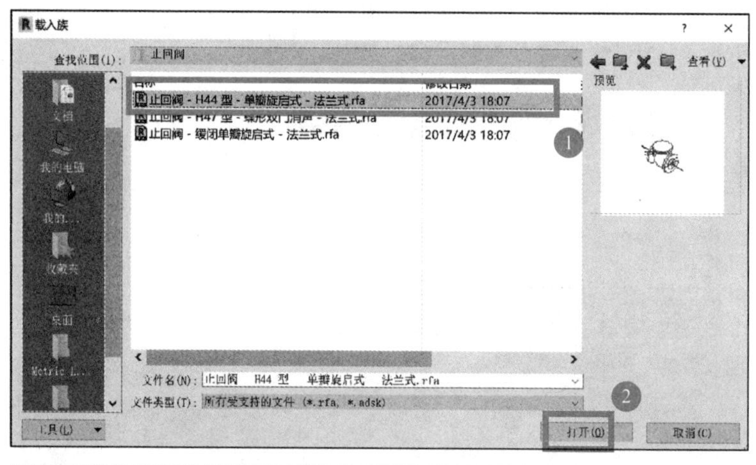

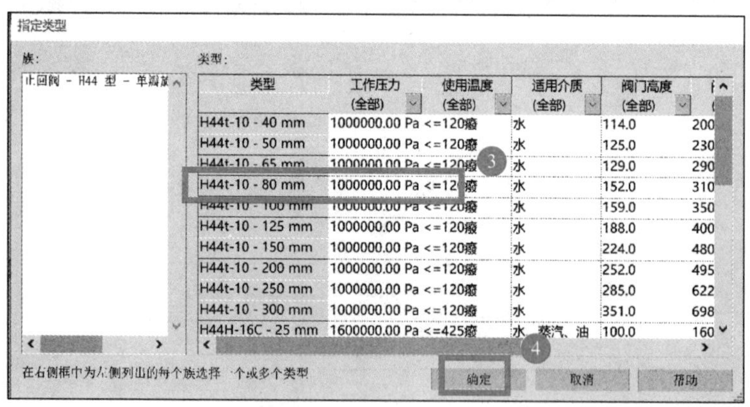

图 3.1-50　载入止回阀类型

（2）单击“系统”选项卡“卫浴和管道”面板中的“管路附件”，或直接输入快捷键“PA”，自动弹出“修改｜放置管道附件”上下文选项卡，在“属性”下拉列表中选择刚载入的“H44t-10-80mm”止回阀类型（阀门直径须与管道直径 DN80 相一致）。在三维图中将鼠标指针移动至排水立管上阀门位置，当捕捉到管道中心线时（中心线高亮显示），单击即可完成该止回阀的添加，如图 3.1-51 所示。

（3）如果载入的止回阀类型没有与排水管直径尺寸相匹配的，可以通过“编辑类型”新建止回阀类型并修改相应公称直径尺寸大小，方法同前面介绍的闸阀，这里不再重复。对于已添加的止回阀，还可以根据现场实际情况来调整它的安装方向，如图 3.1-52 所示。

图 3.1-51　立管上添加止回阀

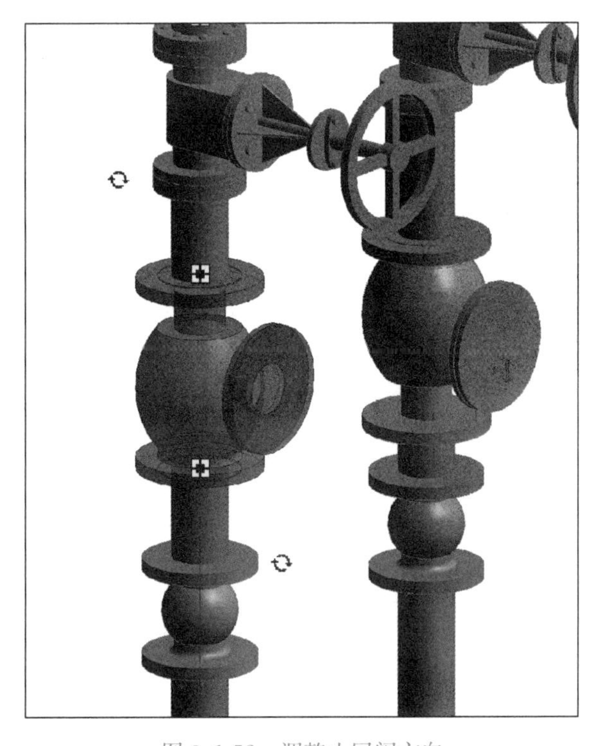

图 3.1-52　调整止回阀方向

用同样的方法可继续完成压力表等其他管道附件的添加。完成后的“DF/1”压力排水管道系统如图 3.1-53 所示。

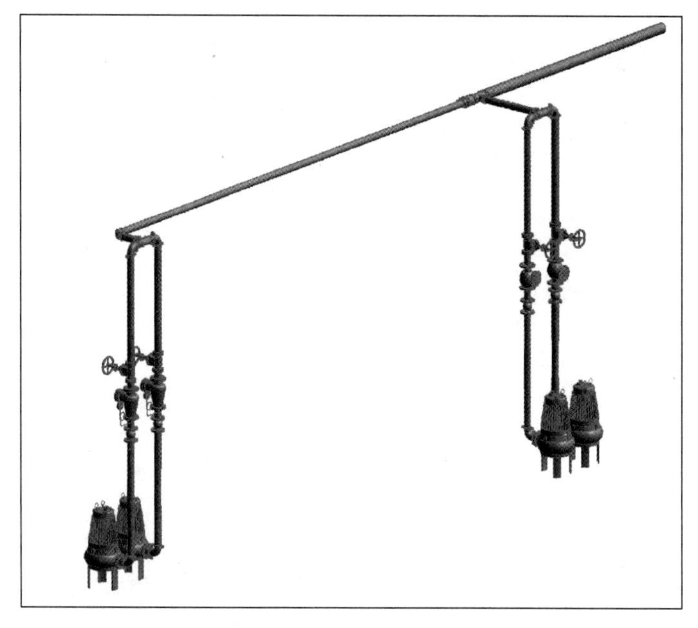

图 3.1-53　完成后的“DF/1”压力排水管道系统

1.6　给水、排水系统 BIM 模型展示

根据前面的建模方法，我们完成了图书馆地下一层给水、排水系统模型的绘制。关闭 CAD 底图后，可以清晰地查看建模平面效果，通过不同的颜色，可以区分不同系统的管道，如图 3.1-54 所示。

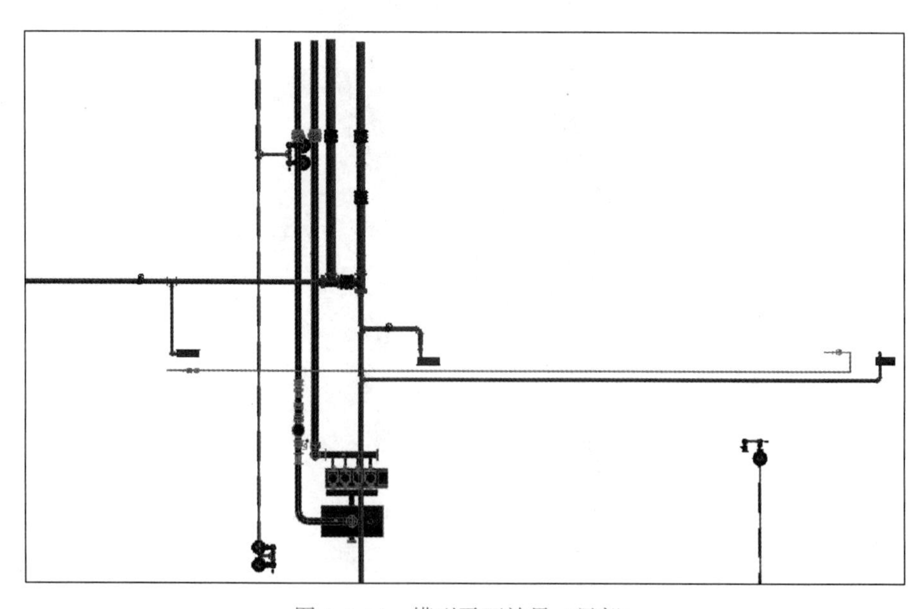

图 3.1-54　模型平面效果（局部）

切换至三维视图，查看管道的三维模型，效果如图 3.1-55 所示。按住键盘 Shift 键和鼠标滚轮，通过移动鼠标可全方位查看模型效果。滑动鼠标滚轮，可放大视图，查看管道连接的细部。

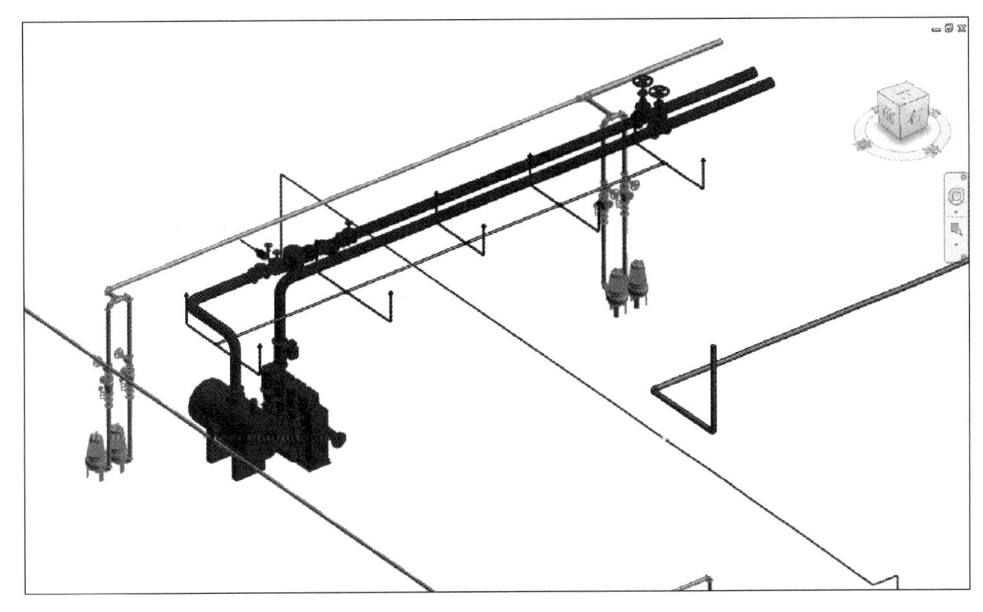

图 3.1-55　模型三维效果（局部）

任务 2　消防给水系统 BIM 建模

能力目标

1. 会识读施工图纸相关信息；
2. 能正确设置消防给水管道系统及参数；
3. 熟练掌握消防给水管道的绘制方法和技巧。

任务书

根据图书馆消防给水施工图，选择相应的消防给水系统、消防给水管道的类型，添加阀门等管路附件。掌握水平管道和立管的绘制方法，完成消防设备的放置，最后完成图书馆地下一层的消防给水系统建模。任务清单见表 3.2-1。

任务清单　　表 3.2-1

序号	内容	要求完成时间	实际完成时间
1	消火栓给水管道类型创建与设置		
2	消火栓给水管道绘制		
3	消火栓给水系统管件、阀门等附件的添加和设备的放置		

续表

序号	内容	要求完成时间	实际完成时间
4	喷淋系统管道类型创建与设置		
5	喷淋系统管道绘制		
6	喷淋系统管件、阀门等附件的添加和设备的放置		

工作准备

1. 阅读任务书，识读“图书馆地下一层消防给水平面图”“消防给水系统原理图”，进行图面分析（表 3.2-2），并完成“图纸识读-图书馆地下一层消防给水平面图与系统原理图”问题。

2. 结合图书馆项目分析建模的难点与重点。

图面分析　　表 3.2-2

主题：图书馆地下一层消防给水系统建模 图纸编号：水施-01，水施-07，水施-13
问题 1：本工程地下一层消防给水系统有哪几种类别？ 问题 2：本工程地下一层消防给水入户管在什么位置？ 问题 3：消防给水系统采用的管材是什么？ 问题 4：喷淋系统采用哪种形式的喷头？
是否存在设计错误：（需标明图纸出处） 更正建议：
是否存在信息缺失：

3. 根据消防给水建模一般操作方法与步骤回答以下问题。

（1）需要导入哪张图纸？在建模过程中主要保留 CAD 图纸的哪些图层？

（2）如何进行消防给水管道系统的设置？

（3）如何进行消防给水管尺寸的设置？

（4）如何进行喷头与管道的连接？

2.1　消防给水施工图识读

本工程消防系统包含室内消火栓系统、自动喷水灭火系统、大空间智能型主动喷水灭火系统和建筑灭火器设置。其中图书馆地下一层主要绘制消火栓系统和自动喷水灭火系统。

前面已介绍过图书馆工程给排水图纸包含“给排水”和“人防水”两个文件夹。其中图书馆地下一层消火栓系统对应图纸要查看“给排水”文件夹中的“图书馆给排水平面图”“系统原理图”和“人防水”文件夹中“图书馆、行政楼人防工程水施”图中的“地下一层平时给排水平面图”“消火栓系统图”；自动喷水灭火系统对应图纸要查看“给排水”文件夹中“图书馆喷淋水平面图”“系统原理图”和“人防水”文件夹中“图书馆、行政楼人防工程水施”图中的“地下一层喷淋平面图”“喷淋系统原理图”。

1. 消防系统概况

本项目室内消火栓给水不分区供水，栓口压力大于 0.50MPa 的楼层（－1F～3F）消火栓均采用减压稳压型消火栓。图书馆地下一层消防给水由引入管 X-DN250 位于 1-6 轴与 1-H 轴相交西侧位置，从－1.100m 高度穿基础进入室内，如图 3.2-1 所示。

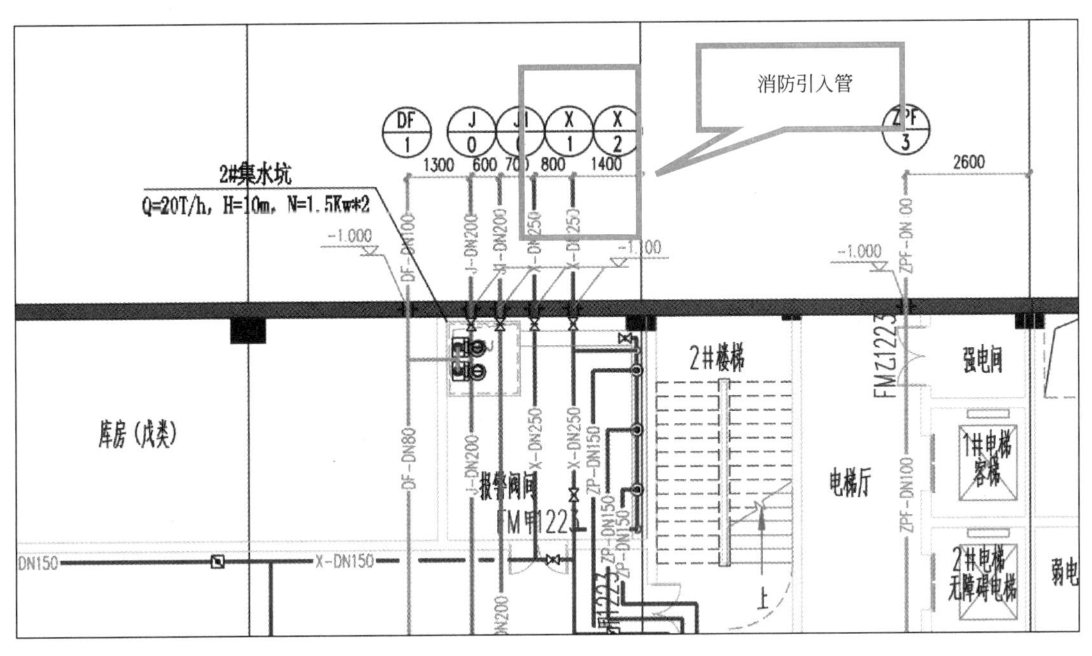

图 3.2-1　图书馆地下一层消防引入管位置

本项目自动喷水灭火系统采用湿式系统，每组湿式报警阀控制的喷头数不超过 800 个，在每个报警阀组的最不利点喷头处设置末端试水装置。地下室除了在宽度不大于 1200mm 的风管下应增设下垂型喷头之外，其余均采用直立式喷头，风管下方的下垂式喷头溅水盘离风管 100mm。地下室喷淋配水管均贴梁安装，无梁楼板范围均低于结构板底 300mm。图书馆地下一层喷淋系统给水干管 ZP-DN150 从消火栓引入管上接出，并采用增压泵供给，如图 3.2-2 所示。

2. 管材附件设备

消火栓给水管、自动喷淋配水管均采用内外壁热镀锌钢管，管径 DN≤65 采用丝扣连接，DN>65 采用沟槽式管件连接。

消防和喷淋系统的所有阀门的工作压力均为 1.0MPa，DN≤50 的阀门均采用丝扣阀门，DN≥70 的阀门均采用法兰连接的阀门，DN≤50 的闸阀采用全铜闸阀。室内消火栓系统管网支管检修阀采用双向承压蝶阀、法兰连接，湿式报警阀前后和水流指示器前的阀门采用信号蝶阀，喷淋管网的其他控制阀均采用设锁定阀位锁具的明杆闸阀。

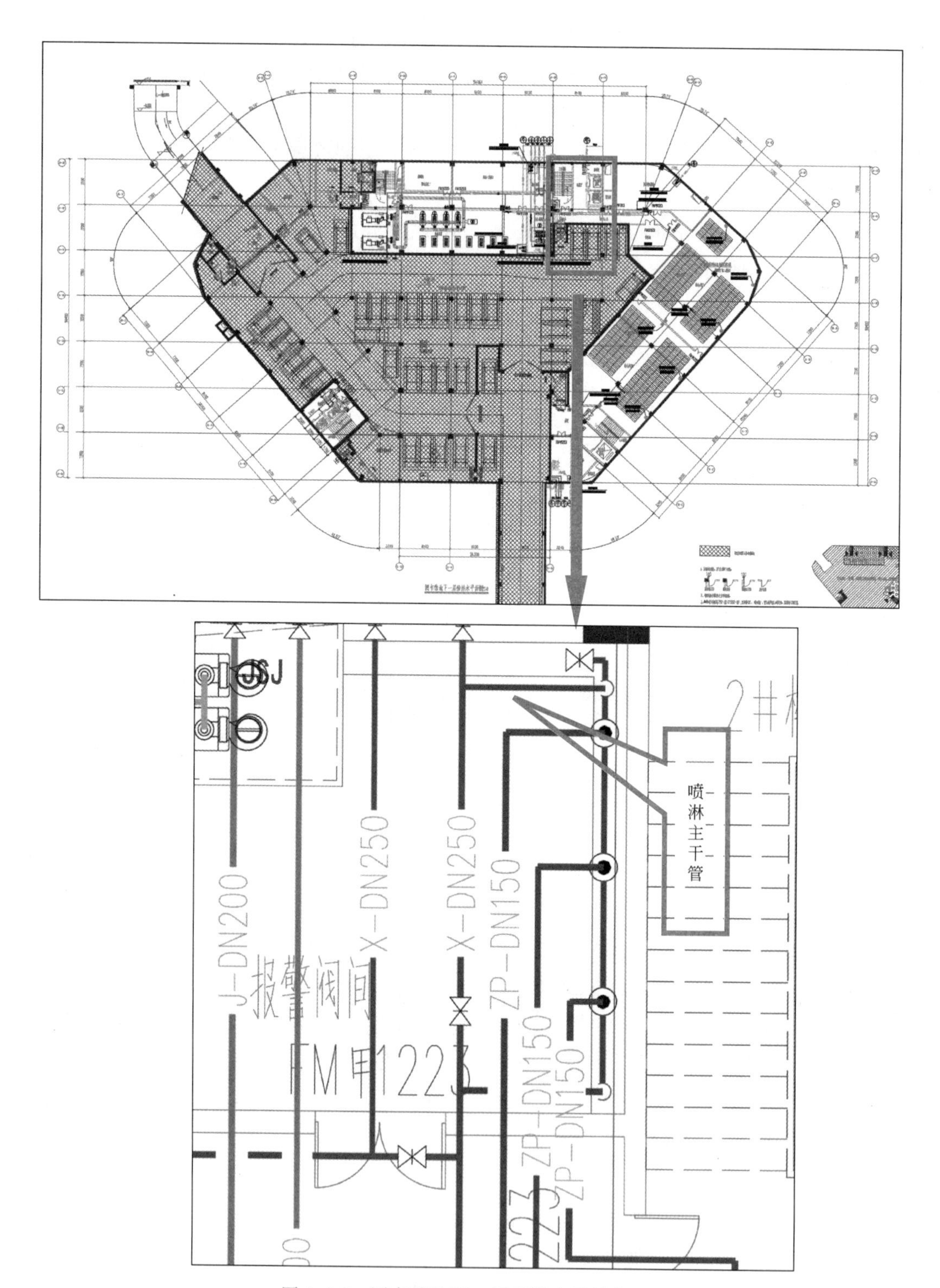

图 3.2-2 图书馆地下一层喷淋主干管位置

2.2 图纸导入

Revit 中图纸的导入方法在前面已经详细介绍过了，这里不再重复。对 CAD 图纸进行拆分整理后，用“链接 CAD”或“导入 CAD”命令将需要建模对应的图纸导入 Revit 中即可。在进行消火栓系统建模时需要在“楼层平面：－1F 消防”视图中导入“图书馆地下一层给排水平面图”，喷淋系统建模时需要在“楼层平面：－1F 消防”视图中导入“图书馆地下一层喷淋水平面图”，如图 3.2-3 所示。

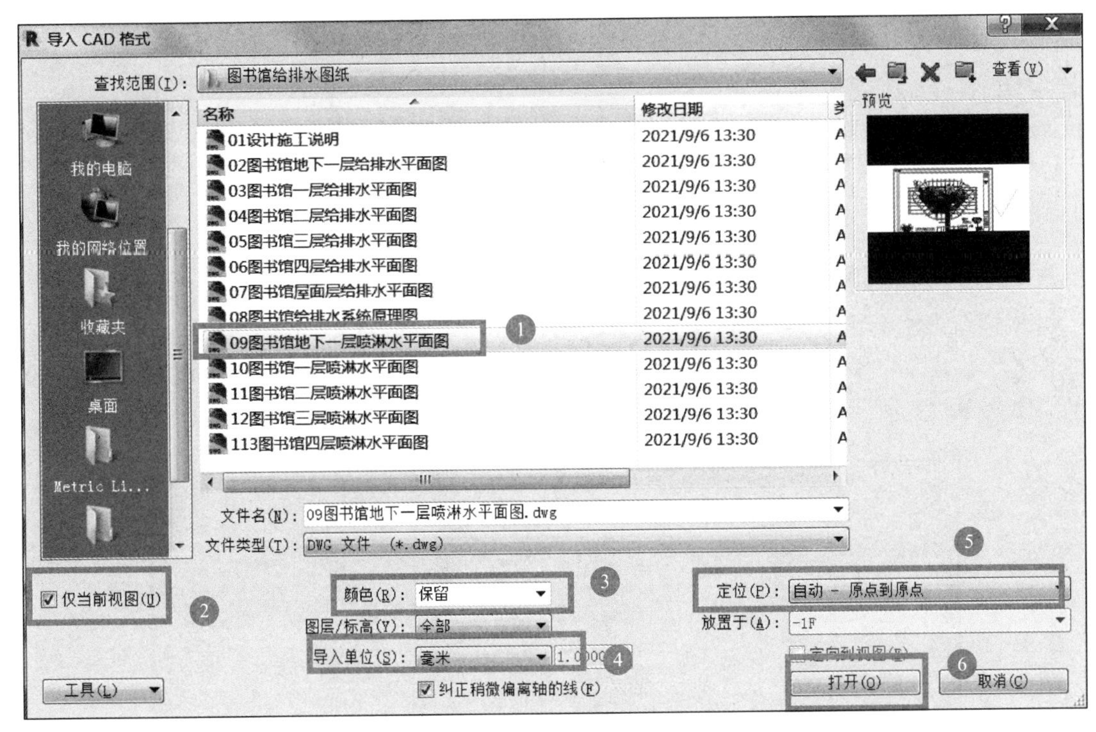

图 3.2-3　导入 CAD 图纸

完成 CAD 图纸导入后，将图纸对齐项目轴网并锁定，以避免因建模操作失误移动图纸位置。

2.3 管道参数设置

图书馆地下一层消防系统中主要包含消火栓给水管、喷淋管等。在绘制管道之前，先创建不同类型的管道，并对管道进行相应的布管系统配置，设置管材、尺寸等参数。此外，为了方便区分不同的管道类型，还可以为管道设置不同的颜色。

1. 创建管道类型

单击“项目浏览器”面板中的“族”，点击“管道”前的“＋”号，选中“标准”管道类型，鼠标右键进行“复制”，并将其“重命名”为“X”，即可创建消火栓给水管。采用同样方法可继续创建自动喷淋管道类型“ZP”，如图 3.2-4 所示。

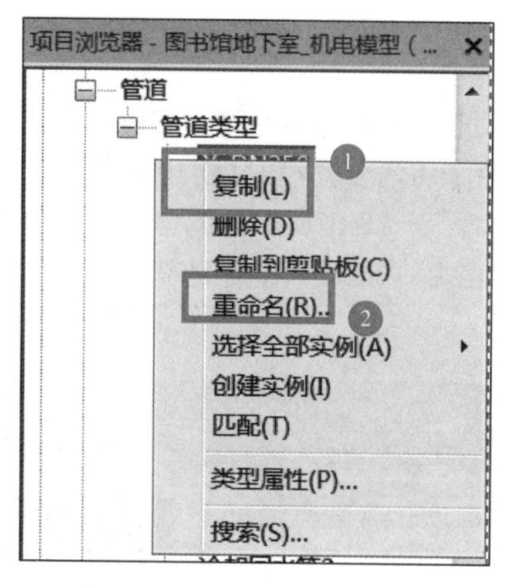

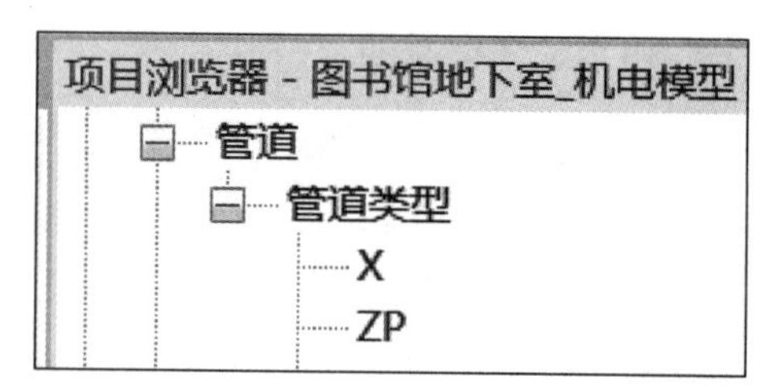

图 3.2-4 新建消防管道类型

2. 布管系统配置

鼠标双击刚新建的消火栓“X”管道类型，弹出“类型属性”对话框，点击“布管系统配置”后面的“编辑”按钮，在弹出的“布管系统配置”对话框中对管段、管件进行设置，如图 3.2-5 所示。

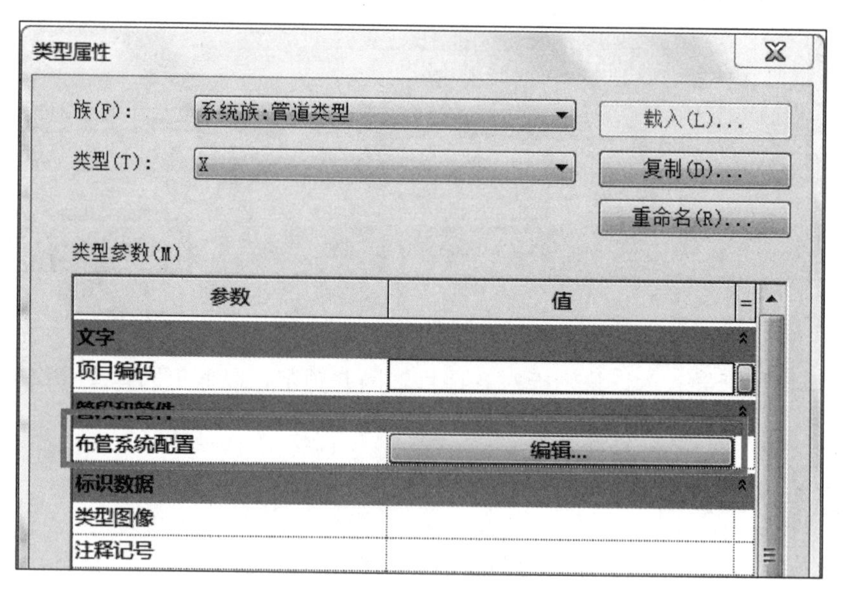

图 3.2-5 编辑布管系统配置

在“布管系统配置”对话框的构件列表中选择“管段”为“内外热镀锌钢管-CECS 125”，最小尺寸为 15mm，最大尺寸为 350mm；依次添加弯头、三通、接头、四通、过渡件、活接头等管件族，管径 DN≤65 采用丝扣连接，DN>65 采用沟槽式管件连接，如图 3.2-6 所示。此项目中喷淋管的“布管系统配置”与消火栓管道完全相同。

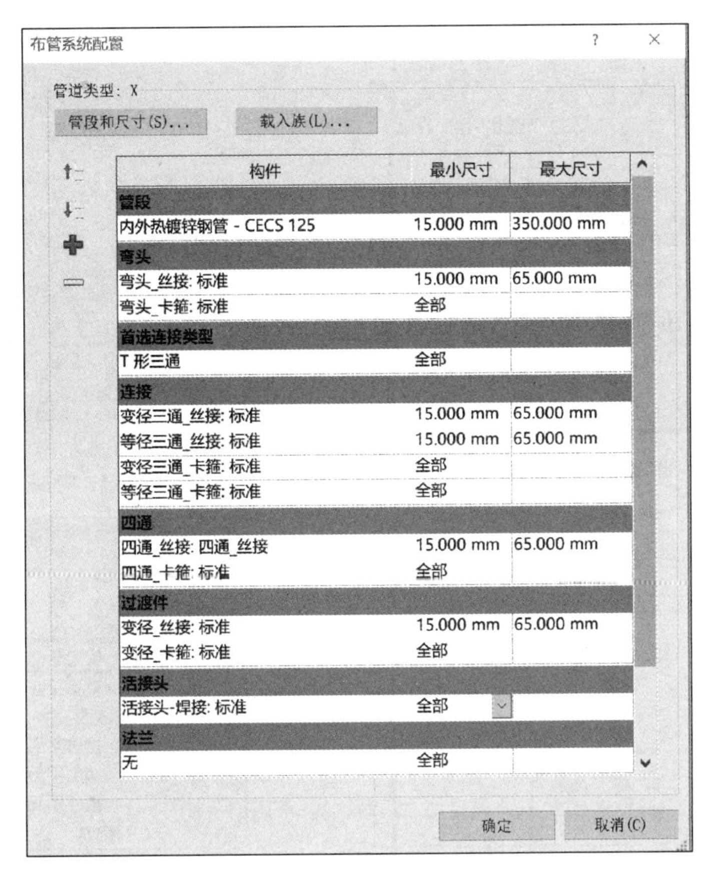

图 3.2-6 “布管系统配置”对话框

2.4 消火栓系统 BIM 建模

图书馆地下一层消火栓系统主管道有消火栓系统引入管、消火栓给水干管、立管等。其中消火栓系统引入管、给水干管为水平管，布置时选择水平管布置命令；消火栓给水立管为垂直管，布置时选择垂直管布置命令。采用内外热镀锌钢管，丝扣连接或沟槽式连接，管径有 DN25、DN32、DN40、DN50、DN65、DN80、DN100、DN150、DN250 等。在布置消火栓给水管道前，我们已经导入了拆分整理后的图书馆地下一层给排水平面图（详见本任务 2.2），并设置了消火栓给水管道类型和材质（详见本任务 2.3），接下来我们进入图纸 2# 楼梯左侧 X-DN250 消火栓管道系统的布置，如图 3.2-7 所示。

消火栓系统
BIM 建模

1. 打开“楼层平面：－1F 消防”视图

选择“项目浏览器”面板中的“01 建模”-“01 给排水”-“楼层平面：－1F 消防”视图，如图 3.2-8 所示。

2. 载入消火栓箱族

选择“插入”-“载入族”命令，下载本书配套资源中的消火栓箱族，单击“打开”按钮，将“单栓消火栓箱-后左右进水”族文件载入项目中，如图 3.2-9 所示。

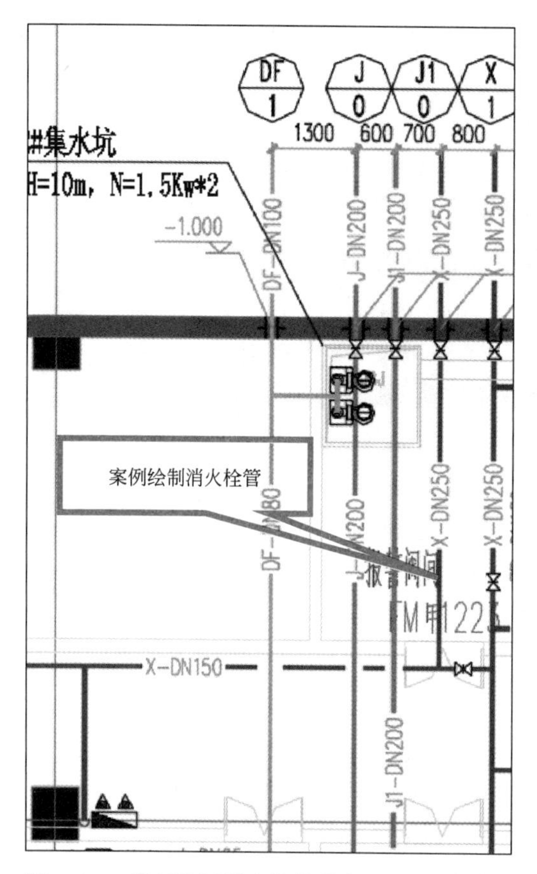

图 3.2-7　案例绘制消火栓管道在 CAD 图中位置

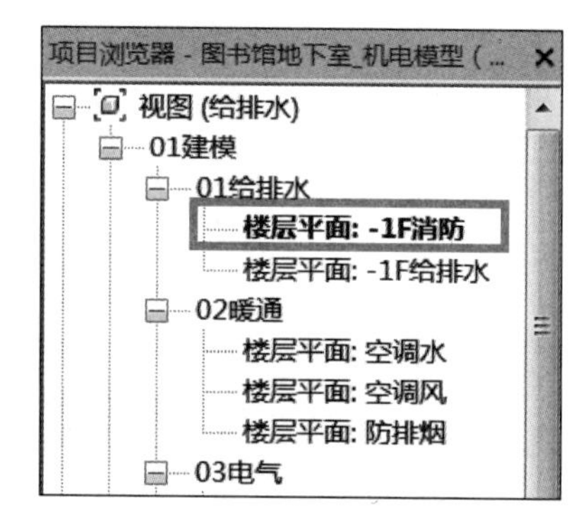

图 3.2-8　打开“楼层平面：－1F 消防”视图

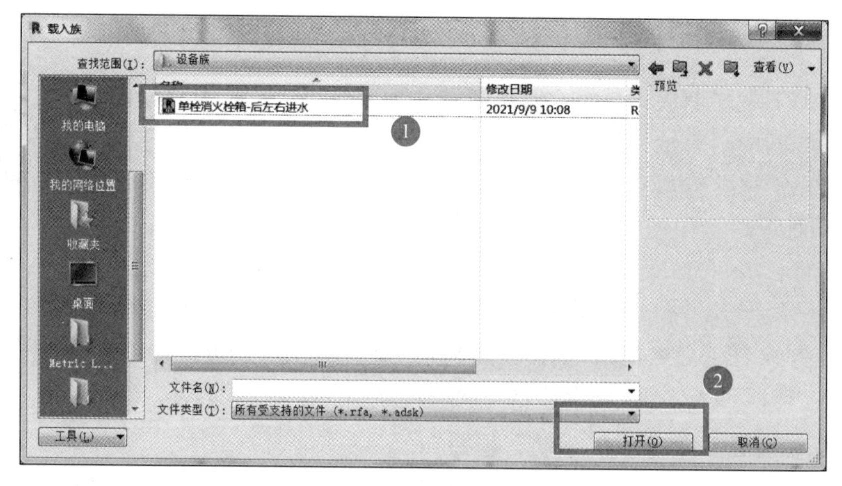

图 3.2-9　载入消火栓箱族

3. 放置消火栓箱族

选择“系统”选项卡“机械”面板中的“机械设备”，在“属性”栏选择新载入的“单栓消火栓箱-后左右进水”，实例属性中设置“标高”为“－1F”，“偏移”值为 100mm，修改“公称半径”为 32.5mm，如图 3.2-10 所示。

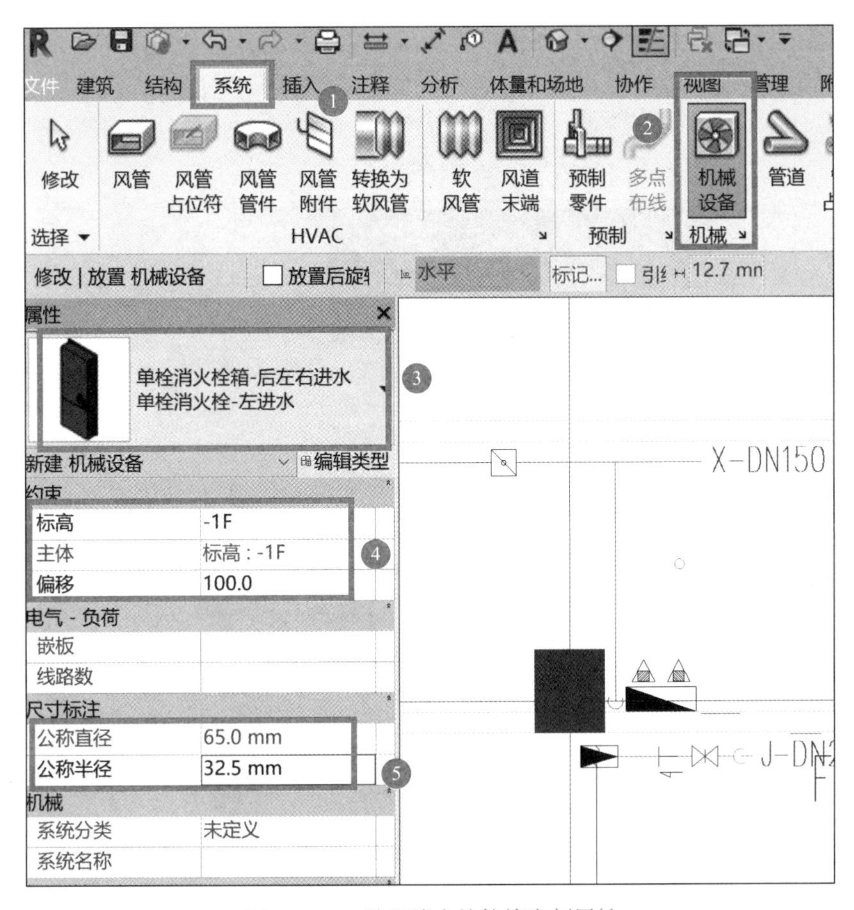

图 3.2-10　设置消火栓箱族实例属性

移动鼠标至 CAD 图对应消火栓位置后，点击鼠标左键或点击功能区最左边的“修改”即完成放置，点击消火栓边上的“翻转控件”符号可以改变前后左右的方向，如图 3.2-11 所示。

4. 绘制消火栓管道

消火栓管道的绘制方法和给水管道是类似的，一般情况下可按照消防引入管、系统立管、水平干管、支线立管的顺序来进行。

选择“系统”选项卡“卫浴和管道”面板中的“管道”，或直接键入“PI”，进入管道绘制模式。

（1）绘制水平管“X-DN250”和“X-DN150”

在“属性”面板中选择管道类型为“X”，依次设置“水平对正”为“中心”，“垂直对正”为“中”，“参照标高”为“−1F”，“偏移”值为 3100mm，选择“系统类型”为“消火栓系统”；在“修改｜放置管道”选项栏中选择“直径”为 250mm，在绘图区域引入管位置，依次点击鼠标左键指定管道起点和终点，完成第 1 段 X-DN250 消火栓管道的绘制，弯头管件会根据布管系统配置自动生成，如图 3.2-12 所示。

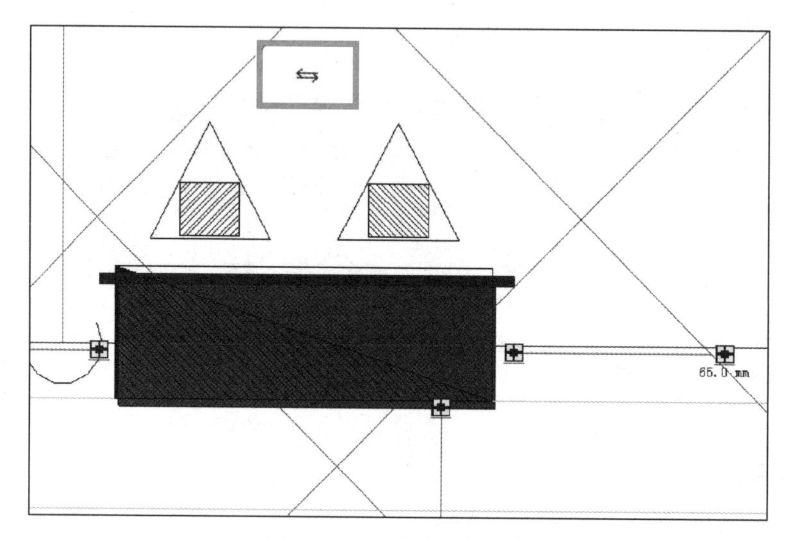

图 3.2-11　放置消火栓箱

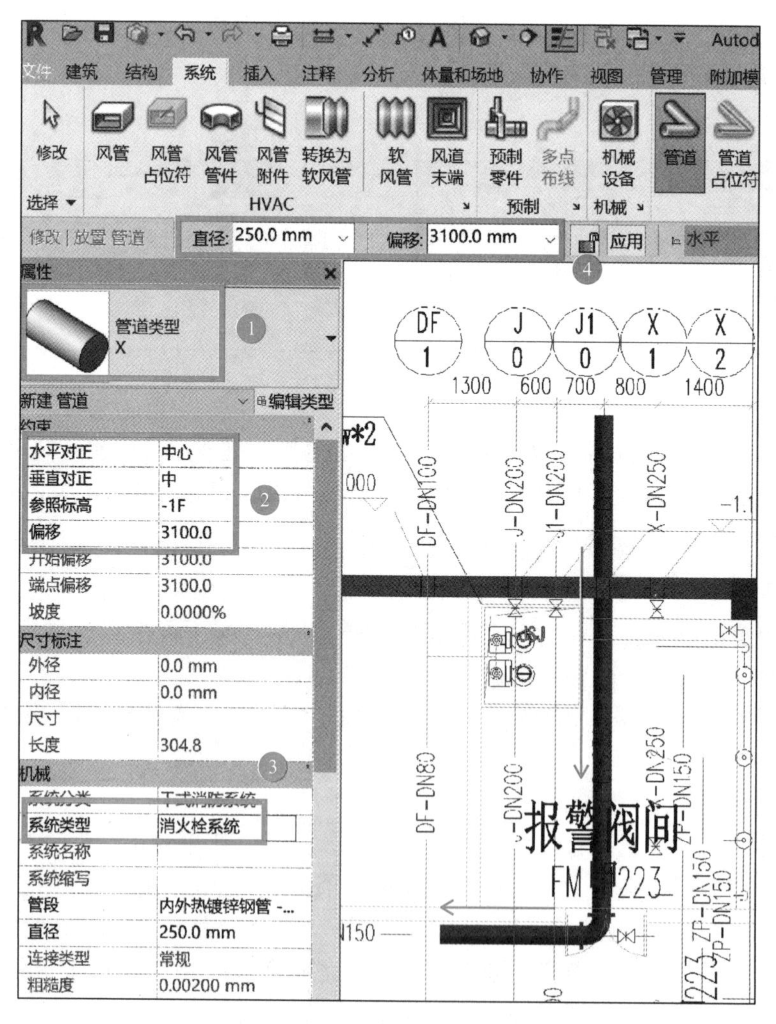

图 3.2-12　绘制 X-DN250 管道

不退出管道绘制命令，直接在“修改｜放置管道”选项栏中修改“直径”为150mm，继续绘制一段水平管道，系统会自动生成变径管，完成第2段X-DN150消火栓管道的绘制，如图3.2-13所示。

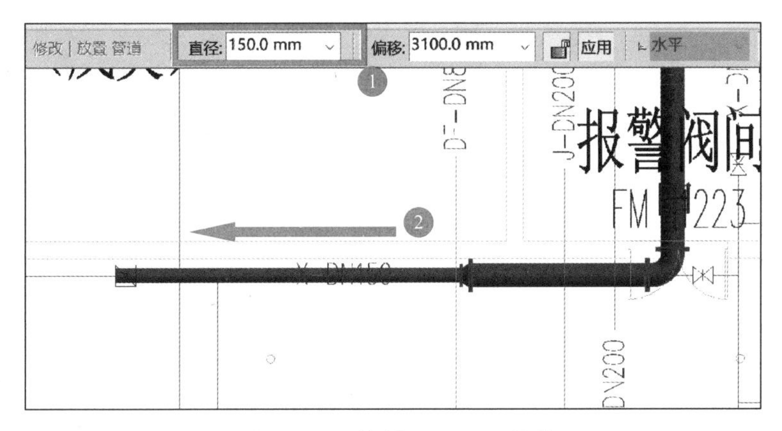

图3.2-13　绘制X-DN150管道

（2）绘制消火栓支管“X-DN65”

在“修改｜管道”选项栏中修改“直径”为65mm，“偏移”值为3100mm，在图中消火栓支管位置依次单击鼠标左键，指定管道的起点和终点，完成X-DN65管道的绘制，系统会根据布管系统配置自动生成与X-DN150管道连接的变径三通管件，如图3.2-14所示。

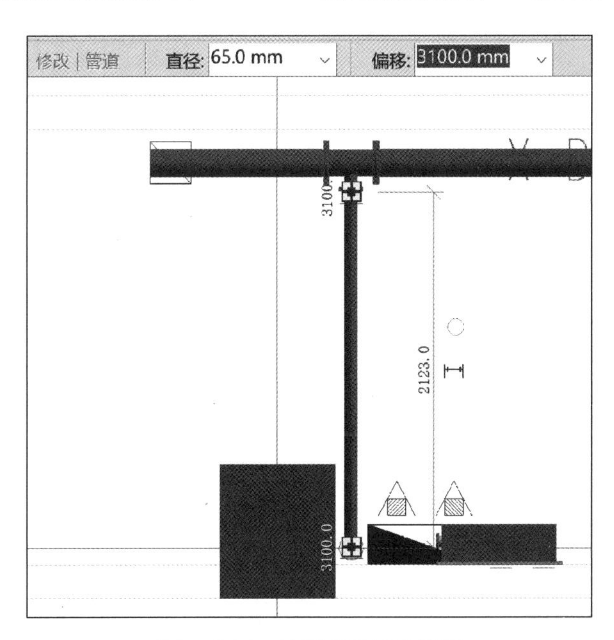

图3.2-14　绘制X-DN65管道

（3）连接消火栓箱

打开三维视图，先点击消火栓箱，然后单击“布局”面板中的“连接到”命令，在弹出的“选择连接件”对话框中选择“连接件2”，再点击此前已经绘制好的X-DN65管道，即可完成支管与消火栓箱的连接，如图3.2-15所示。

图 3.2-15　连接消火栓箱

完成后的消火栓管道三维效果如图 3.2-16 所示。根据上述操作继续完成其他位置消火栓管道的绘制。

图 3.2-16　消火栓管道三维效果（局部）

5. 添加阀门

消火栓管道绘制完成后，需要根据工程图纸要求，在管道上添加闸阀和蝶阀等各类阀门。Revit 在平面视图和三维视图中都可以进行添加阀门操作，下面以消火栓管道上的蝶阀为例。

（1）使用“载入族”命令，在 Revit 自带族库“机电”-“阀门”-“蝶阀”文件夹中可以选择不同的蝶阀族类型，如选择“蝶阀-D71 型-手柄传动-对夹式”，单击“打开”，在弹出的“指定类型”对话框中选择“D71X-6-150mm”类型，点击“确定”，如图 3. 2-17 所示。

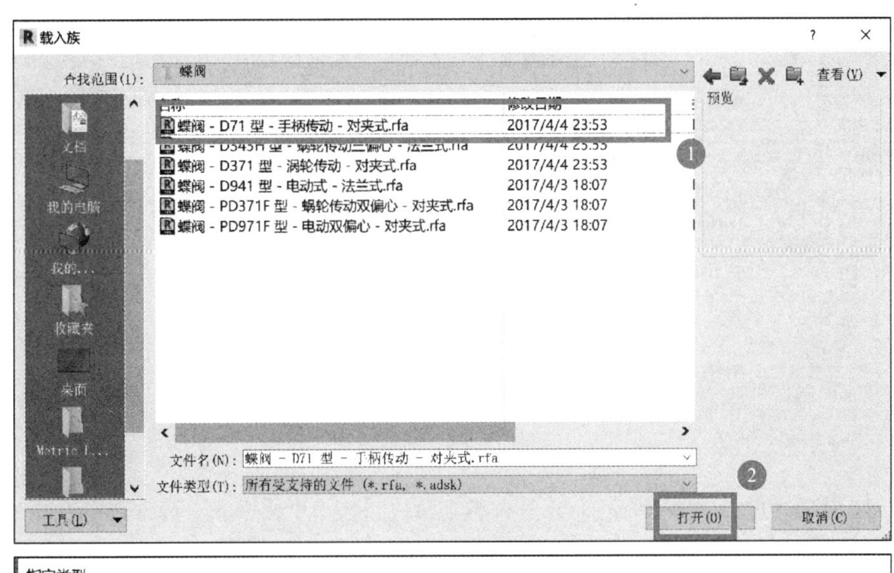

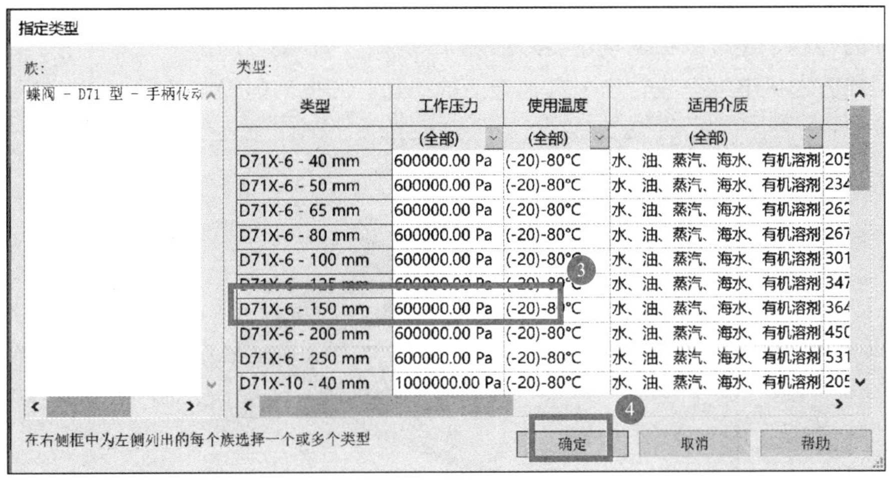

图 3. 2-17　载入蝶阀类型

（2）单击“系统”选项卡“卫浴和管道”面板中的“管路附件”，或直接输入快捷键“PA”，自动弹出“修改｜管道附件”上下文选项卡，在“属性”下拉列表中选择刚载入的“D71X-6-150mm”蝶阀类型（阀门直径须与管道直径 DN150 相一致）。将鼠标指针移动至消火栓管道蝶阀位置，当捕捉到管道中心线时（中心线高亮显示），单击即可完成该蝶阀的添加，如图 3. 2-18 所示。

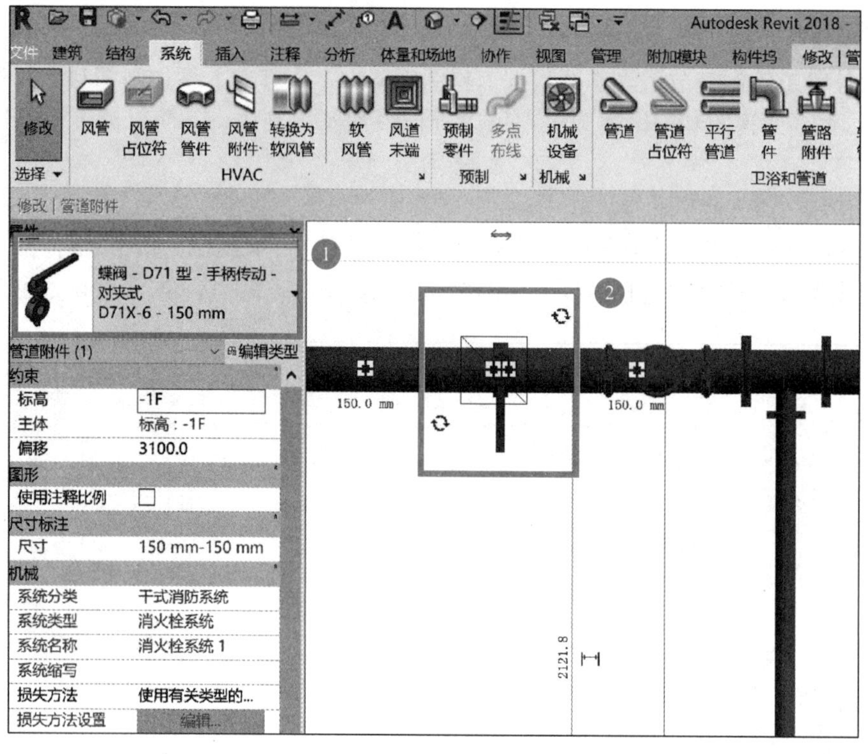

图 3.2-18 添加蝶阀

(3) 如果载入的蝶阀类型没有与消火栓管道直径尺寸相匹配的，可以通过“编辑类型”新建蝶阀类型并修改相应公称直径大小，方法同前面介绍的闸阀，这里不再重复。对于已添加的蝶阀，还可以根据现场实际情况来调整它的安装方向。

用同样方法可继续完成管道上其他阀门的添加，完成后的三维效果如图 3.2-19 所示。

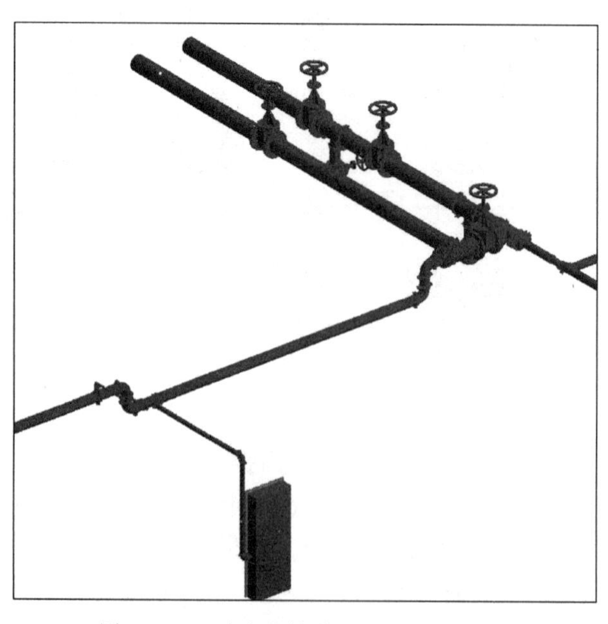
图 3.2-19 消火栓管道三维效果（局部）

2.5 喷淋系统 BIM 建模

喷淋系统
BIM 建模

图书馆地下一层喷淋系统管道主要有喷淋主干管、立管、支管等，采用内外壁热镀锌钢管，丝扣连接或沟槽式连接，管径有 DN25、DN32、DN40、DN50、DN65、DN80、DN100、DN150 等。根据图 3.2-2 可知，从消火栓引入管上接出了喷淋系统的给水主干管 ZP-DN150。在“图书馆地下一层给排水平面图”中，主干管绘制完成后可再导入“图书馆地下一层喷淋平面图”继续完成喷淋系统其他管道的绘制。接下来我们进行 2＃楼梯左侧 ZP-DN150 喷淋管道的布置。

1. 打开“楼层平面：一1F 消防”视图

选择“项目浏览器”面板中的“01 建模”-“01 给排水”-“楼层平面：—1F 消防”视图。

2. 绘制喷淋管道

喷淋管道的绘制方法与给水管道、消火栓管道的绘制基本相同，一般情况下可按照喷淋主干管、立管、支管的顺序来进行绘制。

（1）选择“系统”选项卡“卫浴和管道”面板中的“管道”，或直接键入快捷键“PI”，进入管道绘制模式。

（2）在“属性”面板中选择管道类型为“ZP”，依次设置“水平对正”为“中心”，“垂直对正”为“中”，“参照标高”为“—1F”，“偏移”值为 200mm，选择“系统类型”为“消防喷淋系统”；在“修改｜放置管道”选项栏中选择“直径”为 150mm，在图示中喷淋管与消火栓管中心交叉点单击鼠标左键，指定管道起点，按图纸管线位置再指定管道终点，完成第 1 段 ZP-DN150 水平管道的绘制，与消火栓管道连接的立管及管件会根据布管系统配置自动生成，如图 3.2-20 所示。

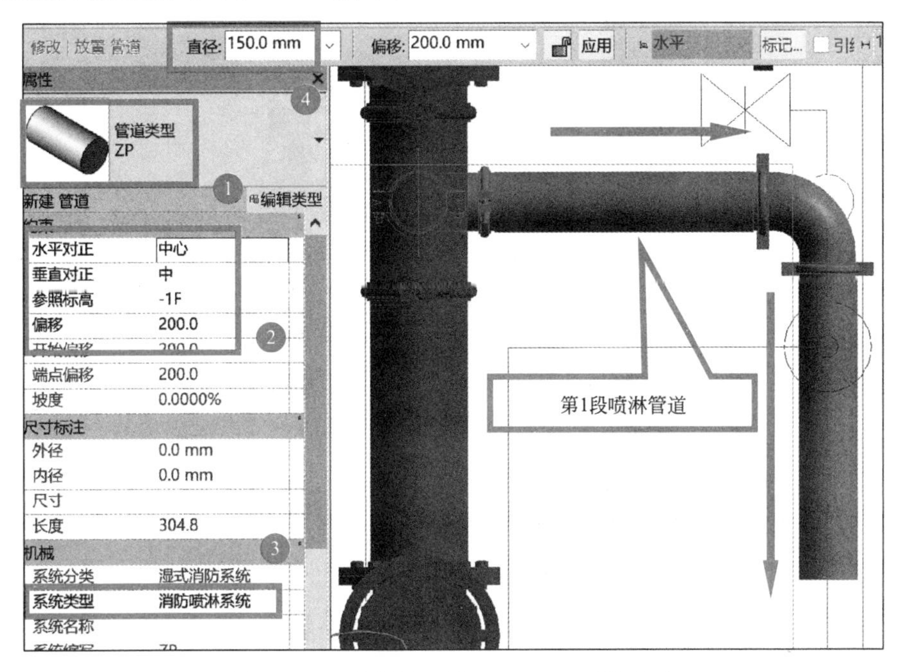

图 3.2-20 绘制第 1 段 ZP-DN150 喷淋管道

（3）鼠标单击自动生成的弯头管件，点击旁边的“＋”号可以快速将弯头变换为T形三通管件，点击三通管件，鼠标右键单击拖拽点可继续绘制第2段ZP-DN150喷淋管道，如图3.2-21所示。

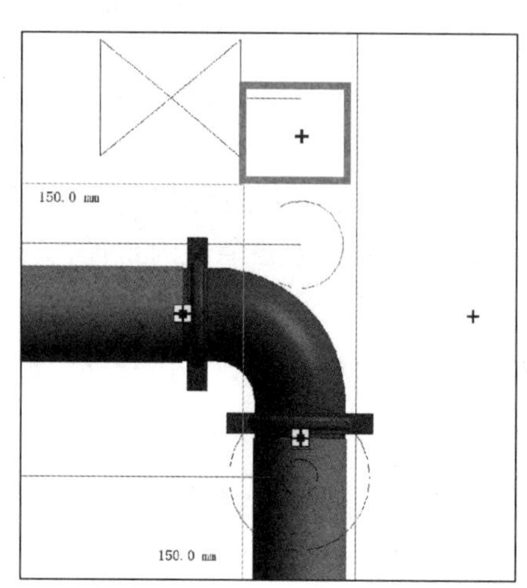

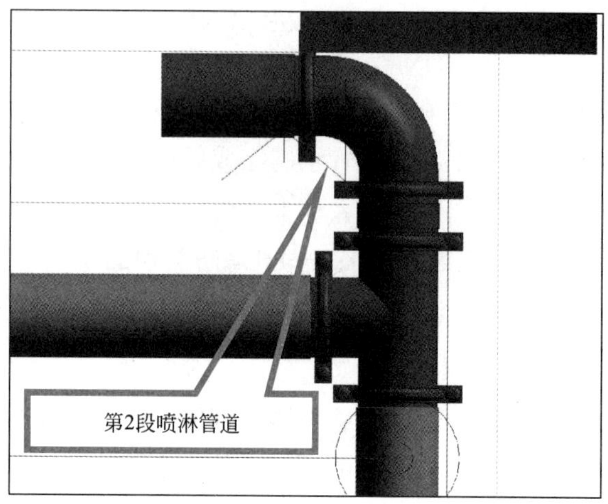

图3.2-21　绘制第2段ZP-DN150喷淋管道

（4）在“修改｜选择多个”选项栏中修改“偏移”为2900mm，“直径”为150mm，继续绘制第3段ZP-DN150喷淋管道，系统会自动生成两段高度不同的喷淋管道之间的立管，以及根据布管系统配置生成弯头、三通等管件，如图3.2-22所示。

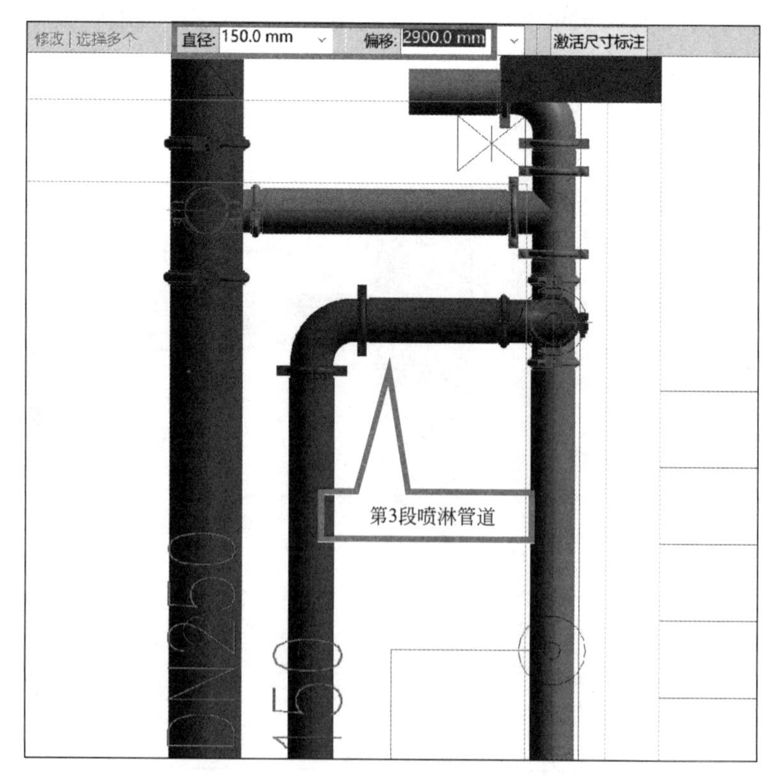

图3.2-22　绘制第3段ZP-DN150喷淋管道

用同样的方法继续绘制其他几段 ZP-DN150 喷淋管道，绘制完成后的三维效果如图 3.2-23 所示。

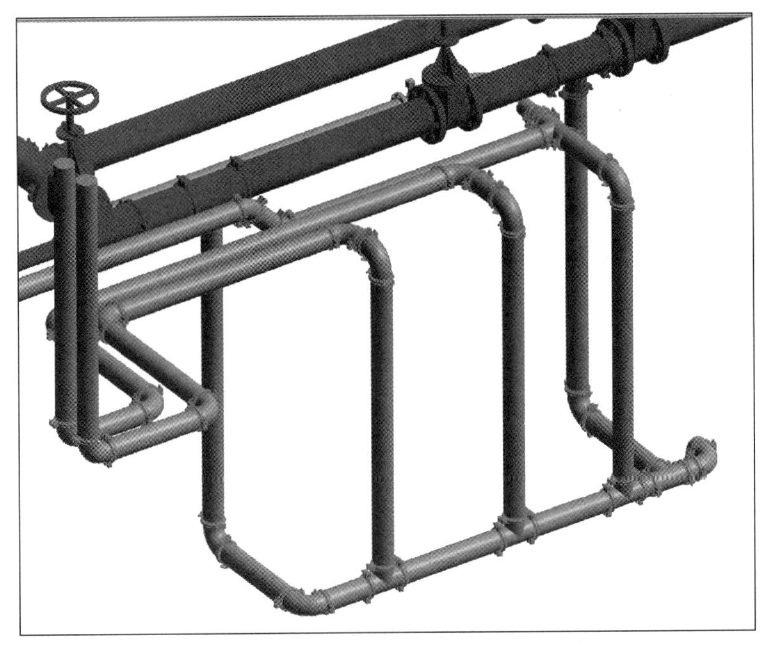

图 3.2-23　ZP-DN150 喷淋管道三维效果（局部）

（5）喷淋主干管 ZP-DN150 绘制完成后，根据上述方法继续在“楼层平面：－1F 消防”视图中先后导入图书馆图纸“给排水”和“人防水”文件夹中的“地下一层喷淋平面图”，完成其他喷淋支管的绘制。喷淋支管的位置详见图 3.2-24、图 3.2-25。其余喷淋支管的绘制方法与前面干管的绘制方法一样，这里不再详细描述具体的操作过程。

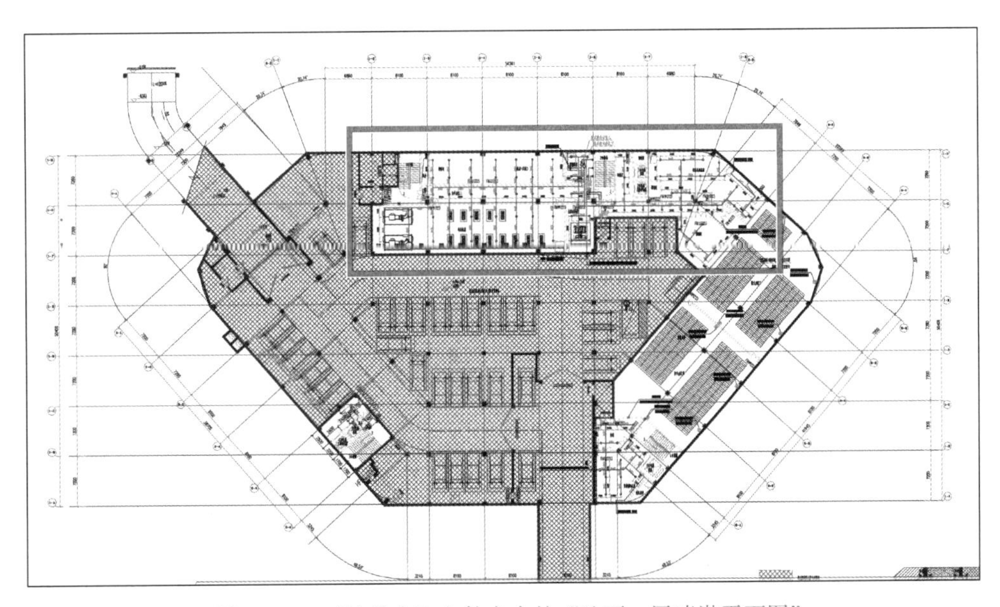

图 3.2-24　“给排水”文件夹中的“地下一层喷淋平面图”

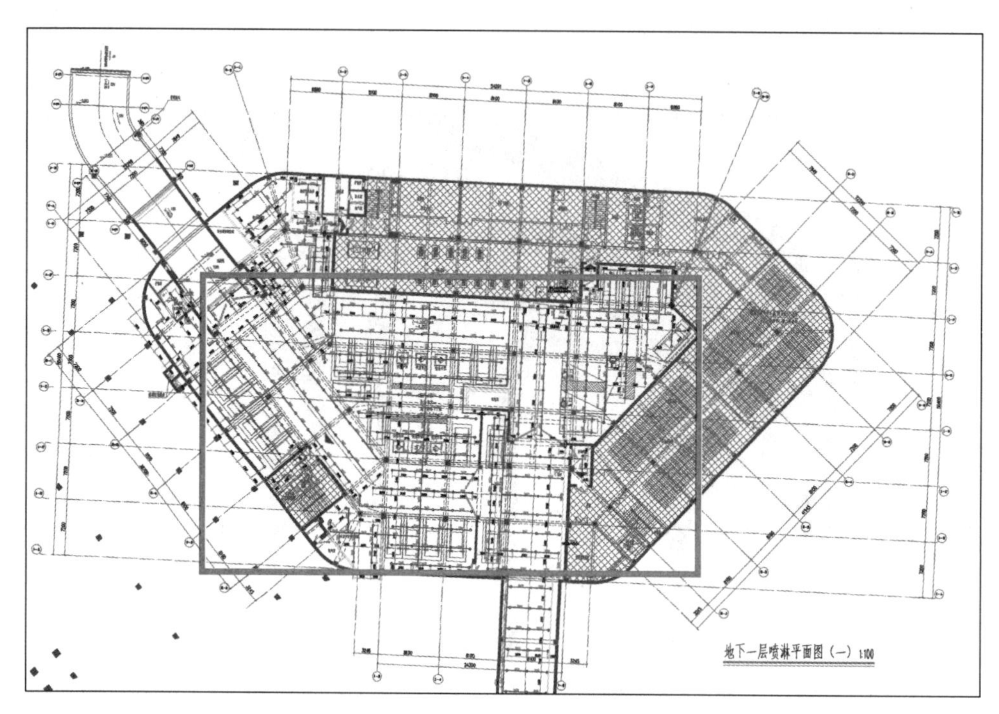

图 3.2-25 “人防水”文件夹中的“地下一层喷淋平面图”

3. 布置喷头

在实际工程中，DN<80 的喷淋管一般不需建模，喷淋头也无须建立。为使读者完整了解喷淋系统的建立方法，我们在喷淋管道全部绘制完成后，开始进行喷头的添加与连接。本项目图书馆地下室在宽度不大于 1200mm 的风管下增设下垂型喷头，除此以外均采用 DN25 直立式喷头。

（1）单击“系统”选项卡“卫浴和管道”面板中的“喷头”，或直接输入快捷键“SK”，自动弹出“修改｜放置喷头”上下文选项卡，如图 3.2-26 所示。

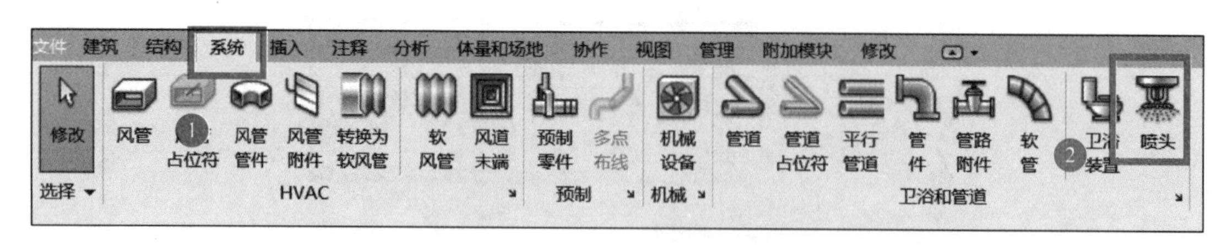

图 3.2-26 喷头布置命令

喷头按喷水方向分为上喷式和下喷式两种，直立式喷头即为上喷式喷头。

（2）在“属性”下拉列表中选择喷头类型为“喷头-上垂型”，修改偏移量为 3500mm，将鼠标移动至 CAD 图纸中喷头位置，单击即可完成喷头的放置，如图 3.2-27 所示。

（3）选中刚放置的喷头，单击“布局”面板中的“连接到”按钮，然后点击需要连接的喷淋支管，系统会自动生成立管和弯头、三通等管件，如图 3.2-28 所示。

添加完成的喷头三维效果如图 3.2-29 所示，按此方法继续完成其他喷头的布置。

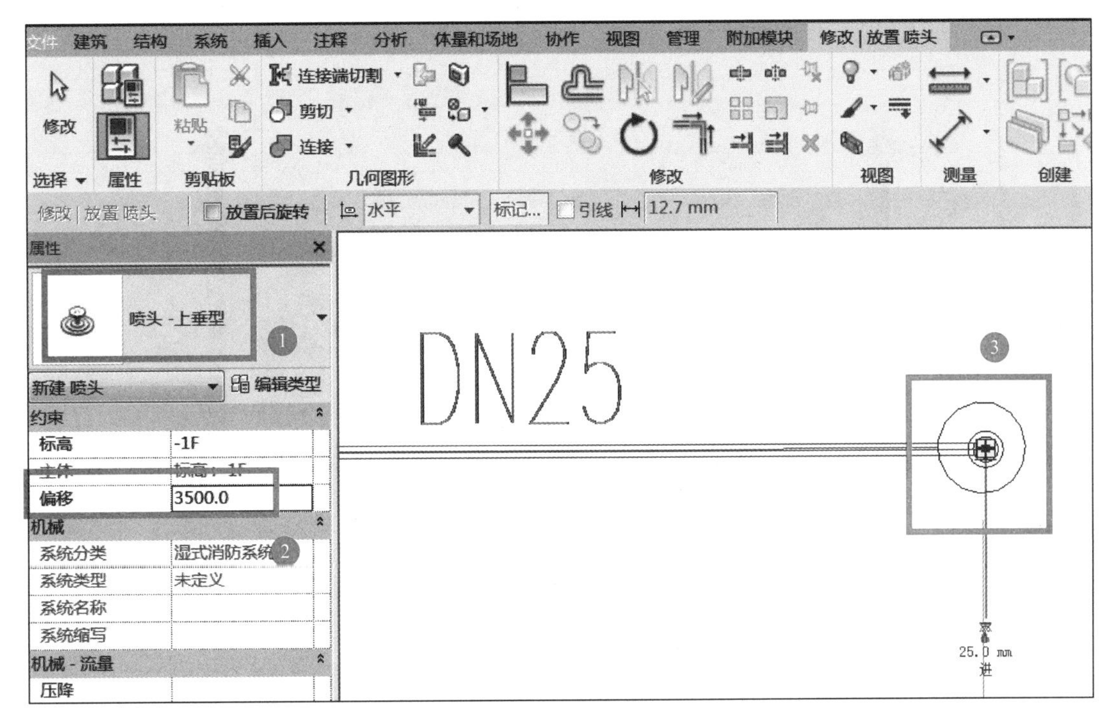

图 3.2-27　放置喷头

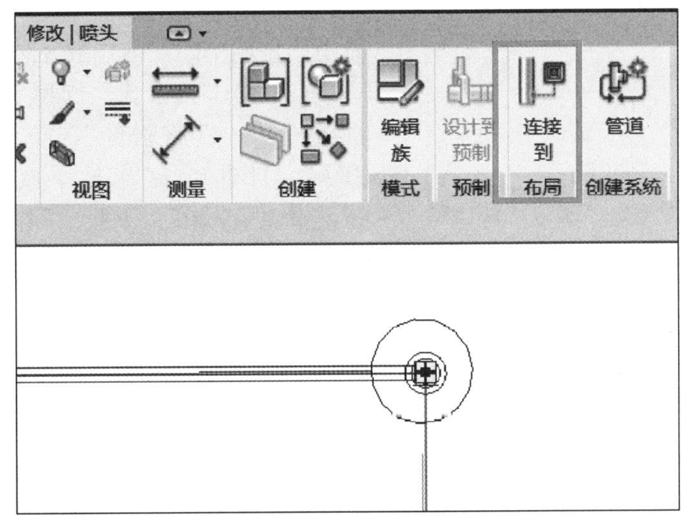

图 3.2-28　喷头连接

4. 添加附件

喷淋管道绘制完成后，需要根据工程图纸要求，在管道上添加闸阀、信号蝶阀、湿式报警阀、过滤器、水流指示器等各类附件。安装在立管上的阀门在三维视图中进行添加，水平管道上的阀门在平面视图和三维视图中都可以进行添加。接下来我们以添加“湿式报警阀”为例进行讲解：

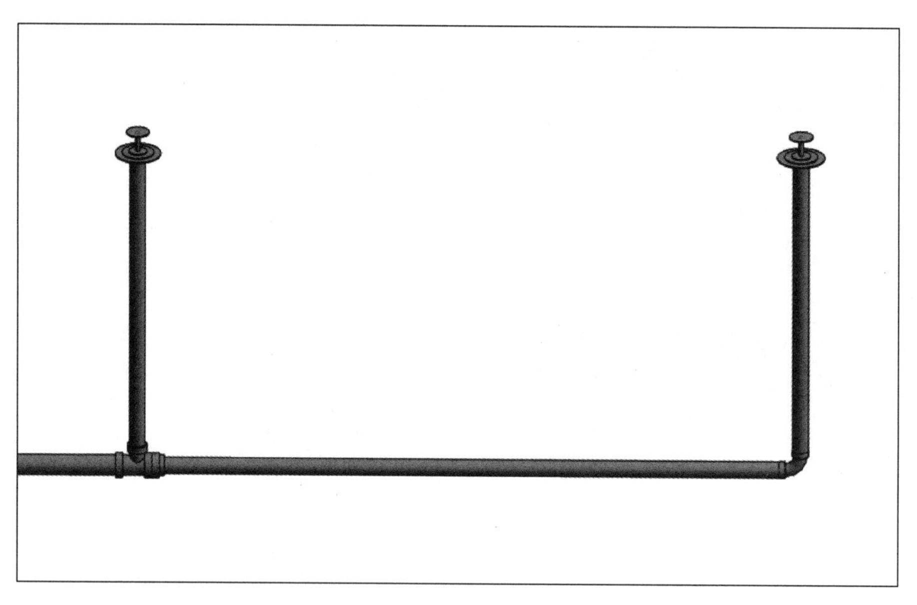

图 3.2-29　喷头三维效果

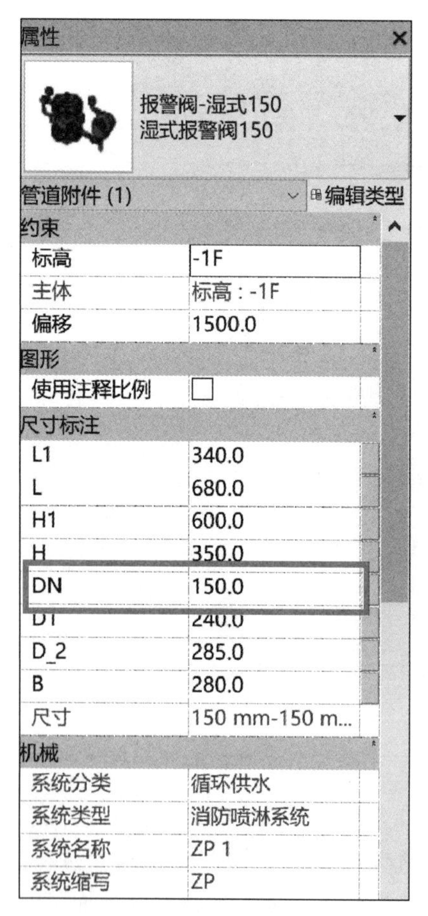

图 3.2-30　新建湿式报警阀 150

（1）使用“载入族”命令，将 Revit 自带族库“消防”-“给水和灭火”-“阀门”文件夹中的“湿式报警阀-ZSFZ 型-100-200mm-法兰式”载入项目中。也可下载本书配套资源中管道附件族中的“湿式报警阀”族进行载入。

（2）单击“系统”选项卡“卫浴和管道”面板中的“管路附件”，或直接输入快捷键“PA”，自动弹出“修改｜放置管道附件”上下文选项卡，在“属性”下拉列表中选择阀门类型为“湿式报警阀”，点击“编辑类型”，在“类型属性”对话框中通过复制新建“湿式报警阀 150”类型，修改实例属性中尺寸标注 DN 为 150，如图 3.2-30 所示。然后将鼠标移动至喷淋立管 ZP-DN150 管道中心线处，捕捉到中心线时（中心线高亮显示），单击即可完成该湿式报警阀的添加，如图 3.2-31 所示。

选择已添加的湿式报警阀，点击阀门边上的“翻转管件”和“旋转管件”符号，可调整阀门安装的方向，如图 3.2-32 所示。

用同样的方法继续添加喷淋系统管道上的其他附件，完成后的三维效果如图 3.2-33 所示。

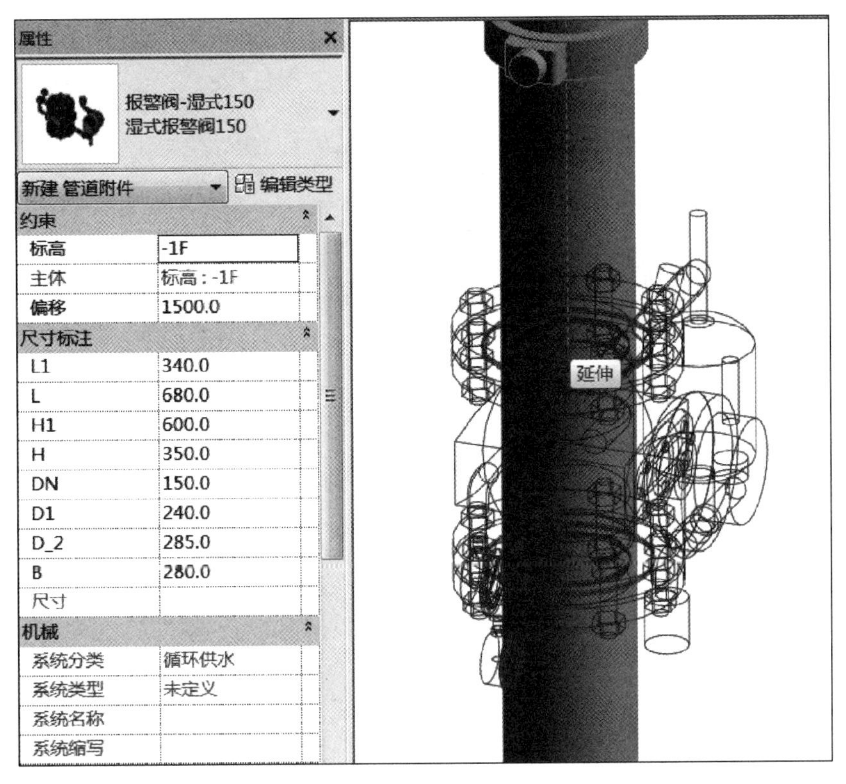

图 3.2-31　添加湿式报警阀

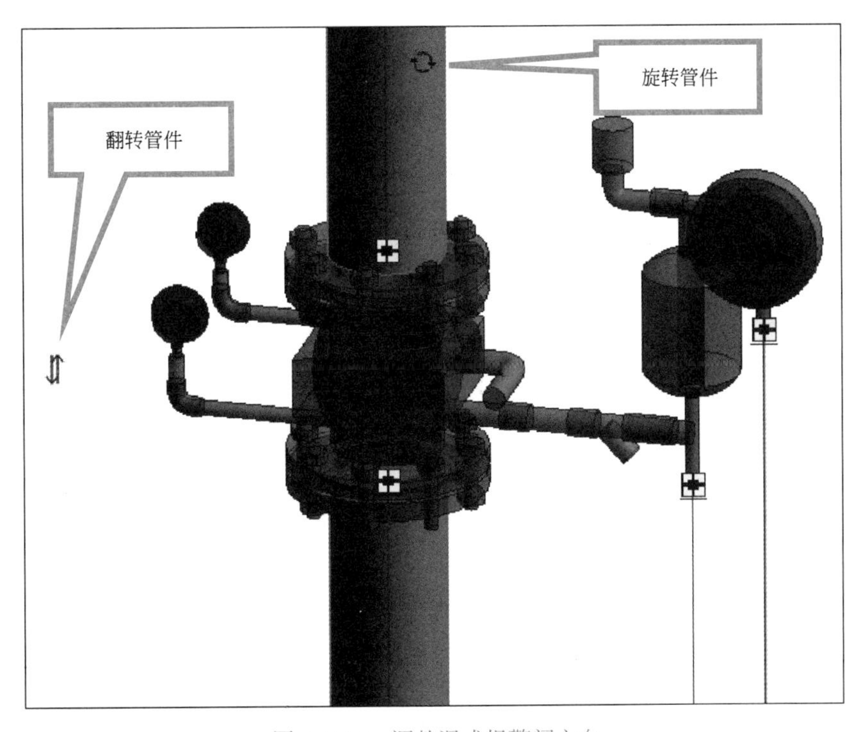

图 3.2-32　调整湿式报警阀方向

图 3.2-33　喷淋系统三维效果（局部）

2.6　消防系统 BIM 模型展示

根据前面的建模方法，我们完成了图书馆地下一层消火栓系统和喷淋系统模型的绘制，消防系统主干管部分最终建模平面视图效果如图 3.2-34 所示。

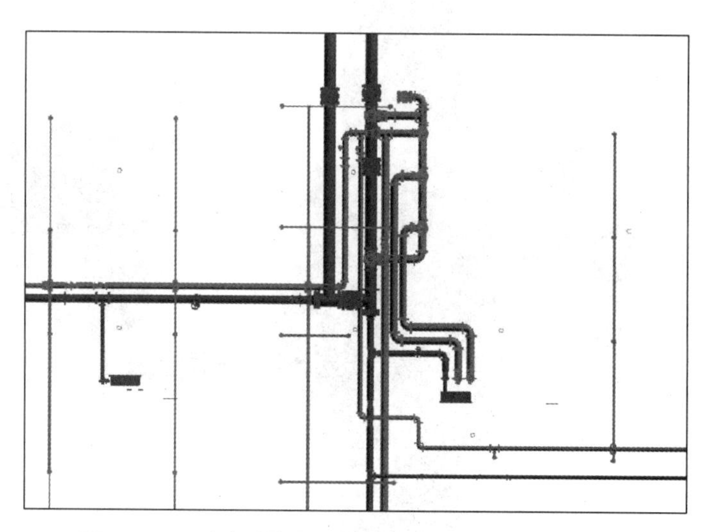

图 3.2-34　消防系统主干管模型平面视图效果（局部）

切换至三维视图，查看消防系统的三维模型，效果如图 3.2-35 所示。按住键盘 Shift 键和鼠标滚轮，通过移动鼠标可全方位查看模型效果。滑动鼠标滚轮，可放大视图，查看管道连接的细部。

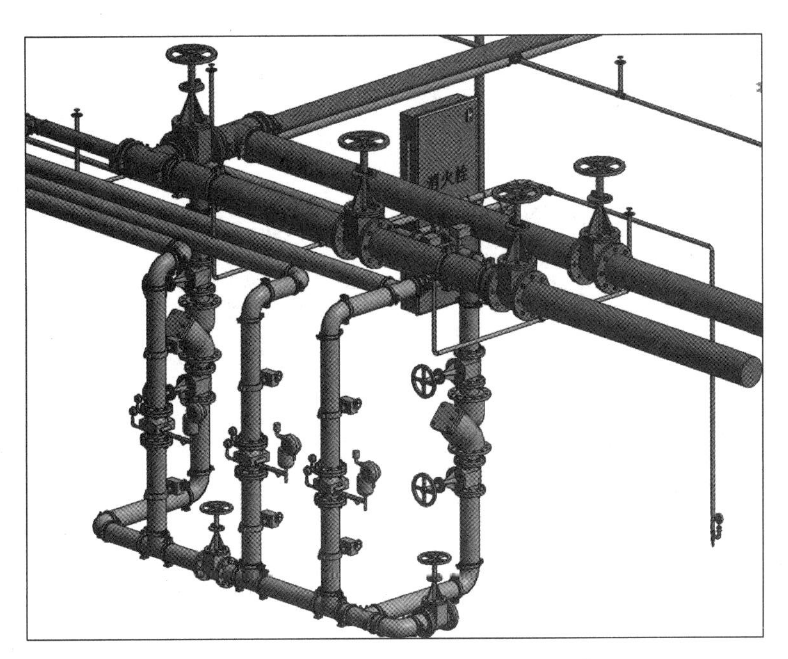

图 3.2-35　消防系统模型三维效果（局部）

单元4　BIM电气系统建模

单元4学生资源

单元4教师资源

建筑电气的主要组成部分为电气系统。电气系统包含电缆桥架与线管。本单元主要以图书馆地下一层为例，讲解电气系统模型的创建方法。

任务1　电气系统BIM建模

能力目标

1. 会识读施工图纸相关信息；
2. 能正确设置电缆桥架和线管系统设置及参数；
3. 熟练掌握电气系统的绘制方法和技巧。

任务书

根据图书馆电气施工图，选择相应的电缆桥架及线管系统的类型。掌握水平桥架、线管的绘制方法，最后完成图书馆地下一层的电气系统建模。任务清单见表4.1-1。

任务清单　　表4.1-1

序号	内容	要求完成时间	实际完成时间
1	电缆桥架类型创建与设置		
2	电缆桥架绘制		
3	电气设备的放置		
4	线管系统类型创建与设置		
5	线管系统绘制		

工作准备

1. 阅读任务书，识读“图书馆地下一层电气平面图”“配电箱系统原理图”，进行图面分析（表4.1-2），并完成“图纸识读-图书馆地下一层电气平面图与配电箱系统原理图”问题。

2. 结合图书馆项目分析建模的难点与重点。

图面分析 表 4.1-2

主题:图书馆地下一层电气系统建模 图纸编号:电施-15,电施-09
问题 1:本工程地下一层电缆桥架有哪几种类别? 问题 2:本工程地下一层消防报警桥架分几个线槽? 问题 3:客梯配电总柜进线路由,出线回路数量是多少? 问题 4:1 号出线回路所用断路器型号是什么? 出线电缆大小是多少?
是否存在设计错误:(需标明图纸出处) 更正建议:
是否存在信息缺失:

3. 根据电气系统建模一般操作方法与步骤回答以下问题。

(1) 需要导入哪张图纸? 在建模过程中主要保留 CAD 图纸的哪些图层?

(2) 如何进行电缆桥架的设置?

(3) 如何进行过滤器中电缆桥架显示的设置?

(4) 如何进行线管系统的设置?

(5) 如何进行线管系统的连接?

1.1 电气施工图识读

本工程地下一层电缆桥架类型包括强电桥架、强电消防桥架、火灾报警桥架、人防弱电桥架。线管基本不区别系统，主要根据标注的尺寸区分线管材质与尺寸。

线管的常用敷设方式为焊接钢管（标注文字符号 SC），镀锌焊接钢管（标注文字符号 RC），套接紧定式钢管（标注文字符号 JDG），碳素钢电线管（标注文字符号 MT），刚性塑料导管（标注文字符号 PC）。

电气设备包括声光报警器（安装高度距地面 1200mm），手动报警按钮（安装高度距地面 1200mm），楼层显示器（安装高度距地面 1200mm），烟感探测器（安装高度距地面 2800mm），JY _ 吸顶音响（安装高度距地面 2800mm）。

图书馆工程电气专业图纸包含三个文件夹，分别是：“电气”“人防电气”和“弱电”。

图书馆图纸文件夹中“电气”文件夹“Dsfl-图书馆”为图书馆接地平面布置图；“Dsgx-图书馆”为图书馆配电干线平面布置图；“Dsxf-图书馆”为图书馆火灾自动报警平面布置图；“Dsxt-图书馆”为图书馆各电表箱系统图；“Dszm-图书馆”为图书馆照明布置图；“Ds-变电所详图”为图书馆变电所配电干线图；“图层标准化 _ 施工图 _ 图书馆”为图书馆建筑底图。其中“Dsgx-图书馆”包含强电桥架及强电消防桥架平面布置图；“Dsxf-图书馆”包含火灾报警桥架平面布置图。

图书馆图纸文件夹中“人防电气”文件夹“电气图书馆、行政楼人防工程 2020 _ t3”为图书馆人防工程中配电干线布置、照明布置、火灾自动报警布置平面图；“浙建院人防电气-更新联系单 2020 _ t3”为设计过程中设计院根据实际施工情况出具的设计联系/变更单。

图书馆图纸文件夹中“弱电”文件夹“BA-图层标准化 _ 施工图 _ 图书馆 _ t3”为图书馆建筑设备监控平面图；“PDS、SA-图层标准化 _ 施工图 _ 图书馆 _ t3-A”为图书馆综合布线、安防、能耗监测平面图；“RD-施工图-图书馆系统图-A”为图书馆各类弱电系统图。其中“BA-图层标准化 _ 施工图 _ 图书馆 _ t3”图纸中包含人防弱电桥架平面图。

1.2 图纸导入

为了防止在 Revit 中导入的图纸范围过大无法显示，我们在软件中导入图纸之前，先将本次教学需要绘制的楼层图纸清理出来。在 CAD 中打开“Dsgx-图书馆”图纸后就把地下一层图纸单独复制并保存为“图书馆地下一层电气平面图”。打开 Revit 软件后，选择“插入”-“导入 CAD”，找到已经处理好的“图书馆地下一层电气平面图”，注意“导入单位”为“毫米”，如图 4.1-1 所示。

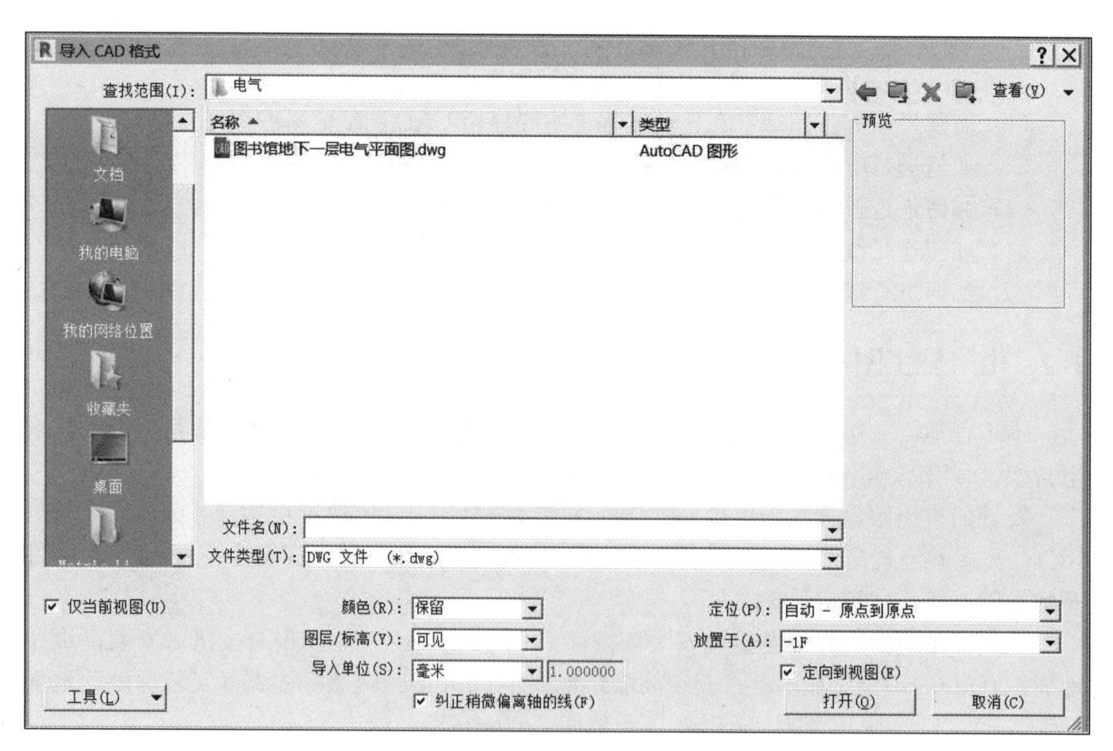

图 4.1-1 打开“导入 CAD 格式”

1.3 参数设置

参数设置

图书馆地下一层电缆桥架类型包括强电桥架、强电消防桥架、火灾报警桥架、人防弱电桥架。其中配电间及电井外的桥架为水平管，布置时选择水平管布置命令。电缆桥架采用带配件的电缆桥架-槽式电缆桥架。在布置电缆桥架前，我们已经导入了清理后的图书馆地下一层电气平面图（详见本任务 1.2），接下来我们进入 300×150 强电桥架的设置，强电桥架位置为 1-G 轴交 1-7 轴，详见图 4.1-2。

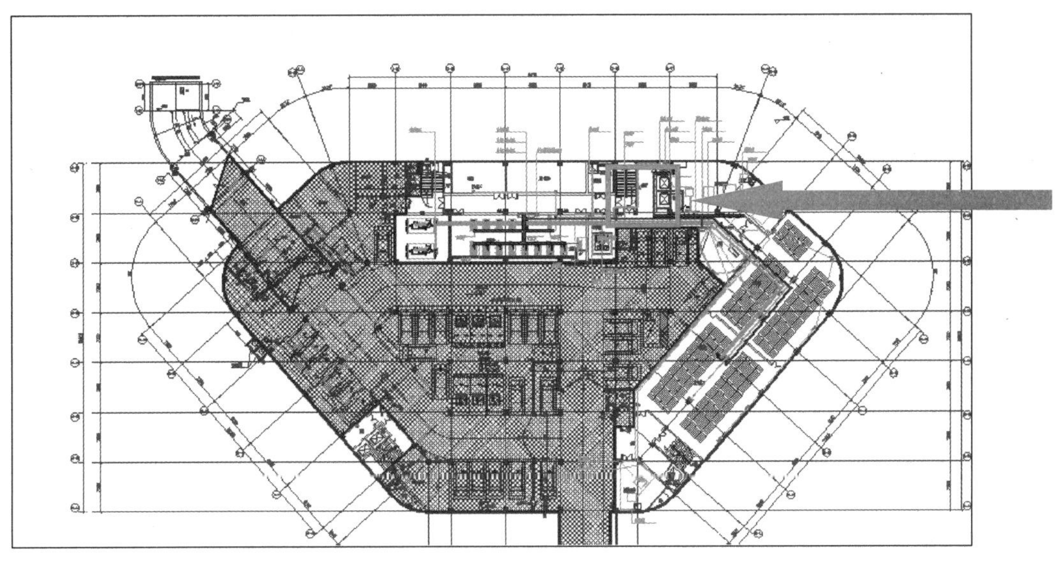

图 4.1-2　导入图书馆地下一层电气平面图

1. 设置电缆桥架类型名称

选择“项目浏览器”面板中的“族”-“电缆桥架”选项。选择“带配件的电缆桥架”下“槽式电缆桥架”，右键点击“复制”，将其重命名为“强电桥架”，如图 4.1-3 所示。

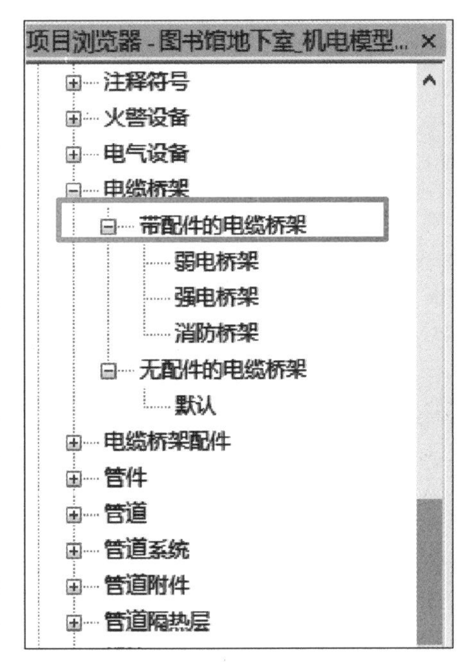

图 4.1-3　打开“电缆桥架”选项

2. 布管系统配置

桥架类型新建后，选择“项目浏览器”面板中的“族”-“电缆桥架配件”选项。选择“槽式电缆桥架垂直等径上弯通”，选择“标准”，将复制出来的类型重命名为“强电”，如图 4.1-4 所示，确认其子项中包含了“弱电、强电、消防”三个类型。其余槽式电缆桥架配件同此设置。

点击新建“强电桥架”，右键点击“类型属性”选项进行电缆桥架连接件的设置，如图 4.1-5 所示。打开“类型属性”选项卡后在管件栏中对各类电缆桥架配件进行选择，选择后缀为“强电”选项，如图 4.1-6 所示。

3. 设置线管系统类型

选择“项目浏览器”面板中的“族”-“线管”选项，确认样板文件自带“刚性非金属线管”类型，然后单击“插入”选项卡中“载入族”命令，打开系统自带族库，依次打开“机电”-“供配电”-“配电设备”-“导管配件”-“RNC”文件夹。

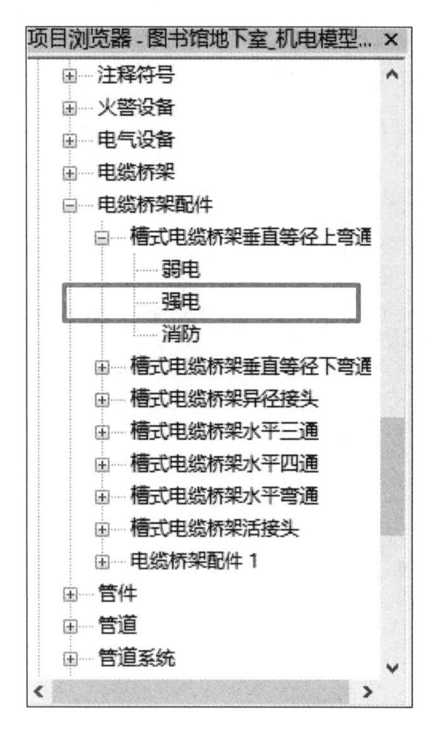

图 4.1-4　打开“电缆桥架配件”选项

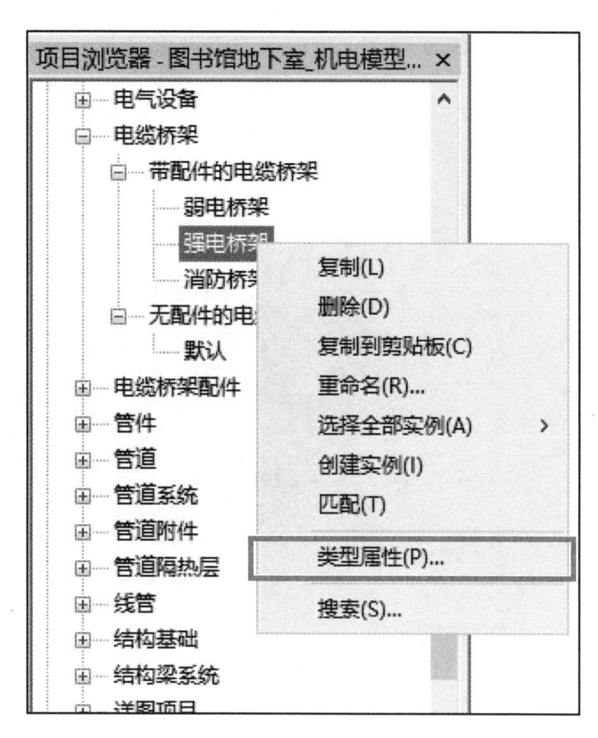

图 4.1-5　打开“强电桥架类型属性”

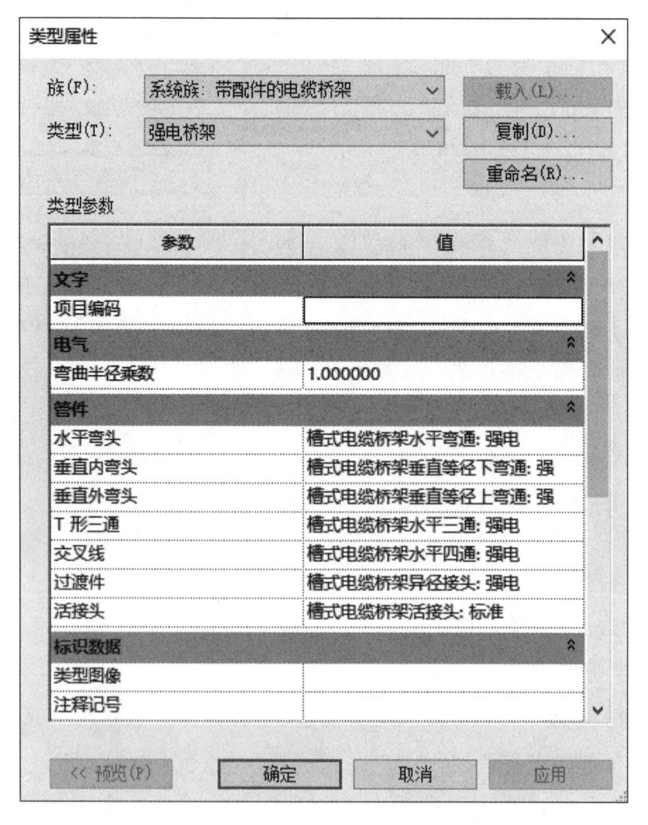

图 4.1-6　打开“类型属性”设置电缆桥架连接方式

依次选择“导管弯头-无配件-RNC”“导管接线盒-T形三通-PVC”“导管接线盒-过渡件-PVC”三个构件，如图 4.1-7 所示，点击“打开”后载入。

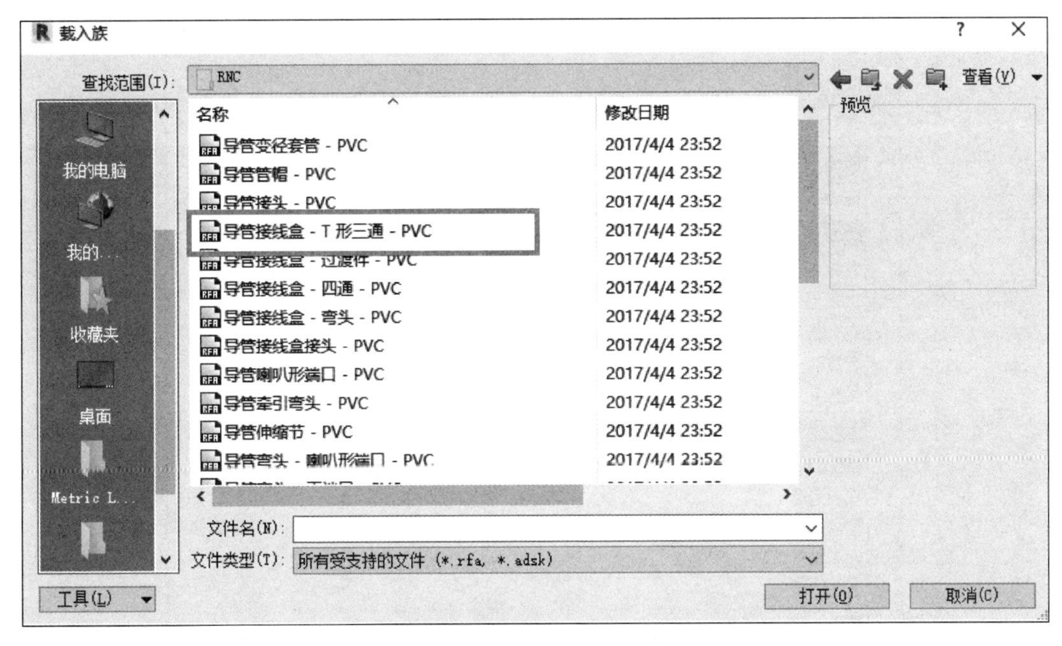

图 4.1-7 “导管配件”载入文件夹位置

选择“项目浏览器”面板中的“族”-“线管”选项，选择“刚性非金属导管（RNC Sch 40）”右键点击“类型属性”，选择线管方式，如图 4.1-8、图 4.1-9 所示。

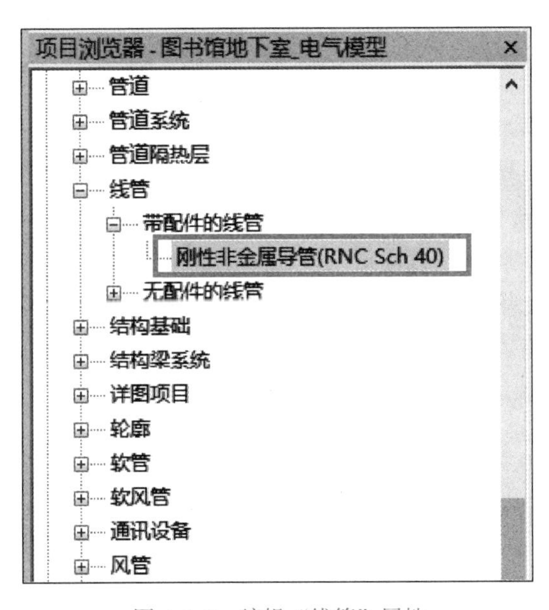

图 4.1-8 编辑“线管”属性

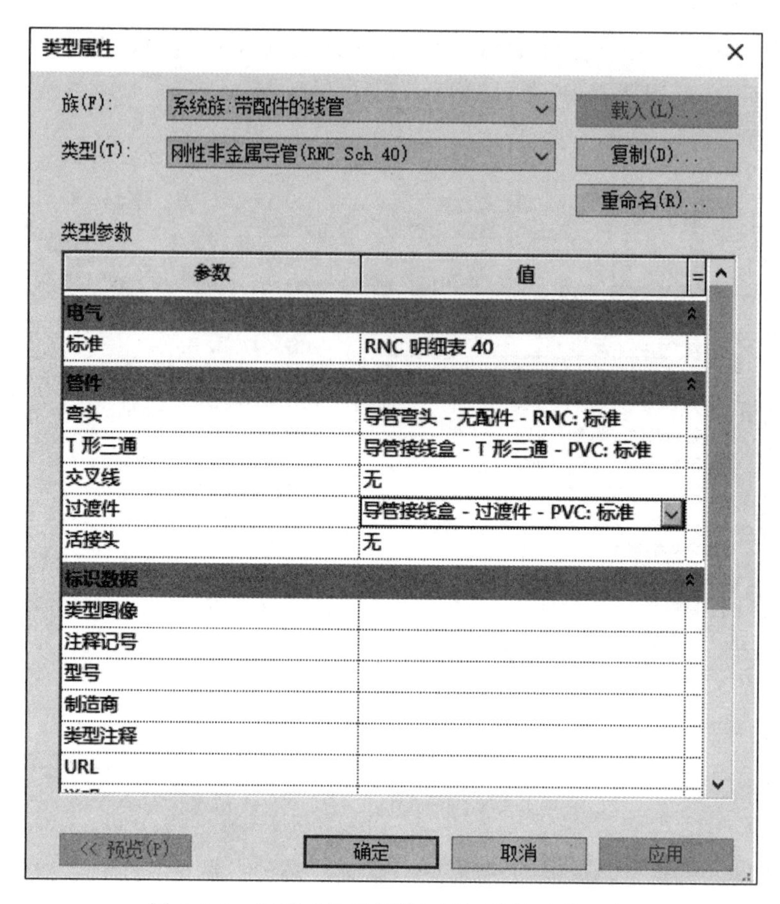

图 4.1-9　打开“类型属性”设置线管连接方式

1.4　强电桥架 BIM 建模

1. 打开“楼层平面：电气桥架平面图”视图

强电桥架
BIM 建模

选择“项目浏览器”面板中的“01 电力平面”-“01 建模”-“楼层平面：电气桥架平面图”选项，如图 4.1-10 所示。

选择“系统”选项卡“电气”面板中的“电缆桥架”，或直接键入“CT”(电缆桥架快捷键)，进入电缆桥架绘制模式。以 1-G 轴交 1-7 轴强电间接出强电桥架为例，强电桥架具体位置详见图 4.1-2，局部放大位置如图 4.1-11 所示。

操作步骤如下：

(1) 选择“强电桥架”类型

绘制电气桥架时要在绘图区域左侧“属性”对话框的“系统类型”栏中选择“强电桥架”类型。

(2) 编辑“强电桥架”属性

在“属性”面板中，依次在“水平对正”栏中选择“中心”选项，“垂直对正”栏中选择“中”，“参照标高”为“－1F”，“偏移”值设为 2750mm，“宽度”为 300mm，“高度”为 150mm，如图 4.1-12 所示。

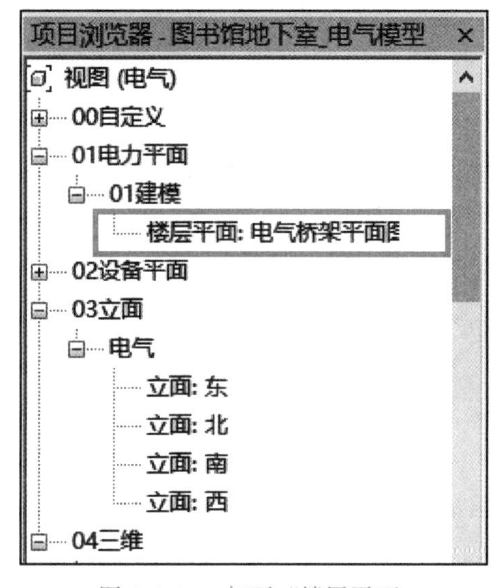

图 4.1-10 打开“楼层平面：电气桥架平面图”视图

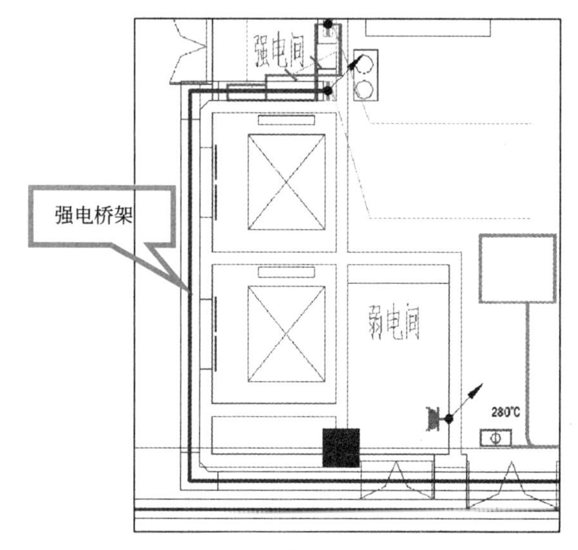

图 4.1-11 案例绘制强电桥架 CAD 图纸位置

（3）绘制第 1 段强电桥架

按快捷键“CT”发出“电缆桥架”命令，在“修改｜电缆桥架”中将“宽度”设为 300mm，“高度”设为 100mm，“偏移”值设为 2750mm，绘制第一段强电桥架，如图 4.1-13 所示。

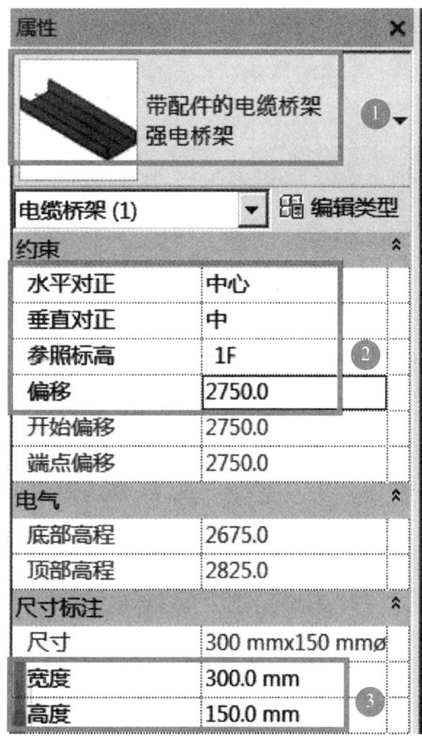

图 4.1-12 编辑“强电桥架”属性

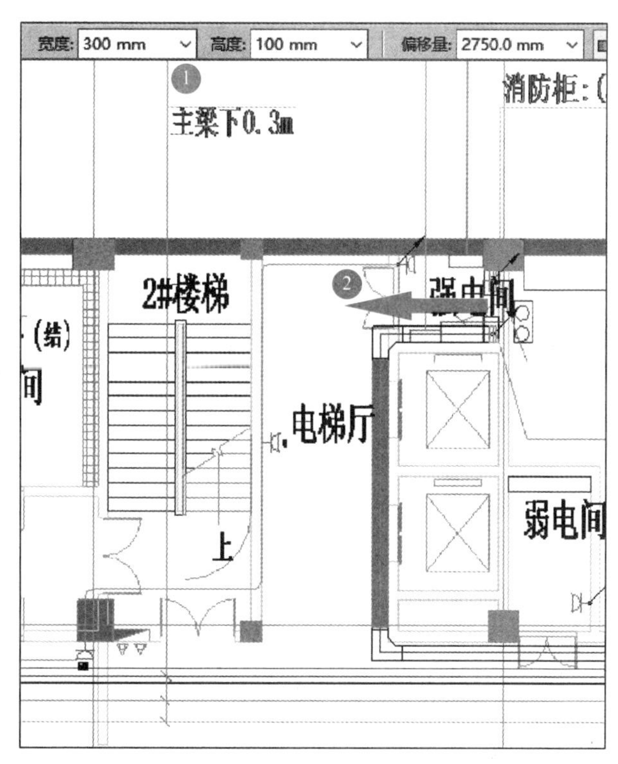

图 4.1-13 绘制第 1 段强电桥架

（4）绘制其余强电桥架

绘制完成第 1 段强电桥架后根据图纸所示的强电桥架位置绘制剩余桥架，如图 4.1-14 所示。绘制过程中，两段桥架如需连接可采用“修改”-“修剪/延伸为角”命令。如图 4.1-15 所示。

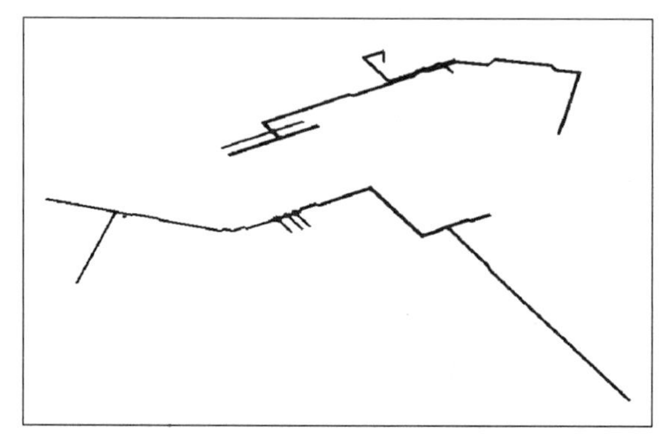

图 4.1-14　强电桥架三维效果

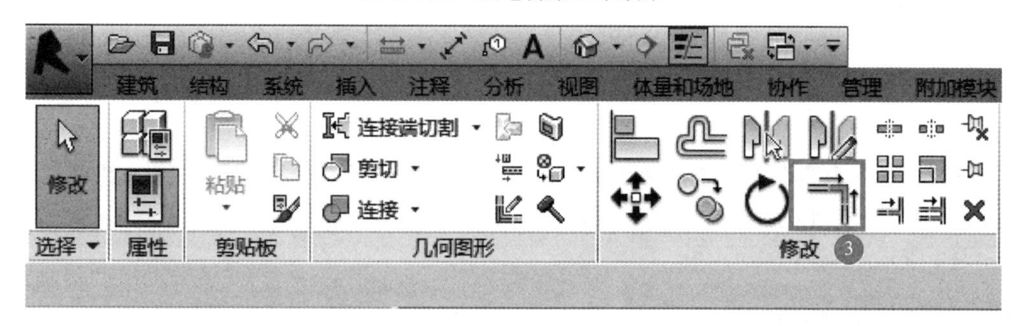

图 4.1-15　“修剪/延伸为角”命令

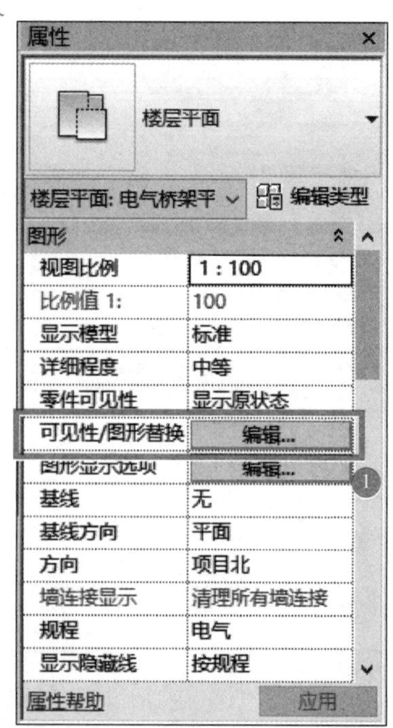

图 4.1-16　过滤器打开命令界面

2. 检查过滤器显示电缆桥架颜色

在“属性”面板中，选择“可见性/图形替换”选项，如图 4.1-16 所示，打开“可见性/图形替换”选项卡后点击“过滤器”。桥架颜色设置如图 4.1-17 所示。（过滤器设置方法详见本书单元 1 任务 1 中 1.6 节。）

1.5　弱电桥架 BIM 建模

弱电桥架的绘制方法与强电桥架相同，我们以 1-3/1-G 轴冷冻机房弱电桥架为例，如图 4.1-18、图 4.1-19 所示，简单说明绘制步骤。

1. 人防弱电桥架绘制

选择“系统”选项卡“电气”面板中的“电缆桥架”，或直接键入“CT”（电缆桥架快捷键），进入电缆桥架绘制模式。

（1）选择“人防弱电桥架”类型

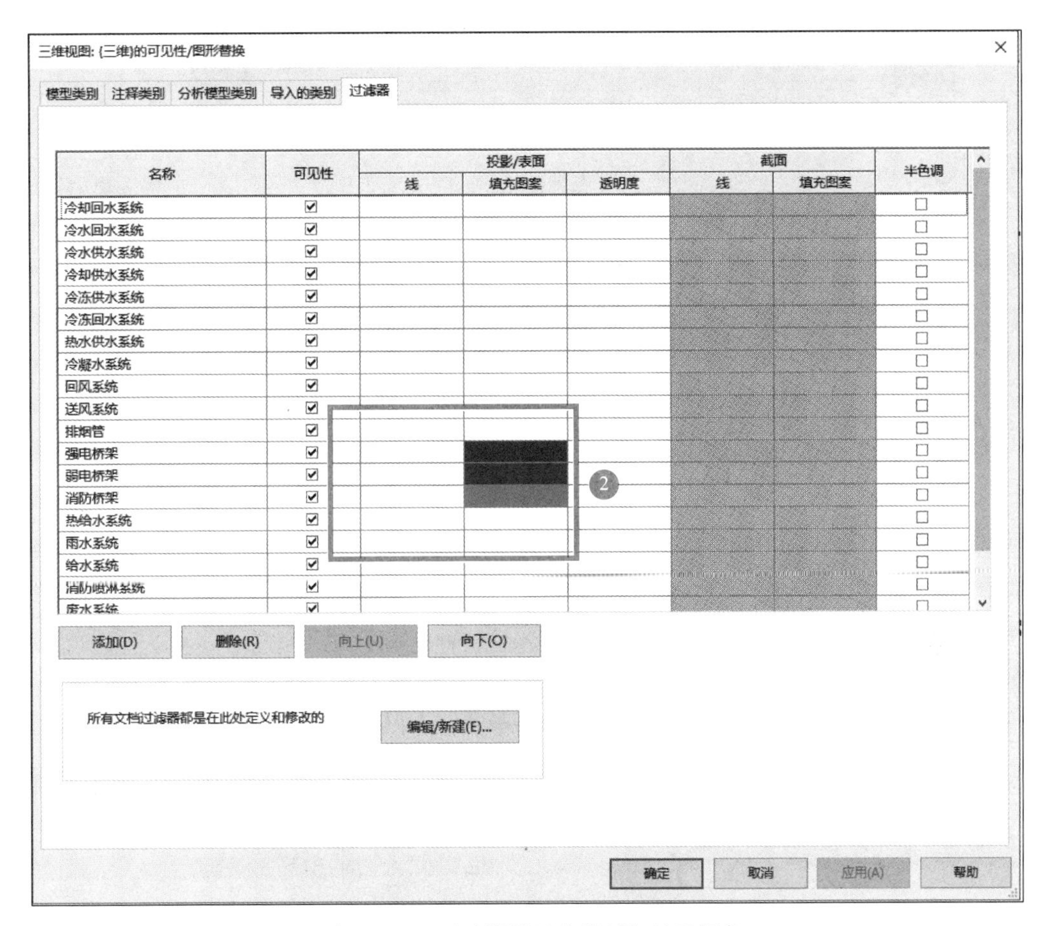

图 4.1-17 过滤器设置电缆桥架显示颜色

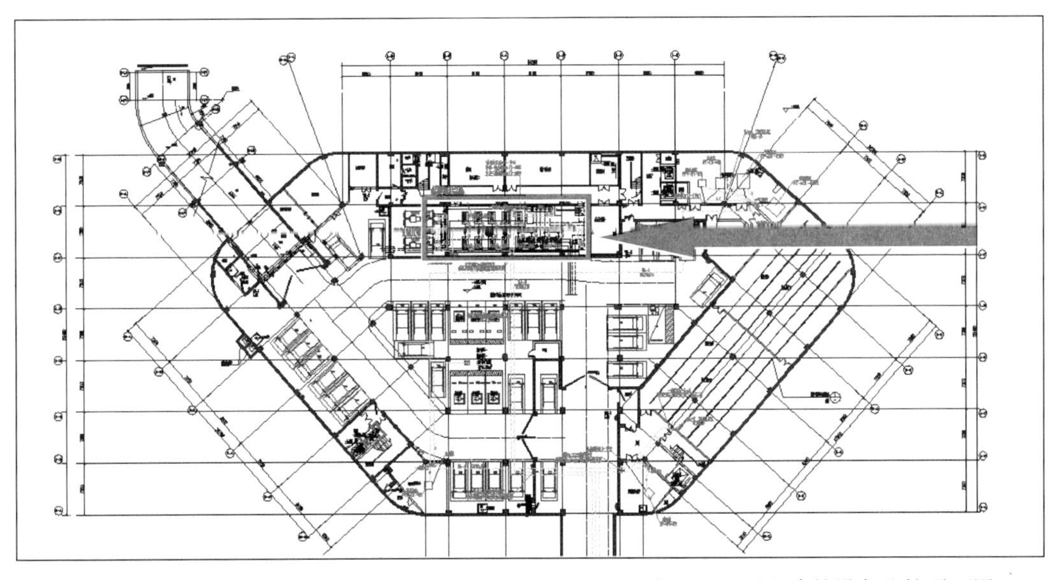

图 4.1-18 “BA-图层标准化 _ 施工图 _ 图书馆 _ t3” 图纸中的“地下室建筑设备监控平面图”

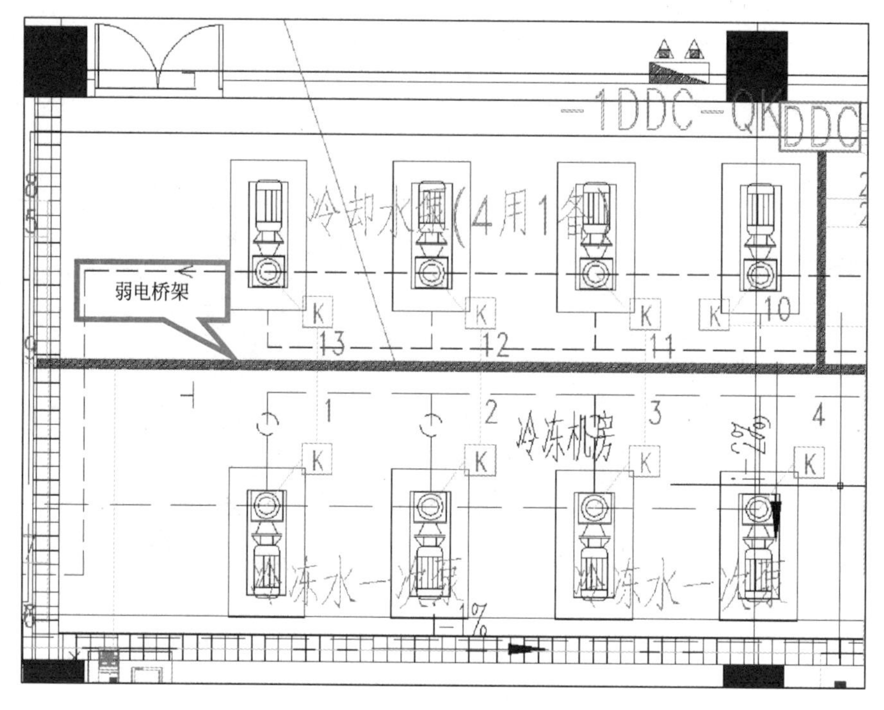

图 4.1-19 案例绘制人防弱电桥架 CAD 图纸位置

绘制电气桥架时要在绘图区域左侧“属性”对话框的“系统类型”栏中选择“人防弱电桥架”类型。

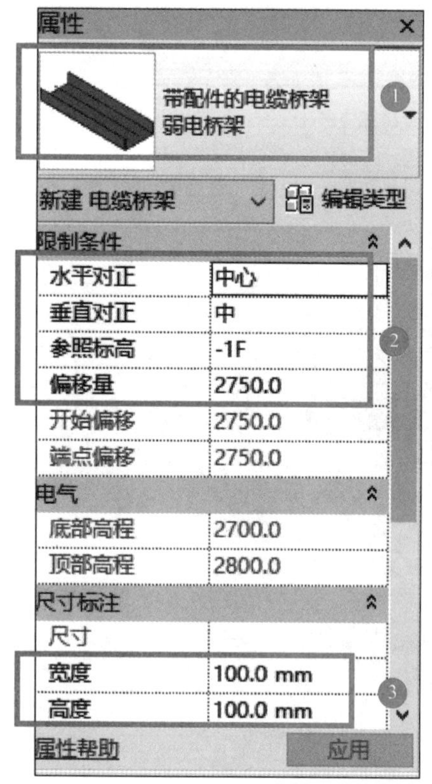

图 4.1-20 编辑“人防弱电桥架”属性

(2) 编辑“人防弱电桥架”属性

在“属性”面板中，依次在“水平对正”栏中选择“中心”选项，“垂直对正”栏中选择“中”，“参照标高”为“−1F”，“偏移量”为 2750mm，“宽度”为 100mm，“高度”为 100mm，如图 4.1-20 所示。

项目绘制桥架时所有类型桥架在绘制过程中会要求底部标高对齐，所以会根据桥架的高度折算桥架的中心标高绘制，以便后期在布置支架时各类桥架可以共用支架，同时保证桥架安装完成后的美观性。

(3) 绘制第 1 段人防弱电桥架

按快捷键“CT”发出“电缆桥架”命令，在“修改 | 电缆桥架”的“宽度”栏中选择 400mm，“高度”栏中选择 100mm，“偏移量”输入为 2750mm，绘制第一段弱电桥架。

(4) 绘制其余人防弱电桥架

绘制完成第 1 段人防弱电桥架后根据图纸所示的人防弱电桥架位置绘制剩余桥架，如绘制的桥架位置无法与图纸对齐，可采用“修改”-“对齐”命令使绘制的人防弱电桥架与图纸对应位置重合。绘制过程中，两段桥架如需连接可采用“修改”-“修剪/延伸为角”命令。三维效果如图 4.1-21 所示。

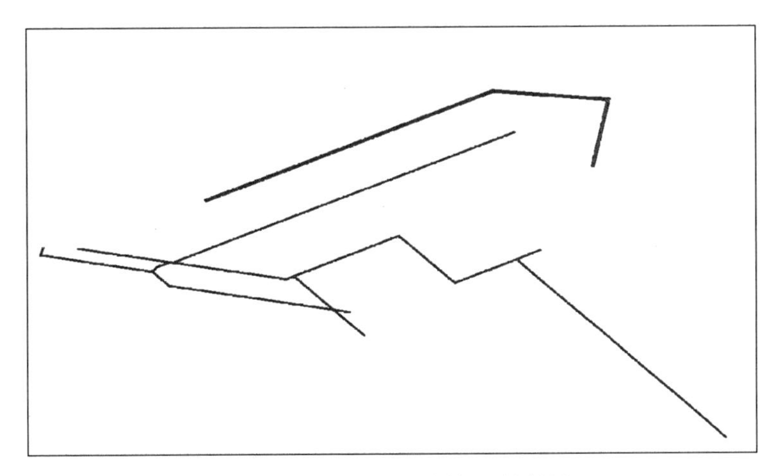

图 4.1-21　人防弱电桥架三维效果

2. 消防桥架绘制

消防桥架绘制方法同人防弱电桥架，绘制完成后如图 4.1-22 所示。

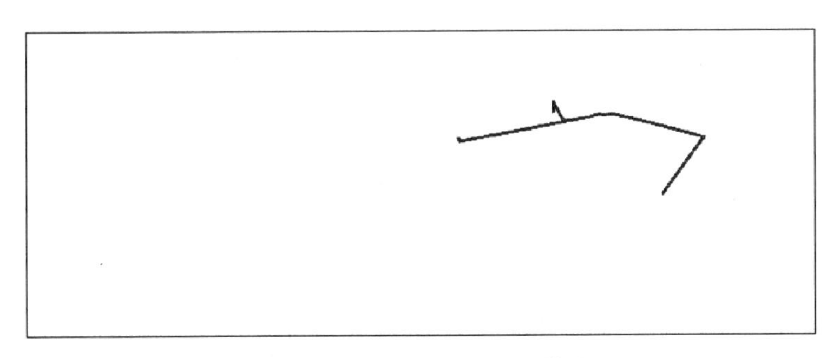

图 4.1-22　消防桥架三维效果

1.6　线管 BIM 建模

1. 绘制线管模型

电气系统模型中的线管尺寸较小，且因敷设的方式根据项目而异，一般项目在电气系统模型创建中不绘制线管模型，本小节介绍线管绘制方法作为电气系统模型的扩展介绍。

选择“系统”选项卡“电气”面板中的“线管”，或直接键入“CN”（线管快捷键），进入线管绘制模式。以 1-7/1-G 轴消防电气设备连接线管为例，位置如图 4.1-23、图 4.1-24 所示。

（1）选择“刚性非金属线管（RNC Sch 40）”类型

绘制线管时要在绘图区域左侧“属性”对话框的“系统类型”栏中选择“刚性非金属

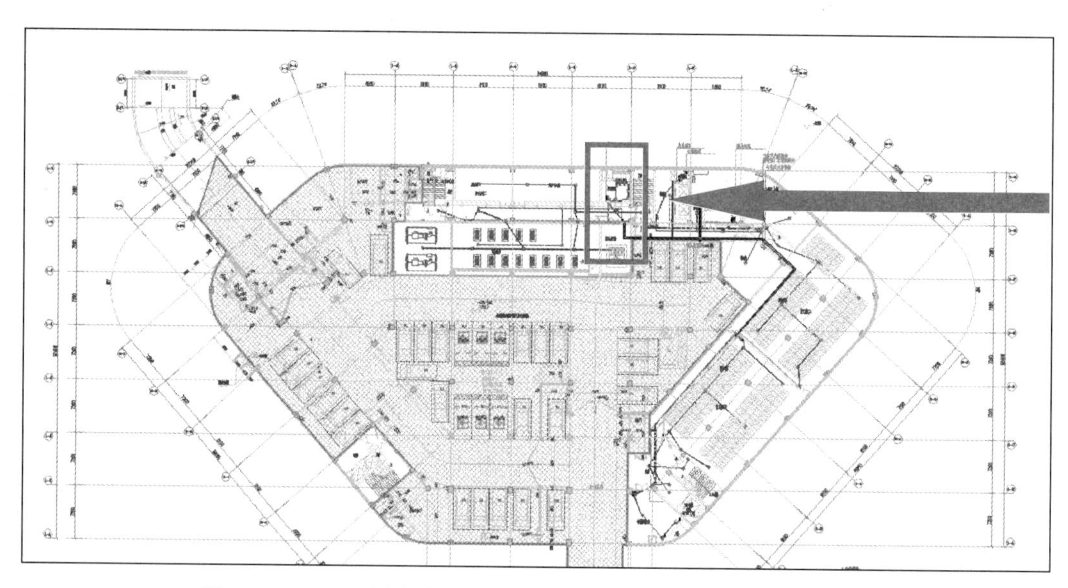

图 4.1-23 Dsxf-图书馆图纸中的“地下一层火灾自动报警平面图”

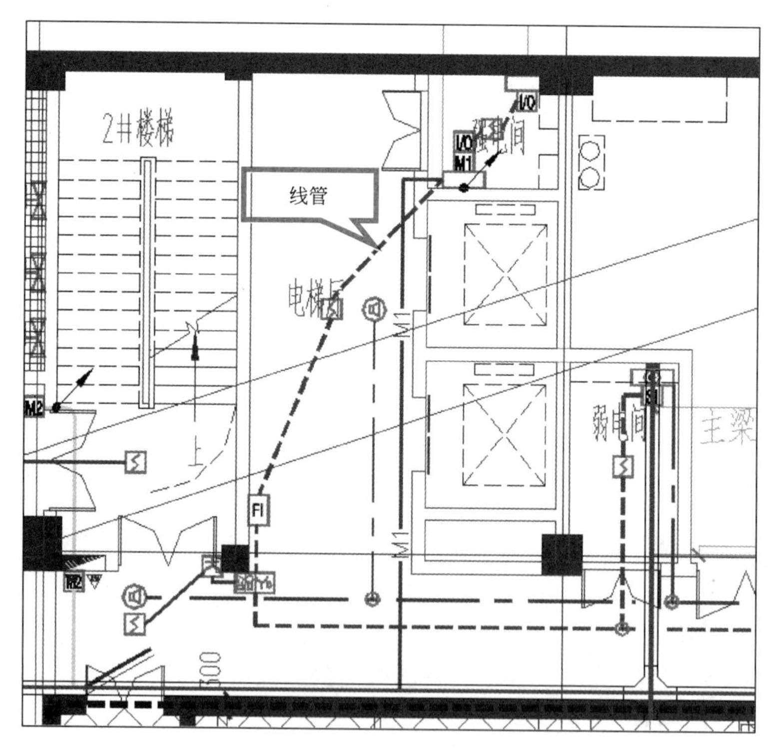

图 4.1-24 案例绘制线管 CAD 图纸位置

线管（RNC Sch 40）”类型。

（2）编辑“刚性非金属线管（RNC Sch 40）”属性

在“属性”面板中，依次在“水平对正”栏中选择“中心”选项，“垂直对正”栏中选择“中”，“参照标高”为“－1F”，“偏移量”为 2750mm，如图 4.1-25 所示。

（3）绘制第 1 段线管

按快捷键“CN”发出“线管”命令，在“修改｜放置线管”的“直径”栏中选择 41mm，“偏移量”输入为 2750mm，绘制第一段线管。如图 4.1-26 所示。

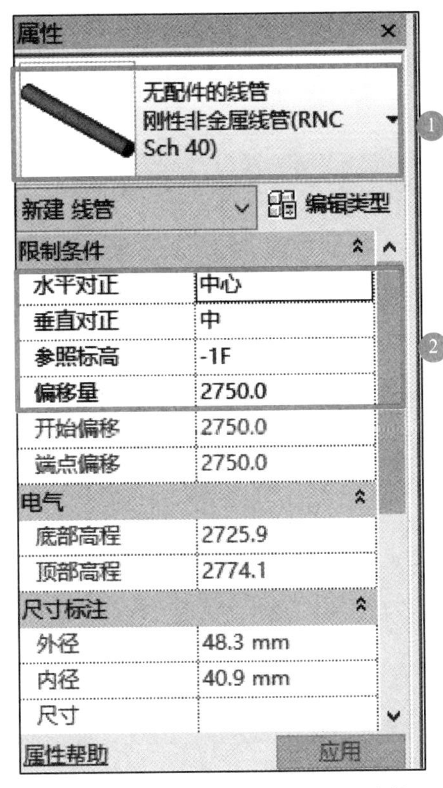

图 4.1-25 编辑“刚性非金属线管（RNC Sch 40）”属性

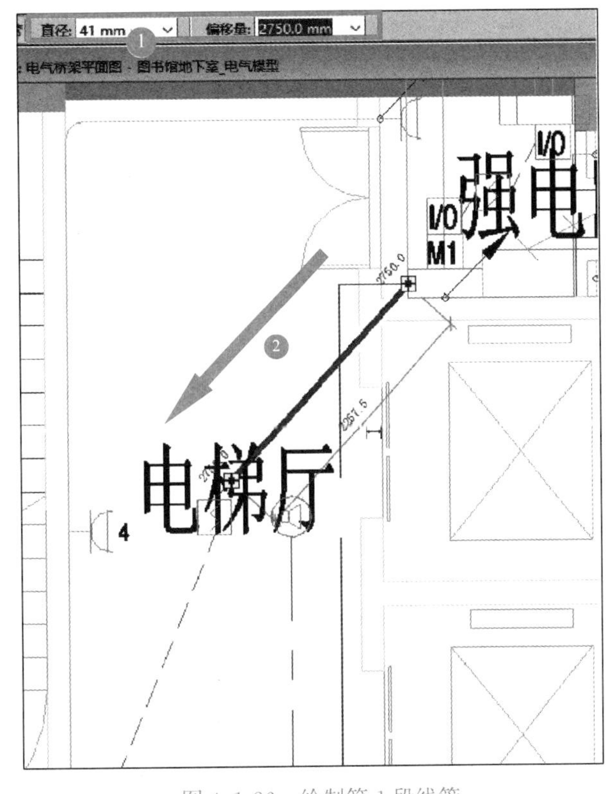

图 4.1-26 绘制第 1 段线管

（4）绘制其余线管模型

绘制完成第 1 段线管后根据图纸所示的强电桥架位置绘制剩余线管，三维效果如图 4.1-27 所示。

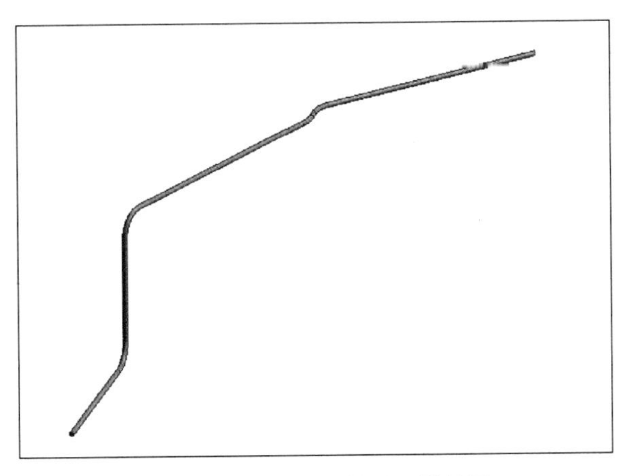

图 4.1-27 线管绘制后三维效果

2. 添加电气设备

电缆桥架及线管系统绘制后，电气系统需添加电气设备。步骤如下：

（1）载入电气设备

选择“插入”选项卡“载入族”，选择需要载入的电气设备族，以“手动报警按钮”为例，选择需要载入的族后单击“打开”，如图 4.1-28 所示。

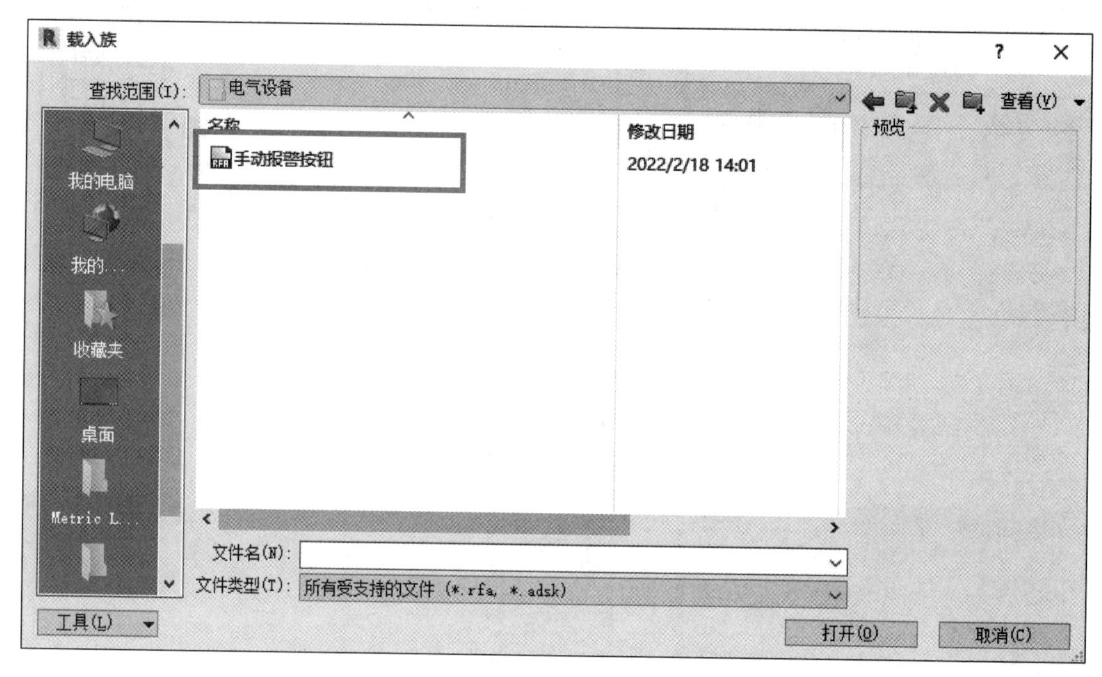

图 4.1-28 载入电气设备

（2）放置电气设备

选择“系统”选项卡“电气”面板“设备”下拉菜单中的“火警”，选择载入的“手动报警按钮”，根据图纸位置放置电气设备族，在放置时可根据实际情况选择电气设备族的放置高度，如图 4.1-29 所示。

各类桥架与设备连接方式采用线管，线管与设备连接时会添加接线盒，且线管一般敷设在墙内，故项目在绘制时不放置接线盒，线管也无需与设备连接。

电气设备三维效果如图 4.1-30 所示。

1.7 电气系统 BIM 模型展示

用同样的方法，我们可以依次完成地下一层其他电缆桥架的模型建立，完成后的模型如图 4.1-31 所示。

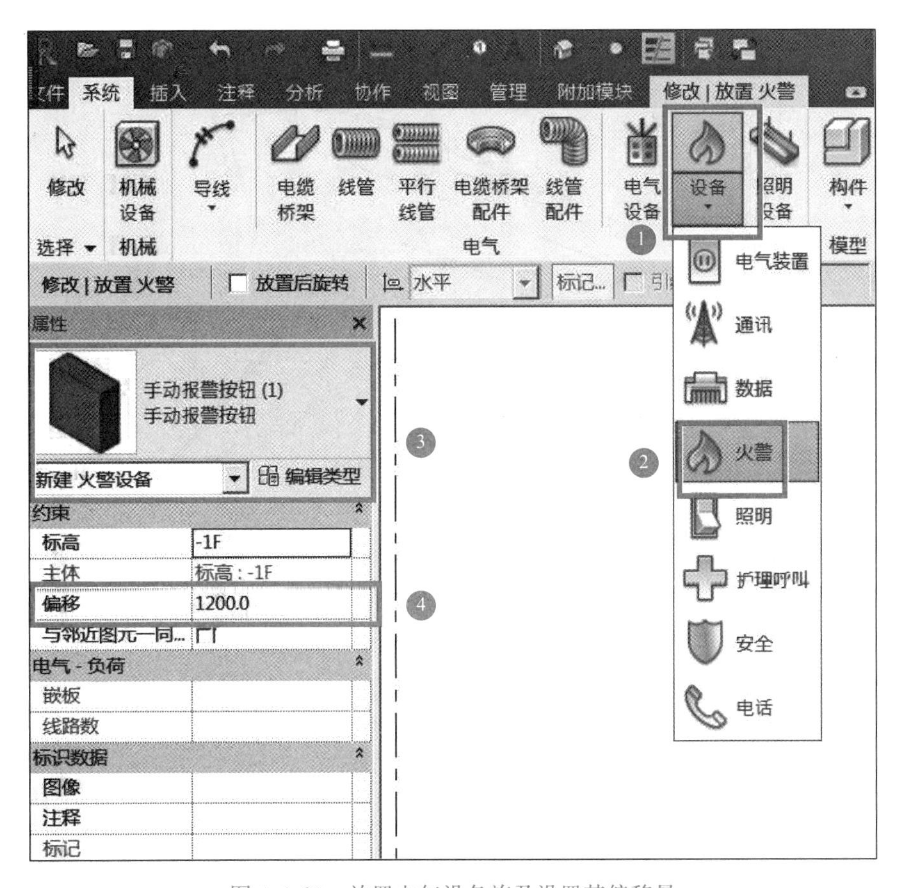

图 4.1-29　放置电气设备族及设置其偏移量

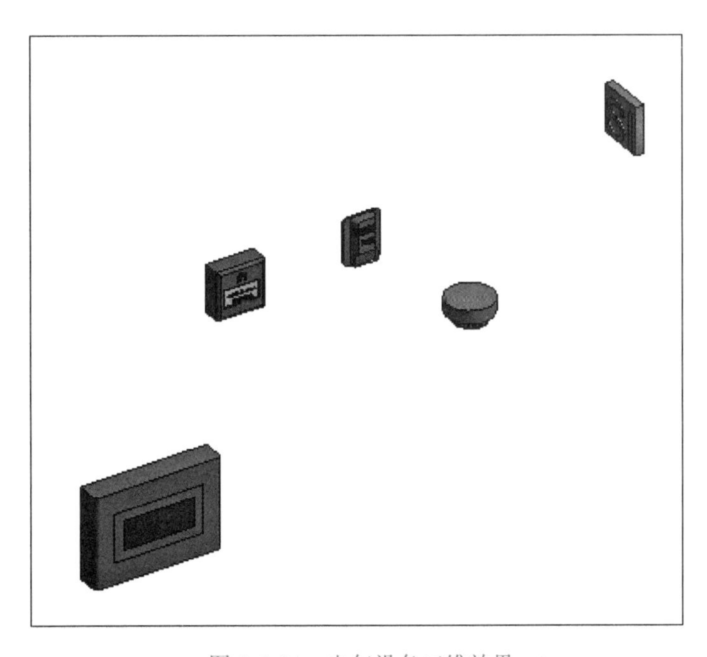

图 4.1-30　电气设备三维效果

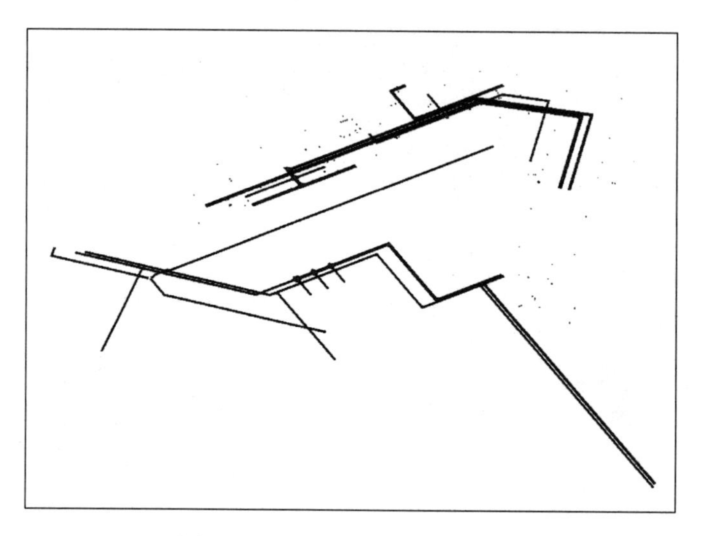

图 4.1-31　地下一层电气系统模型

单元 5　模型的深化设计

单元 5 学生资源

单元 5 教师资源

在前面 4 个单元中，我们学习了设备各专业模型的创建方法。在本单元中，我们将根据前面创建的各专业模型进行碰撞检查和深化调整，使得本专业模型达到零碰撞，提高管线综合的效率。

深化设计是指在业主提供的图纸（设计院出具）的基础上，结合施工现场实际情况，配合相关设备厂家，对图纸进行细化、补充和完善的过程。深化设计后的图纸既满足业主和设计院的技术要求，又符合当地的设计规范和施工规范，并通过业主和设计院的审查，能直接指导现场施工。

通过对施工图的深化设计，可以有针对性地对节点构造、构件排布、精确定位进行图纸化表达，为建造过程中的工艺顺序管理、计划管理、资源计划提供技术依据。

深化设计的内容主要包括碰撞检查、管线避让及优化设计、净高分析、支吊架设置等。限于篇幅，本书主要讲述碰撞检查、管线避让及优化设计内容。

深化设计的意义主要在于：

1. 合理布局、方便施工

通过调整模型，可以降低管线的施工和使用过程中出现的风险，找到合理的管线排布方案。对于预留预埋，管材和管件的订购更为准确。

2. 减少工期、节省材料

通过在模型中进行管线综合优化，提前解决施工中可能存在的问题，能够减少现场的变更和材料浪费，缩短施工工期。

任务 1　碰撞检查

能力目标

1. 能掌握深化设计的内容及意义；
2. 会使用正确的流程进行碰撞检查；
3. 熟练掌握各专业模型及全模型碰撞检查的方法；
4. 能查看图元的碰撞情况；

5. 熟练掌握导出碰撞报告的方法。

任务书

根据图书馆 BIM 土建模型，给排水、暖通、电气模型项目文件，按照实际工程要求进行各专业间及全专业碰撞检查，根据碰撞结果查看图元碰撞情况，并导出碰撞报告，为管线综合优化做好准备工作。任务清单见表 5.1-1。

任务清单　　表 5.1-1

序号	内容	要求完成时间	实际完成时间
1	选择碰撞检查模型		
2	设置两组参与检测的图元选择集		
3	整理、查看图元碰撞情况		
4	导出碰撞报告		

工作准备

1. 熟悉项目任务。
2. 结合图书馆项目分析碰撞检查准备工作的难点与重点。
3. 根据碰撞检查准备工作的一般操作方法与步骤回答以下问题：
(1) 碰撞检查有哪些类型？
(2) 应设置哪些专业间的碰撞检查？
(3) 如何设置两组参与检测的图元选择集？
(4) 如何导出碰撞报告？

1.1　碰撞类型

碰撞分为硬碰撞和软碰撞（间隙碰撞）两种类型。硬碰撞是指实体与实体之间的交叉碰撞；软碰撞是指实体间没有碰撞，但间距和空间无法满足施工要求。例如安装、维修等需要实体间保持一定间距，如果实体与实体间未能满足这个间距，即为软碰撞。目前 BIM 的碰撞检查应用主要集中在硬碰撞，通常问题出现最多的是各专业设备管线之间的碰撞、管线与建筑、结构构件的碰撞和建筑、结构构件之间的碰撞。

1.2　碰撞检查流程与方法

BIM 软件碰撞检查主要分为以下六个阶段：
1. 建立土建和机电各个专业模型；
2. 土建模型审核并修改，机电模型审核并修改；
3. 运行碰撞检查；
4. 输出碰撞报告；
5. 进行定位修改；
6. 重复第 3～5 步工作，直到无碰撞为止。

三维模型间的碰撞检查是三维 BIM 应用中最常用的功能，多款软件可以实现这个功能。在实际项目中，通常采用 Revit 软件或 Navisworks 软件来进行碰撞检查。Revit 碰撞检查的优势在于可对检查出的碰撞点进行实时修改，劣势是只能检查硬碰撞，不能检查软碰撞，并且导出的碰撞报告没有相应的图片信息，另外，用 Revit 对整个项目模型进行整体模型整合时，需要消耗电脑的资源量较大，如果模型较大就比较困难。用 Navisworks 软件进行碰撞检查的优势是可以将模型轻量化，不受模型大小限制；Navisworks 相较于 Revit 软件功能更多些，可以检查软、硬碰撞，导出的碰撞报告信息较丰富，里面有构件 ID 号、位置、图片等信息，比较直观方便，修改后还可便于二次检查。劣势是不能做实时修改，需要在 Revit 等建模软件中进行碰撞点的修改。在本项目中，我们采用 Navisworks 软件来进行碰撞检查。

1. 土建模型之间、机电模型之间的碰撞检查

我们可以进行土建模型中建筑专业和结构专业的碰撞检查，以及机电模型三专业之间的碰撞检查：包括暖通和给排水、暖通和电气、电气和给排水各专业模型之间的碰撞检查。

以电气和给排水专业碰撞为例来介绍单专业之间的碰撞检查，步骤如下：

电气与给排水专业碰撞检查

(1) 在 Navisworks Manage 2018 中打开文件

双击桌面快捷方式“Navisworks Manage 2018”打开软件，进入工作界面。在“常用”选项卡的“项目”面板，点击“附加”工具下的“附加”，如图 5.1-1 所示，在出现的“附加”对话框中，选择之前建立好的“图书馆地下室_机电模型”，单击“打开”。

图 5.1-1 打开“图书馆地下室_机电模型”

(2) 添加碰撞检测

单击“Clash Detective”工具，在弹出的“Clash Detective”对话框中，单击“添加检测”按钮，如图 5.1-2 所示。

在列表中新建碰撞检测项目，将系统默认的名称“测试 1”改为“电气和给排水专业碰撞”。

(3) 指定两组参与检测的图元选择集

Navisworks 显示了“选择 A”和“选择 B”两个选择树。确认“选择 A”中选择树的

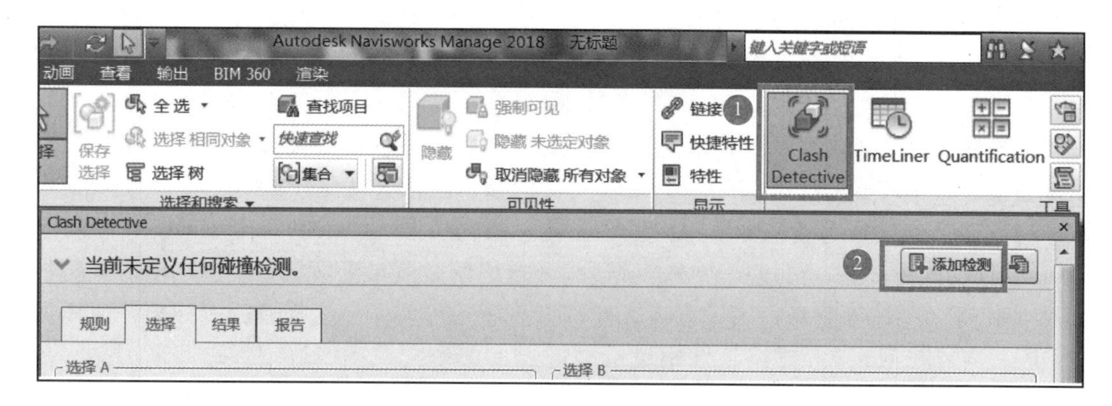

图 5.1-2　添加碰撞检测

显示方式为“标准”，单击选择树 A 中“图书馆地下室 _ 机电模型” - “－1F”，同时选择“电缆桥架”和“电缆桥架配件”。

使用同样方法确认“选择 B”中选择树的显示方式为“标准”，单击选择树 B 中“图书馆地下室 _ 机电模型” - “－1F”，同时选择“机械设备”“管件”“管道”和“管道附件”。

单击底部“曲面”按钮和“自相交”按钮，激活该选项，即所选择的文件中仅曲面（实体）类图元参与冲突检测，“自相交”表示需检查本专业间的碰撞，例如电气专业中弱电与强电专业的碰撞，如图 5.1-3 所示。

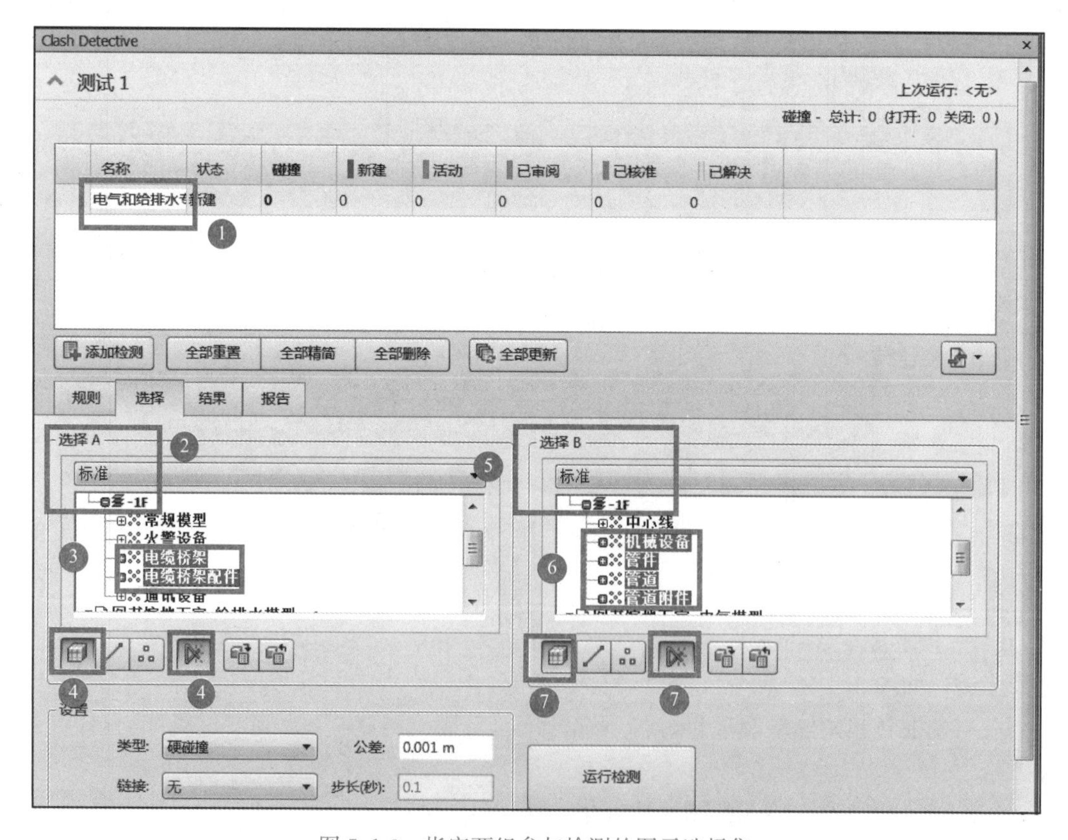

图 5.1-3　指定两组参与检测的图元选择集

(4) 完成设置，运行碰撞检测

单击底部“设置”选项组中的“类型”下拉列表，如图 5.1-4 所示，在“类型”列表中选择“硬碰撞”，设置“公差”为“0.001m”，当两图元间碰撞的距离小于该值时，Navisworks 将忽略该碰撞。勾选底部“复合对象碰撞”复选框，即仅检测步骤（3）所指定的选择集中复合对象层级模型单元。完成后单击“运行检测”按钮，Navisworks 将根据指定的条件进行冲突检测运算。

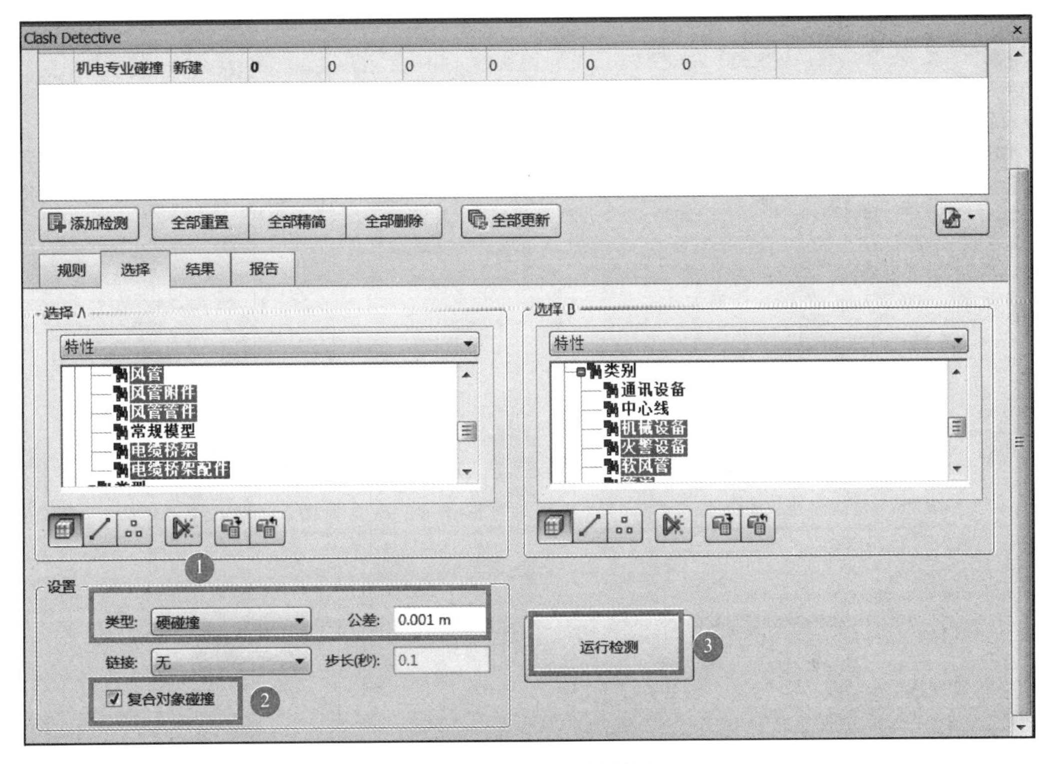

图 5.1-4 运行碰撞检测

(5) 生成碰撞检测结果

运算完成后，Navisworks 自动切换至“Clash Detective”的“结果”选项卡。单击任一碰撞结果，右边“显示设置”中可将碰撞图元设为高亮显示，在下方的“项目”中可查看该碰撞点的两个碰撞图元信息，如图 5.1-5 所示。同时，Navisworks 将自动切换至该视图，以查看图元的碰撞情况，如图 5.1-6 所示。

2. 机电模型与土建模型之间的碰撞检查

具体步骤如下：

(1) 在 Navisworks Manage 2018 中打开文件

在“常用”选项卡的“项目”面板，点击“附加”工具下的“附加”或者“合并”，如图 5.1-7 所示，在出现的“附加”或者“合并”对话框中，同时选择我们之前建立好的“图书馆地下室_机电模型”和“图书馆地下室_土建模型”，单击“打开”。

(2) 添加碰撞检测

单击“Clash Detective”工具，在弹出的“Clash Detective”对话框中，单击“添加检

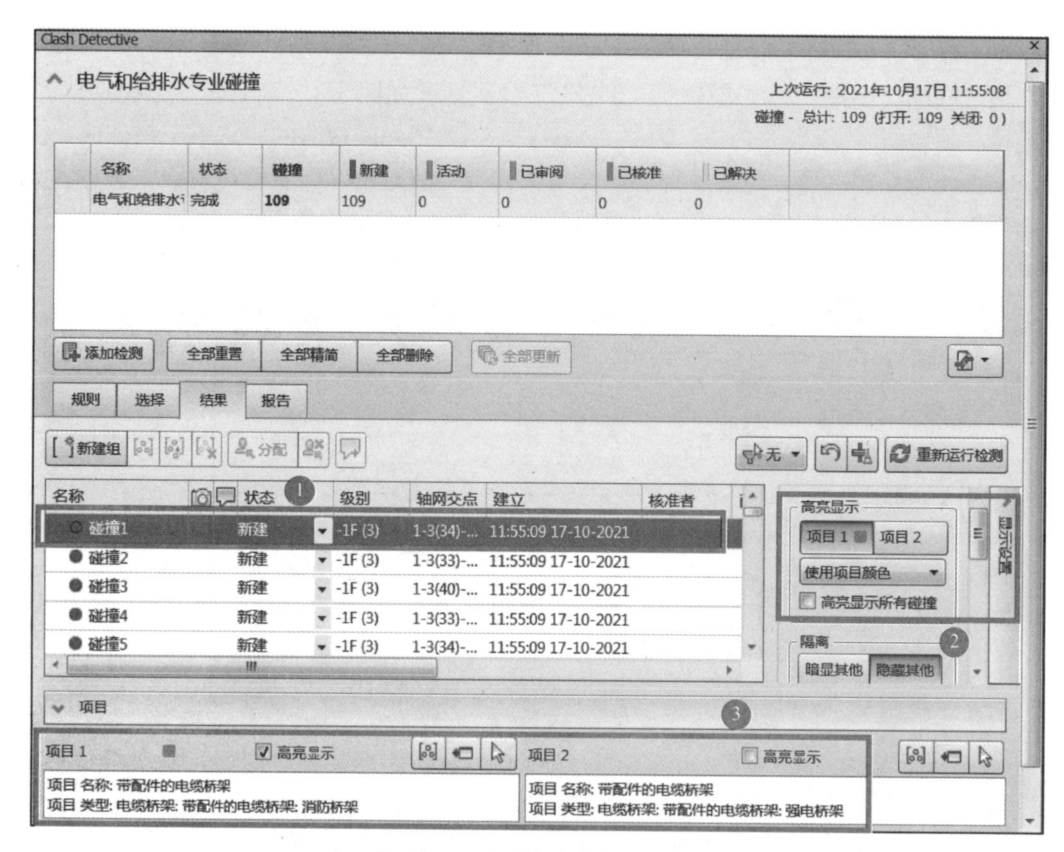

图 5.1-5　查看任意碰撞点情况

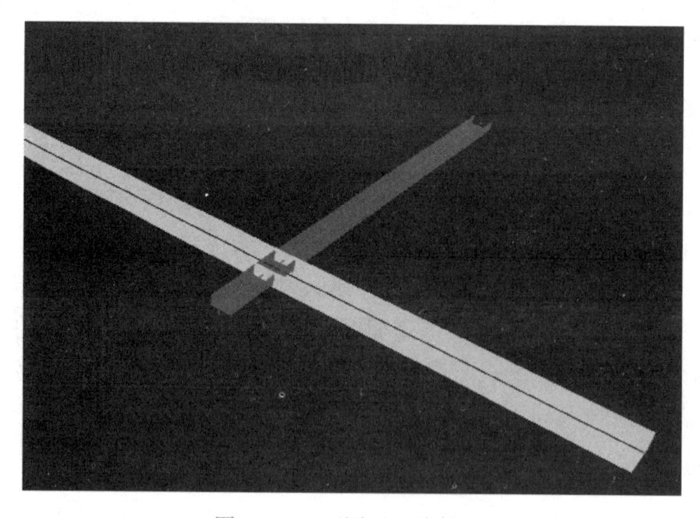

图 5.1-6　两图元碰撞情况

测”按钮。在列表中新建碰撞检测项目，将系统默认的名称“测试 2”改为“土建与机电专业碰撞”。

(3) 指定两组参与检测的图元选择集

确认“选择 A”中选择树的显示方式为“标准”，单击选择树 A 中“图书馆地下室_土建模型”，选择地下室中“门”和“楼梯”“结构基础”“结构柱”“结构框架”等结构构

图 5.1-7　附加或合并打开图书馆地下室土建模型和机电模型

件，单击底部“曲面”按钮，激活该选项，即所选择的文件中仅曲面（实体）类图元参与冲突检测。

使用同样方法确认“选择 B”中选择树的显示方式为“标准”，单击选择树 B 中“图书馆地下室 _ 机电模型”，选择地下室中“机械设备”“管件”“管道”“管道附件”“电缆桥架”“电缆桥架配件”“风管”“风管管件”“风管附件“风道末端”等构件，如图 5.1-8 所示。

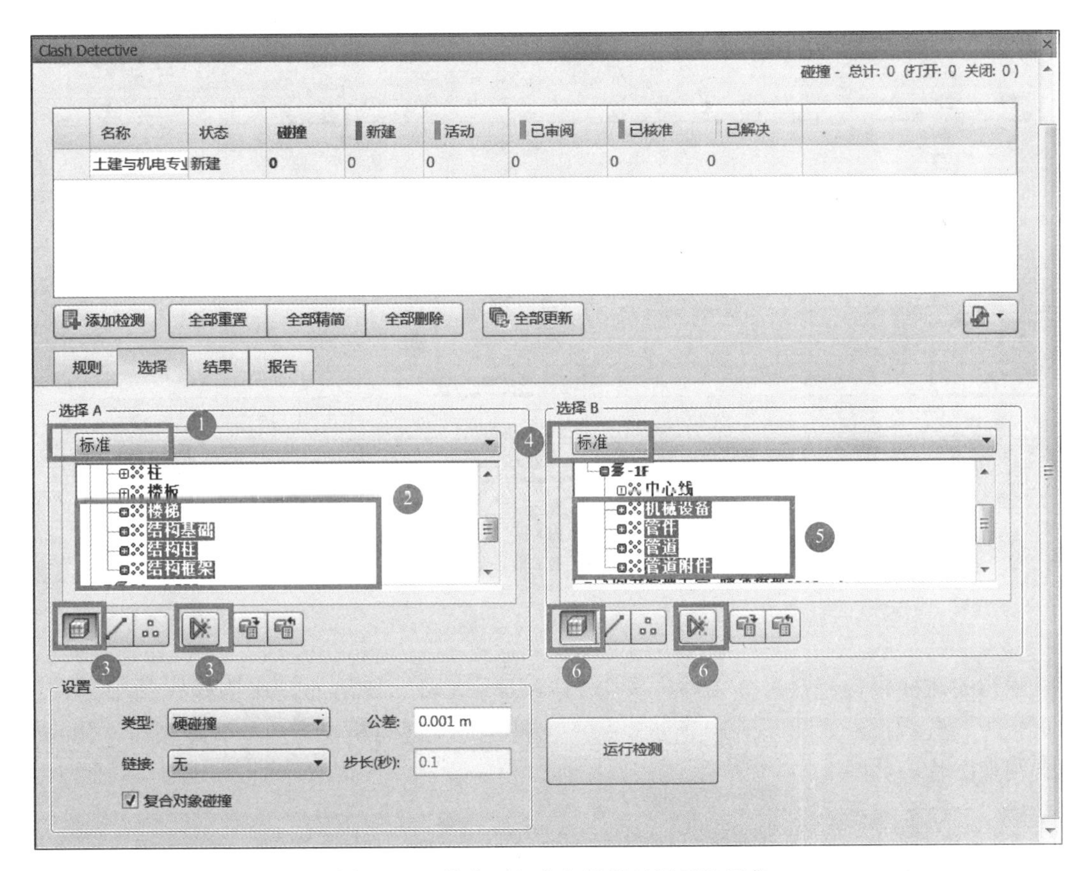

图 5.1-8　指定两组参与检测的图元选择集

（4）完成设置，运行碰撞检测

（5）生成碰撞检测结果

这两步操作均同前文“机电模型之间的碰撞检查”，此处不再赘述。

1.3 碰撞报告

完成碰撞检测后，我们可以根据需要导出碰撞报告。碰撞报告是所有问题的汇总，通过碰撞报告可以准确定位模型中出现的冲突问题，然后针对问题进行整改，从而优化设计方案。

在导出前，将“使用项目颜色”工具调节成容易区分的颜色，然后单击“报告”选项，设置导出的内容和输出状态，设置完成后单击“写报告”按钮即可将报告导出，如图5.1-9所示。

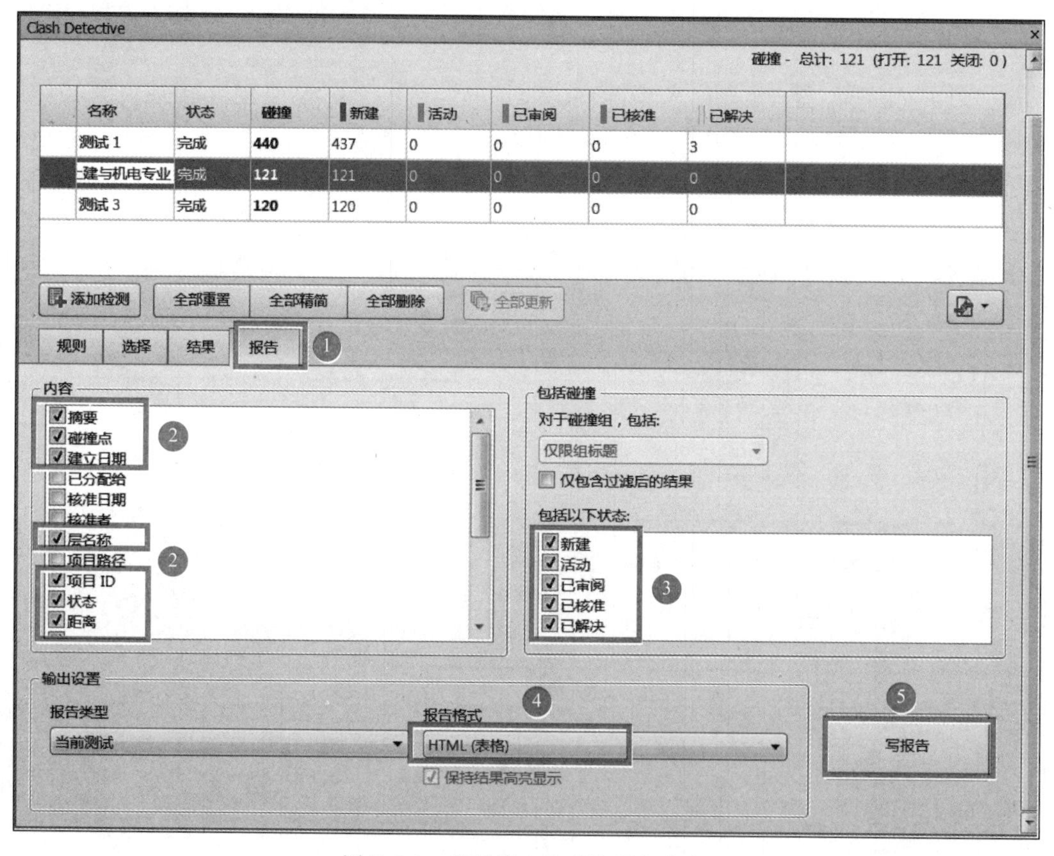

图5.1-9 设置导出的碰撞报告内容

输出的碰撞报告包含两个文件，采用HTML（表格）导出的是表格样式的报告，用网页打开，查看报告如图5.1-10所示，另一文件是“土建与机电专业的碰撞报告 _ files”，包含视点图片，如图5.1-11所示。

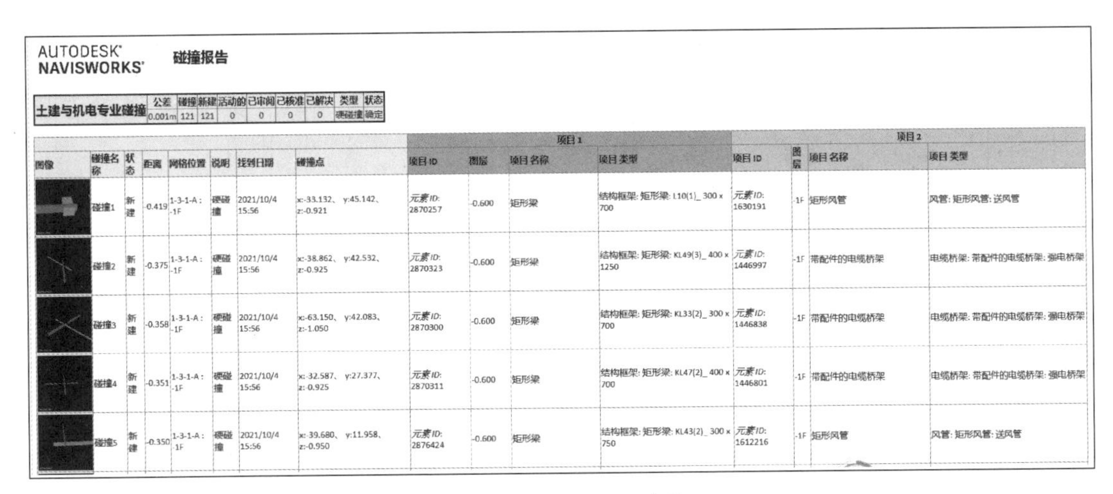

AUTODESK® NAVISWORKS®　碰撞报告

土建与机电专业碰撞	公差	碰撞	新建	活动的	已审阅	已核准	已解决	类型	状态
	0.001m	121	121	0	0	0	0	硬碰撞	确定

								项目1				项目2			
图像	碰撞名称	状态	距离	网格位置	说明	找到日期	碰撞点	项目ID	图层	项目名称	项目类型	项目ID	图层	项目名称	项目类型
	碰撞1	新建	-0.419	1-3-1-A：-1F	硬碰撞	2021/10/4 15:56	x:-33.132、y:45.142、z:-0.921	元素ID: 2870257	-0.600	矩形梁	结构框架：矩形梁：L10(1)_300×700	元素ID: 1630191	-1F	矩形风管	风管：矩形风管：送风管
	碰撞2	新建	-0.375	1-3-1-A：-1F	硬碰撞	2021/10/4 15:56	x:-38.862、y:42.532、z:-0.925	元素ID: 2870323	-0.600	矩形梁	结构框架：矩形梁：KL49(3)_400×1250	元素ID: 1446997	-1F	带配件的电缆桥架	电缆桥架：带配件的电缆桥架：强电桥架
	碰撞3	新建	-0.358	1-3-1-A：-1F	硬碰撞	2021/10/4 15:56	x:-63.150、y:42.083、z:-1.050	元素ID: 2870300	-0.600	矩形梁	结构框架：矩形梁：KL33(2)_300×700	元素ID: 1446838	-1F	带配件的电缆桥架	电缆桥架：带配件的电缆桥架：强电桥架
	碰撞4	新建	-0.351	1-3-1-A：-1F	硬碰撞	2021/10/4 15:56	x:-32.587、y:27.377、z:-0.925	元素ID: 2870311	-0.600	矩形梁	结构框架：矩形梁：KL47(2)_400×700	元素ID: 1446801	-1F	带配件的电缆桥架	电缆桥架：带配件的电缆桥架：强电桥架
	碰撞5	新建	-0.350	1-3-1-A：-1F	硬碰撞	2021/10/4 15:56	x:-39.680、y:11.958、z:-0.950	元素ID: 2876424	-0.600	矩形梁	结构框架：矩形梁：KL43(2)_300×750	元素ID: 1612216	-1F	矩形风管	风管：矩形风管：送风管

图 5.1-10　HTML（表格）

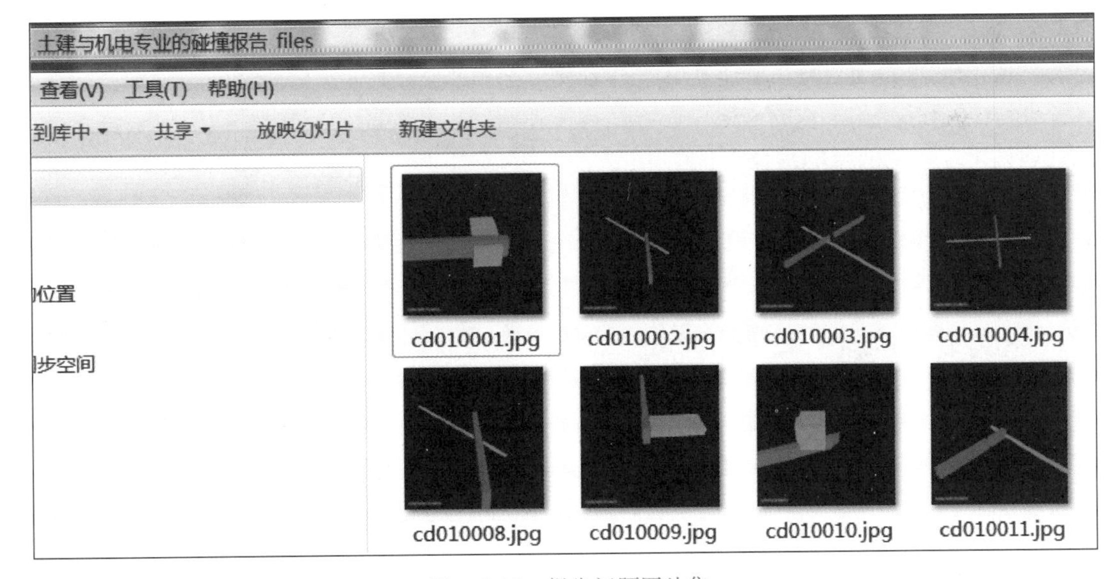

图 5.1-11　报告问题图片集

任务 2　管线综合

能力目标

1. 掌握管线综合（简称管综）优化的范围及意义；
2. 掌握管综优化原则；
3. 能进行模型整合；
4. 能根据碰撞检查报告进行碰撞点的调整；
5. 能根据管综优化原则进行管综优化排布。

任务书

根据图书馆 BIM 模型碰撞报告中的碰撞结果查看图元碰撞情况，为管线综合优化做好准备工作。任务清单见表 5.2-1。

任务清单　　表 5.2-1

序号	内容	要求完成时间	实际完成时间
1	掌握管综优化原则		
2	根据碰撞报告进行碰撞点的调整		
3	根据管综优化原则进行管综优化排布		

工作准备

1. 熟悉项目任务。
2. 结合图书馆项目分析管综优化工作的难点与重点。
3. 根据管综优化工作的一般操作方法与步骤回答以下问题：
(1) 管综优化的目的是什么？
(2) 管综优化有哪些基本原则？
(3) 各专业管综优化时有哪些注意点？
(4) 如何进行碰撞点的调整？

2.1 管综基本原则

根据图书馆 BIM 土建模型、机电模型各专业间的碰撞检查，发现碰撞点，通过规范、施工等知识，提前解决各专业间的碰撞问题。通过项目管线的综合调整，可以做到综合管线初步定位，并达到避免各专业间不合理交叉，保证各类阀门及附件的安装空间，综合管线整体布局协调合理，保证合理的操作与检修空间等目的。在具体操作时，应注意优化路由，减少翻弯。

1. 管线综合范围

管线综合范围为给排水专业管线、空调通风专业管线和电气专业管线。

给排水专业管线主要包括生活给水管、排水（雨水、污水、废水）管、消火栓管、喷淋管、生活热水管、蒸汽管等。

空调通风专业管线主要包括新风管、送风管、回风管、排风管、排烟管、消防补风管、空调冷冻水管、冷凝水管、冷却水管等。

电气专业管线主要包括动力、照明等电缆桥架和消防报警、开关联动等控制线桥架。

2. 管综优化内容

(1) 确保在有限的空间内合理布置各专业的管线，以保证净空高度，同时保证机电各专业的有序施工；

(2) 协调机电与土建专业、精装修专业的施工冲突，弥补原设计不足，减少因此造成的各种损失；

（3）保证管线的检修和更换空间。

3. 管线综合的原则

在设备管线布置中要做到安全、合理、经济，需要遵循科学的管综原则，在保证工艺要求、使用要求和检修要求的基础上，做到节省投资。

（1）总原则

尽量利用梁内空间。

（2）基本原则

1）自上而下一般顺序为：电、风、水；

2）管线发生冲突需要调整时，以不增加工程量为原则；

3）大管优先，小管让大管；

4）分支管让主干管；

5）有压管让无压管；

6）低压管让高压管；

7）常温管让高温、低温管，冷水管让热水管，非保温管让保温管；

8）附件少的管线避让附件多的管线，安装、维修空间≥500mm；

9）输气管让水管；

10）金属管让非金属管；

11）临时管线避让长久管线；

12）阀件少的让阀件多的；

13）工程量小的让工程量大的；

14）可弯曲管道避让不可弯曲管道；

15）施工简单的避让施工难度大的；

16）电气管线避热避水，在热水管线、蒸汽管线上方及水管的垂直下方不宜布置电气线路；

17）当各专业管道不存在大面积重叠时（如汽车库等），水管和桥架布置在上层，风管布置在下层；如果同时有重力水管道，则风管布置在最上层，水管和桥架布置在下层；

18）当各专业管道存在大面积重叠时（如走道、核心筒等），由上到下各专业管线布置顺序为：不需要开设风口的通风管道、需要开设风口的通风管道、桥架、水管。

垂直方向布置时：

1）风管在上，水管在下；

2）高压管道在上，低压管道在下；

3）金属管道在上，非金属管道在下；

4）不经常检修管道在上，经常检修管道在下；

5）尽可能使管线呈直线，相互平行不交叉，便于安装维修。

结构专业注意点：

1）设备管道如果需要穿梁，开洞尺寸必须小于1/3梁高度，而且小于250mm。开洞位置应位于梁高度的中心处。在平面的位置，位于梁跨中1/3处。穿梁定位需要经过结构专业确认，并同时在结构图上表示。

2）在连梁上穿洞时，开洞尺寸必须小于1/3梁高度，而且宽度和高度都小于800mm。

3）在剪力墙上穿洞时，需要注意留在墙的中心位置，不要靠近墙端或者拐角处，避免碰到暗柱。人防区域必须提前预留。

4）在结构楼板上，柱帽范围不可穿洞。

给排水专业注意点：

1）重力排水（通常包括雨水、废水、污水、冷凝水管）布置在最上方或最下方。

2）给水管线在上，排水管线在下；若给水管必须铺设在排水管的下方时，给水管应加套管，长度不得小于排水管径的3倍。

3）热水管道在上，冷水管道在下；当垂直平行敷设时，冷水管应在热水管右侧。

4）除设计提升泵外，带坡度的无压水管绝对不能上翻。

5）给水引入管与排水排出管的水平净距离不得小于1m。室内给水与排水管道平行敷设时，两管之间的最小净间距不得小于0.2m；交叉铺设时，垂直净间距不得小于0.15m。

6）各专业水管尽量平行敷设，最多出现两层上下敷设。

7）污水、雨水、废水等自然排水管线不应上翻，其他管线避让重力管线。

8）水管与桥架层叠铺设时，要放在桥架下方。

9）水管与桥架在同一高度时，水平分开布置。

10）喷淋管外壁离吊顶上部面层间距净空不小于100mm。

11）管线外壁之间的最小距离不宜小于100mm，管线阀门不宜并列安装，宜错开位置，若需并列安装，净距不宜小于200mm。

12）管线要尽量少设置弯头。

暖通专业注意点：

1）空调冷凝管、排水管对坡度有要求，应优先排布（注意冷凝管、排水管均有防结露层，厚度为25mm）。

2）空调风管、防排烟管、空调水管、热水管等需保温的管道要考虑保温空间。

风管和较大的母线桥架，一般安装在最上方；安装母线桥架后，一般将母线穿好。风管与桥架之间的距离不小于100mm；当有重力排水时，风管避让排水管道，有向下风口的风管，尽可能布置在最下方。

3）风管顶部距离梁底应有50～100mm的间距。

4）暖通的风管较多时，一般情况下，排烟管应高于其他风管；大风管应高于小风管。两个风管如果只是在局部交叉，可以安装在同一标高，交叉的位置小风管绕大风管。

5）冷凝管应考虑坡度，吊顶的实际安装高度通常由冷凝管的最低点决定，冷凝管从风机盘管至水平干管坡度不小于0.01，冷凝水干管应按排水方向做不小于0.008的下行坡度。

电气专业注意点：

1）电缆线槽、桥架宜高出地面2.2m以上。线槽和桥架顶部距顶棚或其他障碍物不宜小于0.3m。

2）电缆桥架不宜敷设在腐蚀性气体管道和热力管道的上方及腐蚀性液体管道的下方。

3）通信桥架和其他桥架水平间距至少300mm，垂直距离至少300mm，防止其他桥架磁场干扰。

4）桥架上下翻时要放缓坡，角度控制在45°以下，桥架与其他管道平行间距不小于100mm。

5）桥架不宜穿楼梯间、空调机房、管井、风井等，遇到后尽量绕行。

6）强电桥架要靠近配电间安装，如果强电桥架与弱电桥架上下安装时，优先考虑强电桥架放在上方。

7）当有高、低压桥架上下安装时，高压桥架应在低压桥架上方布置，且两者距离不小于0.5m。

8）弱电线槽与强电桥架之间距离不小于300mm。

2.2 全专业模型整合

碰撞检查完成以后，我们要进行碰撞点的修改。在本项目中，我们采用了Navisworks软件做碰撞检查并导出报告，但由于Navisworks是一款3D/4D的设计协助检视软件，能够对项目进行碰撞检查、3D漫游、4D/5D工程模拟、错误批注等操作和分析，但无法对模型进行更改，因此，我们需要在建模软件，例如Revit软件中进行碰撞点的修改。

为方便碰撞修改，我们通常在三维视图中进行。建好"图书馆地下室_机电模型"后，可以通过"链接Revit"命令将多个模型整合在一起。在Revit软件中打开"图书馆地下室_机电模型"，点击"插入"选项卡下的"链接Revit"工具，链入"图书馆地下室_土建模型"，如图5.2-1所示。

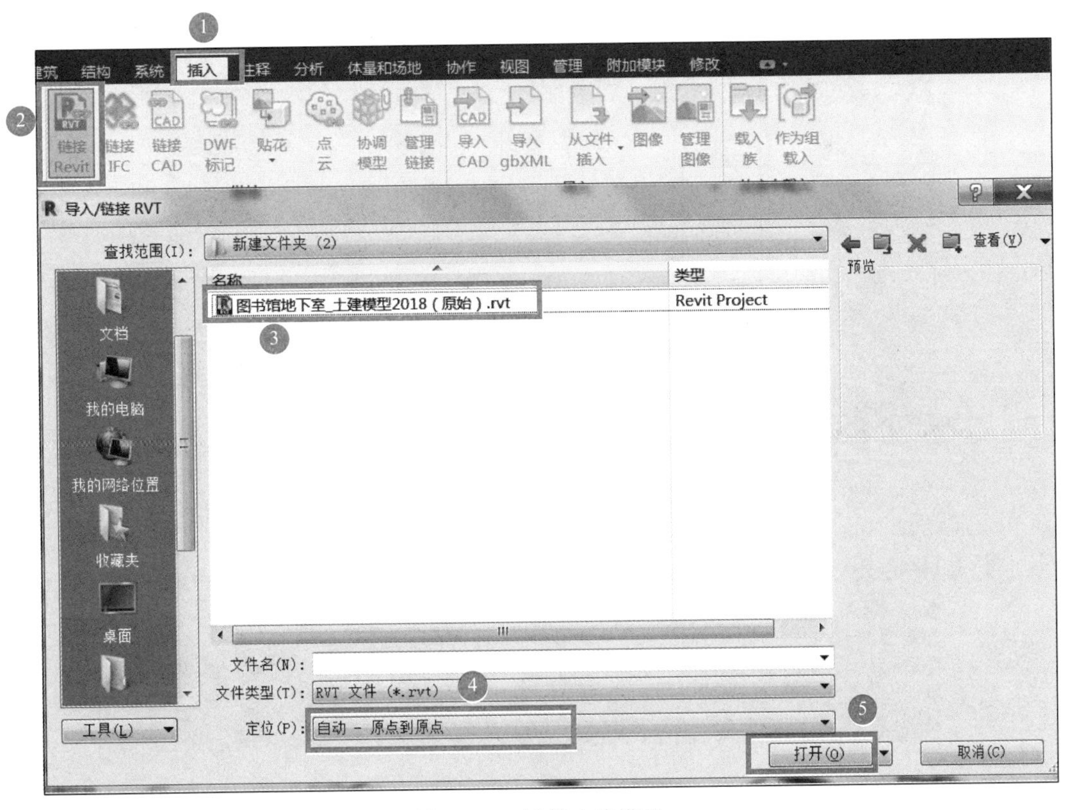

图5.2-1 链接土建模型

进入 Revit MEP 界面，在“管理”选项卡下，点击“按 ID 选择”工具，在弹出的“按 ID 号选择图元”对话框中，输入碰撞报告中的 ID，点击“显示”即可显示发生碰撞的构件，进行修改。如图 5.2-2 所示。

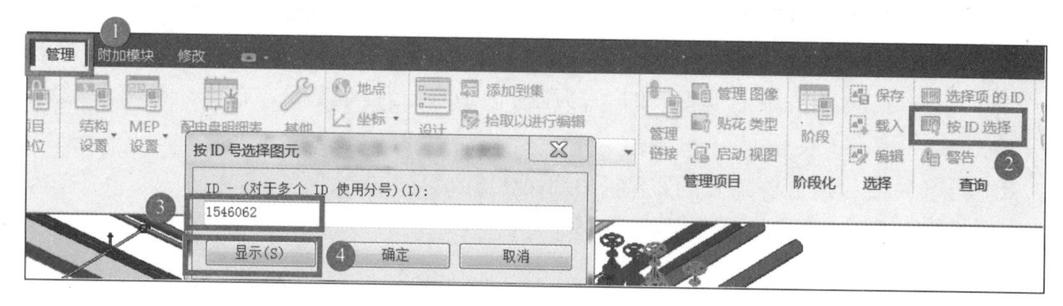

图 5.2-2　显示碰撞构件

2.3　管线碰撞调整

管线碰撞调整

调整的方法包括平面位置的移动和局部翻弯调整。我们以本项目地下室 1-G 轴～1-H 轴/1-5 轴～1-6 轴处电缆桥架与结构梁、水管碰撞为例，介绍碰撞时常用的调整方法。首先切换到碰撞位置，如图 5.2-3 所示，此处电缆桥架有多个碰撞：①是弱电桥架与结构梁的碰撞；②是弱电桥架与两根 DN200 给水管的碰撞；③是弱电桥架与消防喷淋水管的两处碰撞。

图 5.2-3　碰撞位置

处理思路如下：首先，穿梁的电缆桥架应往下翻弯或降低标高，以避开梁；其次，根据本任务第 2.1 节管综基本原则中，给排水专业注意点第八条："水管与桥架层叠铺设时，要放在桥架下方"，电缆桥架应上翻至水管上方；最后，考虑电气专业注意点第一条："电缆线槽、桥架宜高出地面 2.2m 以上。线槽和桥架顶部距顶棚或其他障碍物不宜小于 0.3m"，以此来确定右端电缆桥架的上翻后底标高。

具体操作如下：

在楼层平面图中找到该碰撞区域位置，切开剖面，如图 5.2-4 所示剖面 2。

图 5.2-4　在平面图中切开剖面 2

转到剖面 2 图中，将电缆桥架与 2 根给水管碰撞部分右端打断（使用"修改"选项卡中的"用间隙拆分"工具），删除中间部分的电缆桥架，将右端电缆桥架底部偏移值由原来的 3100mm 调高至 3450mm（此时电缆桥架顶部距离楼板底为 420mm，满足电缆桥架顶部最小间距要求，且避免了与消防喷淋管的碰撞）；将左端的电缆桥架底部偏移值降低至 2700mm（使得该电缆桥架从梁底部通过），如图 5.2-5 所示。

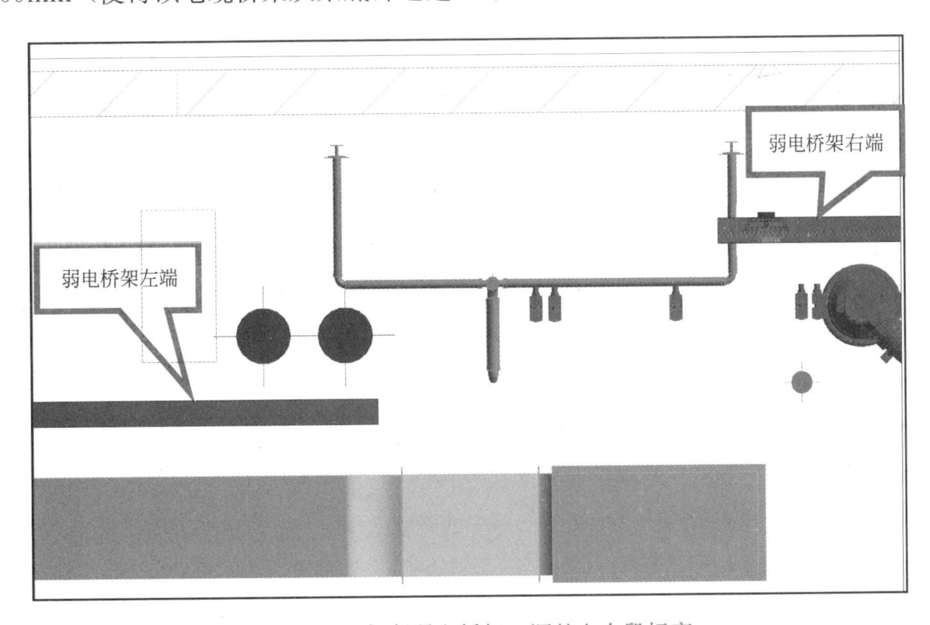

图 5.2-5　打断弱电桥架，调整左右段标高

将左侧打断部位向右上方绘制，选择小于等于 45°的绘制角度，连接右端弱电桥架，如图 5.2-6、图 5.2-7 所示，完成此处碰撞调整。

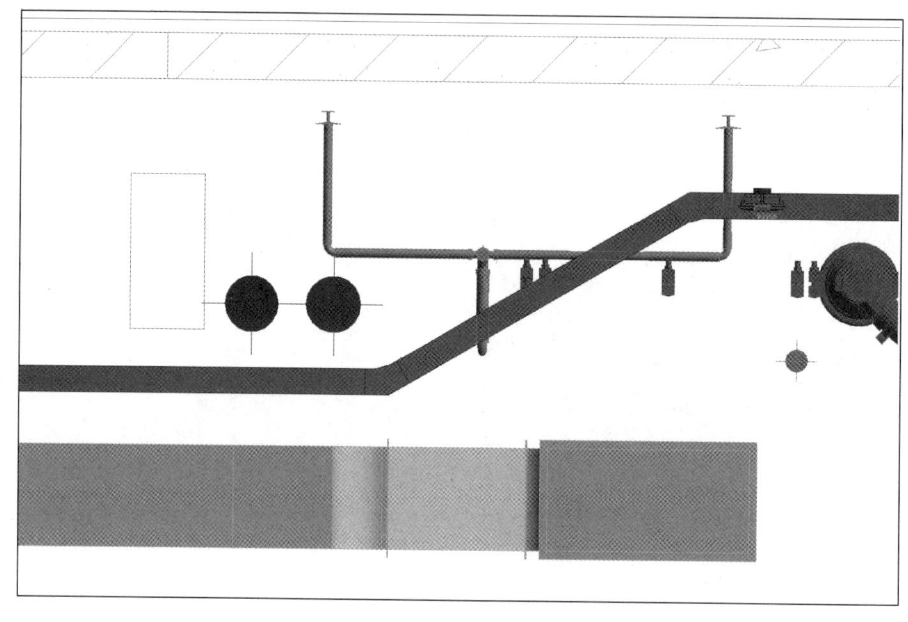

图 5.2-6　完成桥架翻弯

图 5.2-7　三维模型显示

管综优化调整，除对碰撞点进行调整外，还需对机电系统的管线进行最佳排布，最大限度地减少管道所占空间，充分考虑施工和使用方便、合理，减少工程量。实际操作中，需根据管综优化原则和有关设计规范进行。

2.4 管综优化后 BIM 模型展示

经过碰撞点调整等深化设计后的图书馆地下室 _ 机电模型如图 5.2-8 所示。

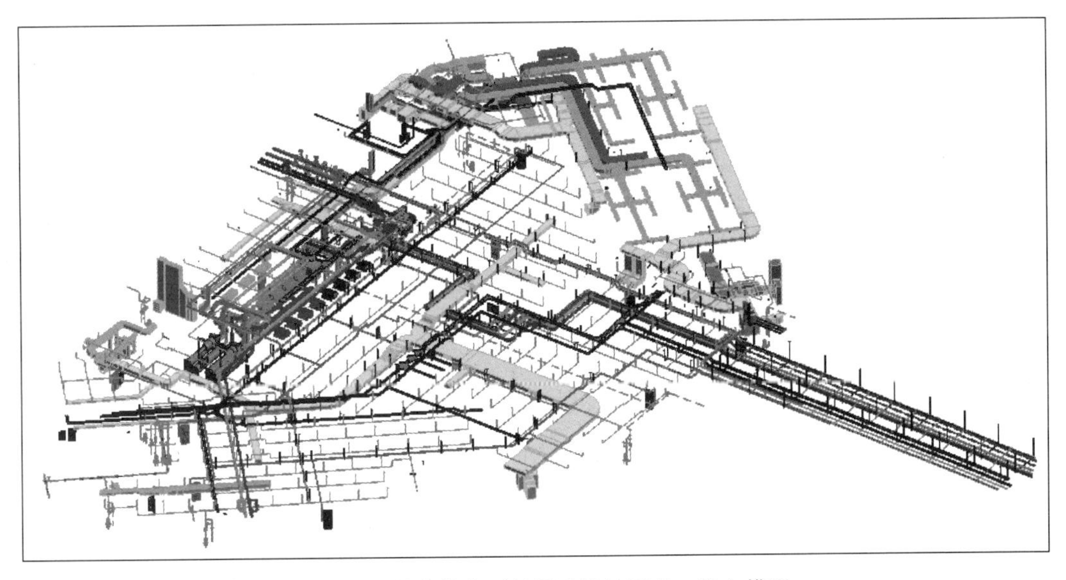

图 5.2-8 管综优化后的图书馆地下室 _ 机电模型

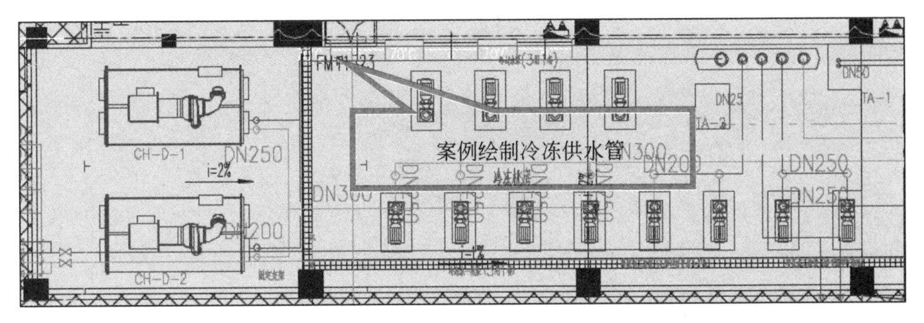

图 2.1-29　案例绘制冷冻供水管

1. 打开“楼层平面：—1F 空调水”视图

选择“项目浏览器”面板中的“01 建模”-“02 暖通”-“楼层平面：空调水”选项，如图 2.1-30 所示。

2. 创建空调系统水管管道类型

管道类型可以在管道的“类型属性”中通过“复制”来进行新建，也可以在“项目浏览器”-“族”-“管道类型”中通过右键进行复制新建。

（1）选择“系统”选项卡，单击“卫浴和管道”面板上的“管道”，或直接输入快捷键“PI”。在“属性”栏选择管道类型“标准”，单击“编辑类型”按钮，弹出“类型属性”对话框，如图 2.1-31 所示。

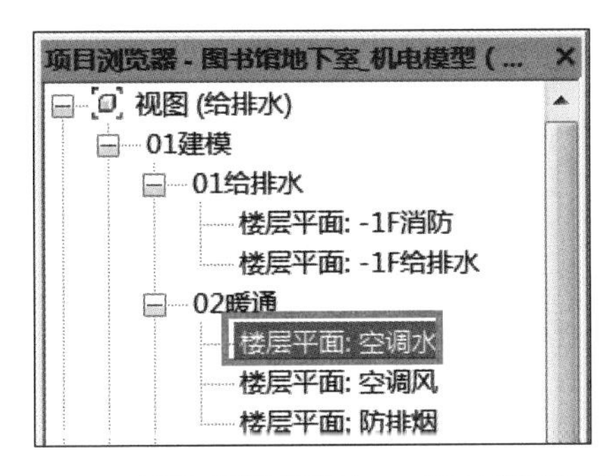

图 2.1-30　打开“楼层平面：—1F 空调水”视图

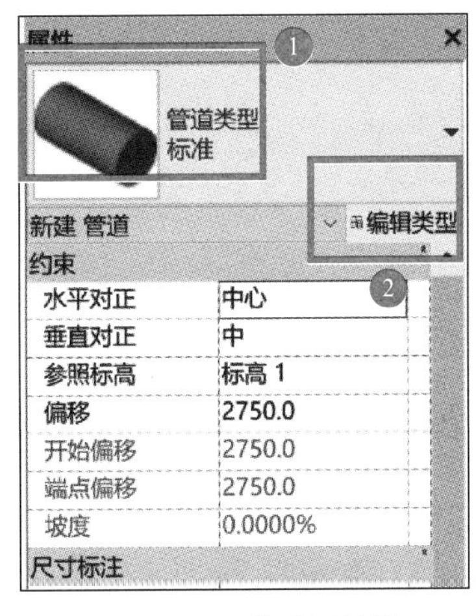

图 2.1-31　管道属性栏

（2）在“类型属性”对话框中单击“复制”按钮，修改名称为“冷冻供水管”，如图 2.1-32 所示。单击“确定”按钮，完成“冷冻供水管”管道类型的创建。

采用同样方法依次完成空调系统水管“冷冻回水管”“冷凝管”“冷却供水管”“冷却回水管”等管道类型建立，建立结果如图 2.1-33 所示。

3. 空调系统水管布管系统配置

在管道“类型属性”对话框中，点击“布管系统配置”后面的“编辑”按钮，在弹出的对话框中对管段、管件进行设置，如图 2.1-34 所示。

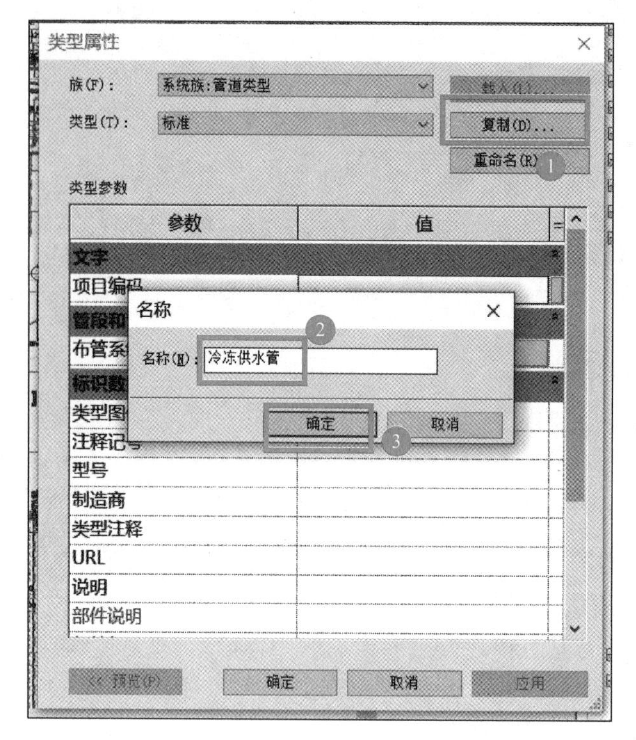

图 2.1-32　新建管道类型

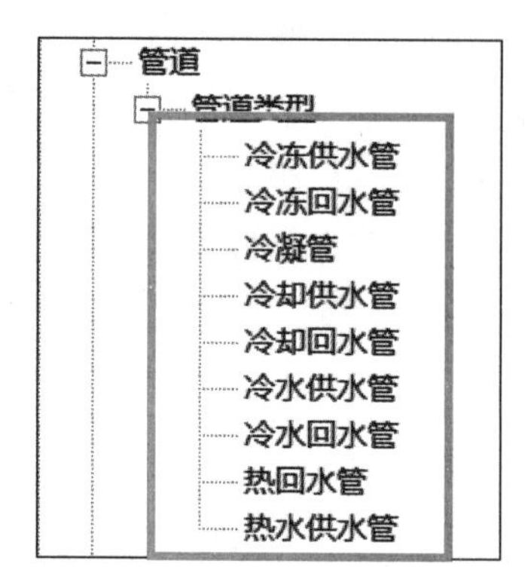

图 2.1-33　新建管道类型列表

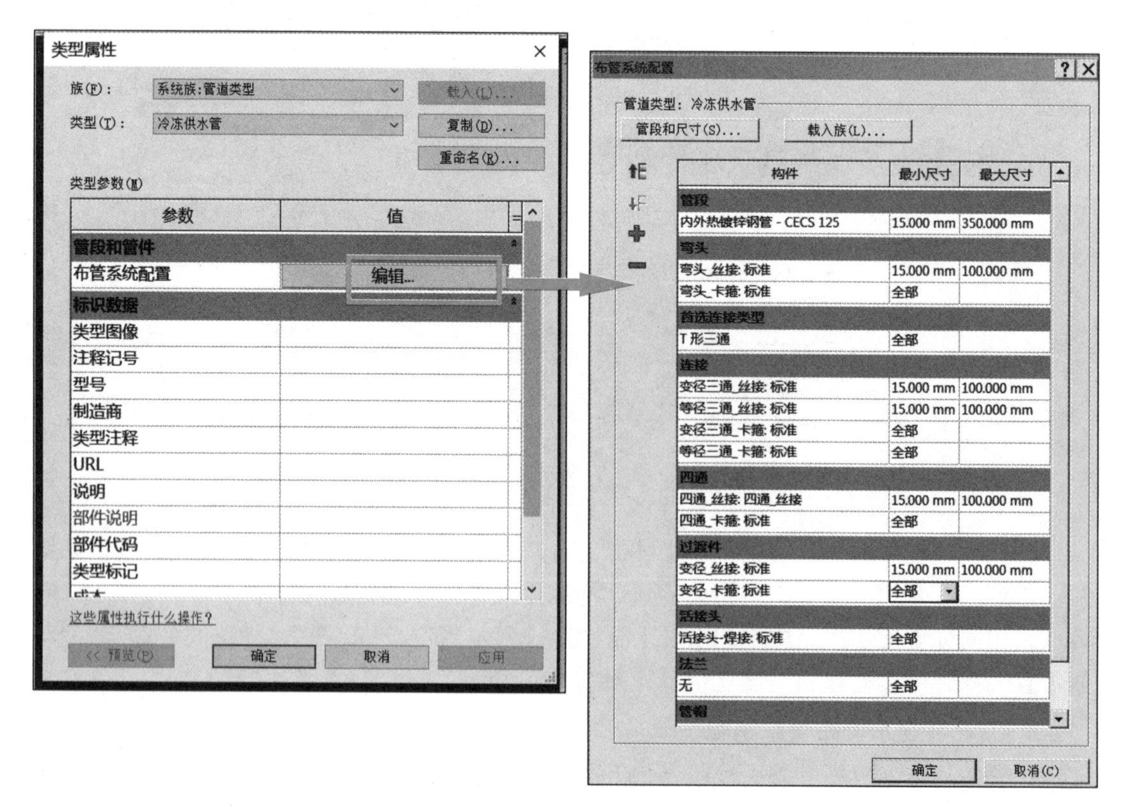

图 2.1-34　编辑布管系统配置

BIM 设备综合实务

活　页

➤ 评价反馈

➤ 能力拓展

中国建筑工业出版社

单元 1　BIM 设备模型创建准备

任务 1　建立项目文件

评价反馈

学生自评表

班级：	姓名：		学号：
单元 1	任务 1　建立项目文件		
评价项目	评价标准	分值	得分
施工图纸识读	能正确识读图纸，能提取相关工程信息	5	
新建项目，进行项目设置	能正确创建图书馆设备模型文件，并进行各项项目信息设置	5	
链接土建模型	能正确链接土建模型	10	
复制轴网、标高	能从土建模型中，正确复制轴网、标高等设备模型需要的系统	15	
创建系统类型	能根据专业图纸，正确设置风管系统、管道系统和电缆桥架的系统类型	10	
设置浏览器组织	能根据实际工程需要，设置浏览器组织，进行视图分类	5	
设置过滤器	能熟练建立各系统过滤器，并按要求添加线图形和图案填充颜色	15	
创建视图样板	能正确创建视图样板、设置视图属性	10	
工作态度	态度端正，无无故缺勤、迟到、早退现象	10	
协调能力	与同学之间能合作交流，协调工作	5	
职业素质	能综合分析问题、解决问题；具有良好的职业道德；事业心强，有奉献精神；为人诚恳、正直、谦虚、谨慎	5	
建模速度	能在教师规定时间内完成任务	5	
合计		100	

教师评价表

<table>
<tr><td colspan="2">班级：</td><td colspan="3">姓名：　　　　　　学号：</td></tr>
<tr><td colspan="2">单元 1</td><td colspan="3">任务 1　建立项目文件</td></tr>
<tr><td colspan="2">评价项目</td><td>评价标准</td><td>分值</td><td>得分</td></tr>
<tr><td colspan="2">考勤(10%)</td><td>无无故迟到、早退、旷课现象</td><td>10</td><td></td></tr>
<tr><td rowspan="12">工作过程
(70%)</td><td>施工图纸识读</td><td>能正确识读图纸，能提取相关工程信息</td><td>5</td><td></td></tr>
<tr><td>新建项目，
进行项目设置</td><td>能正确创建图书馆设备模型文件，并进行各项项目信息设置</td><td>5</td><td></td></tr>
<tr><td>链接土建模型</td><td>能正确链接土建模型</td><td>5</td><td></td></tr>
<tr><td>复制轴网、标高</td><td>能从土建模型中，正确复制轴网、标高等设备模型需要的系统</td><td>5</td><td></td></tr>
<tr><td>创建系统类型</td><td>能根据专业图纸，正确设置风管系统、管道系统和电缆桥架的系统类型</td><td>10</td><td></td></tr>
<tr><td>设置浏览器组织</td><td>能根据实际工程需要，设置浏览器组织，进行视图分类</td><td>10</td><td></td></tr>
<tr><td>设置过滤器</td><td>能熟练建立各系统过滤器，并按要求添加线图形和图案填充颜色</td><td>10</td><td></td></tr>
<tr><td>创建视图样板</td><td>能正确创建视图样板、设置视图属性，并将视图样板的属性应用于当前视图</td><td>5</td><td></td></tr>
<tr><td>工作态度</td><td>态度端正，独立思考，工作积极</td><td>5</td><td></td></tr>
<tr><td>协调能力</td><td>与同学之间能合作交流，协调工作</td><td>3</td><td></td></tr>
<tr><td>职业素质</td><td>能综合分析问题、解决问题；具有良好的职业道德；事业心强，有奉献精神；为人诚恳、正直、谦虚、谨慎</td><td>2</td><td></td></tr>
<tr><td>建模速度</td><td>能在规定时间内完成任务</td><td>5</td><td></td></tr>
<tr><td rowspan="3">项目成果
(20%)</td><td>建模正确性</td><td>能根据设计图纸建立完整的模型</td><td>10</td><td></td></tr>
<tr><td>建模规范性</td><td>能正确根据规范标准，按照正确流程进行建模</td><td>5</td><td></td></tr>
<tr><td>成果展示</td><td>能准备表达、汇报工作成果</td><td>5</td><td></td></tr>
<tr><td colspan="3">合计</td><td>100</td><td></td></tr>
<tr><td colspan="2" rowspan="2">综合自评</td><td>自评(30%)</td><td>教师评价(70%)</td><td>综合得分</td></tr>
<tr><td></td><td></td><td></td></tr>
</table>

能力拓展

练习一

1. 多选题

(1) Revit 软件自带的管道系统类型包括（　　）。

A. 家用冷水　　B. 家用热水　　C. 湿式消防系统　　D. 循环供水

E. 雨水系统

(2) 关于在机械规程下，项目中链接的建筑、结构模型的显示，下面表述正确的是（　　）。

A. 所有建筑、结构图元自动以灰色、半色调显示

B. 链接模型中的注释图元不可见

C. 链接模型中的图元视图比例需要重新调整

D. 链接模型中的图元显示可以在可见性设置中进行自定义选择

E. 可以指定建筑、结构模型按照模型当中的指定视图显示

(3) 将建筑、结构构件在机电视图中淡显，可以（　　）。

A. 在链接当中勾选半色调

B. 设置视图规程为机电专业规程

C. 设置过滤器

D. 可见性/图形替换

E. 调节模型精度

(4) 链接到机电模型当中的建筑、结构模型，可以（　　）。

A. 查询单个构件信息　　B. 使用循环选择工具

C. 指定显示视图　　D. 调整比例大小

E. 自动更新

(5) 关于项目样板的使用与创建正确的说法是（　　）。

A. 项目样板通过视图样本定义可以快速修改视图的显示样式

B. 项日样板可以将常使用的构建族加载到项目当中

C. 项目样板可以定义多个管道系统分类

D. 项目样板可以提前对显示的线型、文字、标记进行统一定义

E. 项目样板可以快速定义明细表

(6) 使用项目样板可以（　　）。

A. 快速定义管线类型　　B. 定义项目视图样板

C. 增加风管系统分类　　D. 加载常用系统族

E. 加载模型组

(7) 使用视图样板可以快速（　　）。

A. 修改视图比例　　B. 修改文字大小

C. 修改显示样式　　D. 定义构件的可见性

E. 定义视图的分类

(8) 下面关于采用链接方式和工作集协调方式两种绘图方式说法正确的是（　　）。

A. 采用工作集协调方式时，中心文件通过网络传输或者复制等方式在另外的建模设备上编辑

B. 采用链接方式建立完成的模型文件还可存储于便携式设备或通过网络传输，建模地点不受限制，较为灵活

C. 采用工作集协调方式时，多专业能对同一项目模型进行编辑

D. 采用工作集协调方式时，各专业人员可以链接不同服务器进行工作

E. 链接的 Revit 模型整体可以进行修改材质操作

2. 判断题

(1) 在项目中链接建筑模型后，可以在项目中修改链接模型当中图元的属性。（　　）

(2) 不同类别的图元无法通过过滤器统一控制。（　　）

(3) 协同设计时，采用模型链接方式受建模人员所在地点和使用设备的限制。（　　）

(4) Revit 过滤器功能无法修改构件颜色。（　　）

(5) 链接 RVT 模型选择“自动-原点到原点”能够自动匹配项目基点位置。（　　）

(6) Revit 的固定建模顺序是先土建后设备。（　　）

(7) 已载入的 RVT 链接文件可以通过绑定将实体构件加入当前项目。（　　）

(8) 视图子规程的变更任何时候都不会影响可见性。（　　）

3. 操作题

新建一个名称为“暖通模型”的项目文件，在“楼层平面：1-机械”视图建立“暖通视图样板”，过滤器颜色设置如下：

过滤器颜色设置

序号	名称	颜色
1	新风系统	RGB255-000-000
2	送风系统	RGB000-000-255
3	回风系统	RGB128-128-64
4	排烟系统	RGB128-000-255
5	冷冻供水系统	RGB000-255-000
6	冷却回水系统	RGB000-64-000

练习二

1. 单选题

（1）下列哪个选项不属于 Revit 项目样板设置的内容？（　　）

A. 项目信息　　B. 族

C. 项目和共享参数　　D. 语言

（2）标高能在以下哪个视图中创建？（　　）

A. 剖面视图　　B. 楼层平面视图

C. 天花板视图　　D. 默认三维视图

（3）关于管道系统分类、系统类型和系统名称说法正确的是（　　）。

A. 系统分类、系统类型和系统名称都是 Revit 预设用户无法添加的

B. 系统分类、系统类型是 Revit 预设用户无法添加的，用户可以添加系统名称

C. 系统分类是 Revit 预设用户无法添加的，用户可以添加系统类型和系统名称

D. 用户可以添加系统分类、系统类型和系统名称

（4）对基于 BIM 的协同工作理解正确的是（　　）。

A. 全专业一起共同设计、施工

B. 专业间的碰撞、调整

C. 专业间的信息在人员间的传递、共享

D. 专业间信息的汇总、整理、存储

（5）通常在链接模型的过程中采用的定位方式为（　　）。

A. 自动-中心到中心　　B. 自动-共享坐标

C. 手动-原点到原点　　D. 自动-原点到原点

（6）视图可见性控制说法，正确的是（　　）。

A. 不同类别的图元可以通过可见性替换控制可见性

B. 单个图元可以通过选择隐藏图元实现

C. 相同类别的图元无法通过过滤器统一控制

D. 可见性替换当中控制可见性优先级，过滤器要大于模型类别

（7）下列关于采用工作集协同方式的优点说法错误的是（　　）。

A. 可不受建模人员所在地点和使用设备的限制

B. 多专业可对同一项目模型进行编辑

C. 各专业人员可随时了解整个项目模型的构建情况和细节

D. 可以通过提出修改申请的方式，允许其他专业人员提出调整模型方案

（8）在链接模型中，将项目和链接文件一起移动到新位置后（　　）。

A. 使用绝对路径链接会无效

B. 使用相对路径链接会无效

C. 使用绝对路径和相对路径链接都会无效

D. 使用绝对路径和相对路径链接不受影响

2. 判断题

（1）在项目中链接结构模型后，结构模型若有修改，可以通过重新载入自动更新。 （ ）

（2）采用工作集协调方式时，各专业人员可以链接不同服务器进行工作。 （ ）

（3）Revit 过滤器功能无法修改构件出厂信息。 （ ）

（4）链接 RVT 模型选择“自动-中心到中心”能够自动匹配项目基点位置。 （ ）

（5）Revit 轴网可以在多种视图中绘制。 （ ）

（6）Revit 模型的精细程度显示只能在视图样板中操作。 （ ）

（7）只有各专业协同工作才被认为是 BIM 工程应用。 （ ）

（8）Revit 构件在本视图不显示时不应考虑调整视图范围。 （ ）

3. 操作题

新建一个名称为“给排水模型”的样板文件，在“楼层平面：1-卫浴”视图建立“给排水视图样板”，过滤器设置如下：

过滤器颜色设置

序号	名称	颜色
1	生活给水系统	RGB000-000-255
2	消防喷淋系统	RGB000-255-255
3	消火栓系统	RGB255-000-000
4	污水系统	RGB255-255-000
5	雨水系统	RGB255-128-000

单元2　BIM暖通专业建模

任务1　暖通系统BIM建模

学生自评表

班级：	姓名： 学号：		
单元2	任务1　暖通系统BIM建模		
评价项目	评价标准	分值	得分
施工图纸识读	能正确识读图纸，能提取相关工程信息	10	
防排烟系统风管类型创建与设置	能正确创建防排烟系统风管类型，并进行各项参数设置	5	
防排烟系统风管绘制	能正确绘制防排烟系统风管	5	
止回阀、防火阀、风口等附件的添加和设备的放置	能正确添加阀门、风口等附件，并正确进行设备的放置与连接	10	
空调水管管道类型创建与设置	能正确创建空调水管管道类型，并进行各项参数设置	5	
空调水管管道绘制	能正确绘制空调水管横管和立管	5	
空调水管管件、阀门等附件的添加和设备的放置	能正确设置空调水管管件，添加阀门等附件，并正确进行设备的放置与连接	10	
空调风管类型创建与设置	能正确创建空调风管类型，并进行各项参数设置	5	
空调风管绘制	能正确绘制空调风管	5	
多叶调节阀、防火阀、风口等附件的添加和设备的放置	能正确设置空调风管管件，添加阀门、风口等附件，并正确进行设备的放置与连接	10	
工作态度	态度端正，无无故缺勤、迟到、早退现象	10	
协调能力	与小组成员、同学之间能合作交流，协调工作	10	
职业素质	能综合分析问题、解决问题；具有良好的职业道德；事业心强，有奉献精神；为人诚恳、正直、谦虚、谨慎	5	
建模速度	能在教师规定时间内完成任务	5	
合计		100	

教师评价表

<table>
<tr><td colspan="2">班级：</td><td colspan="3">姓名：　　　　　　学号：</td></tr>
<tr><td colspan="2">单元 2</td><td colspan="3">任务 1　暖通系统 BIM 建模</td></tr>
<tr><td colspan="2">评价项目</td><td>评价标准</td><td>分值</td><td>得分</td></tr>
<tr><td colspan="2">考勤(10%)</td><td>无无故迟到、早退、旷课现象</td><td>10</td><td></td></tr>
<tr><td rowspan="14">工作过程
(70%)</td><td>施工图纸识读</td><td>能正确识读图纸,能提取相关工程信息</td><td>4</td><td></td></tr>
<tr><td>防排烟系统风管
类型创建与设置</td><td>能正确创建防排烟系统风管类型,并进行各项参数设置</td><td>5</td><td></td></tr>
<tr><td>防排烟系统风管绘制</td><td>能正确绘制防排烟系统风管</td><td>7</td><td></td></tr>
<tr><td>止回阀、防火阀、风口等
附件的添加和设备的放置</td><td>能正确添加阀门、风口等附件,并正确进行设备的放置与连接</td><td>5</td><td></td></tr>
<tr><td>空调水管管道
类型创建与设置</td><td>能正确创建空调水管管道类型,并进行各项参数设置</td><td>5</td><td></td></tr>
<tr><td>空调水管管道绘制</td><td>能正确绘制空调水管横管和立管</td><td>7</td><td></td></tr>
<tr><td>空调水管管件、阀门等
附件的添加和设备的放置</td><td>能正确设置空调水管管件,添加阀门等附件,并正确进行设备的放置与连接</td><td>5</td><td></td></tr>
<tr><td>空调风管类型创建与设置</td><td>能正确创建空调风管类型,并进行各项参数设置</td><td>5</td><td></td></tr>
<tr><td>空调风管绘制</td><td>能正确绘制空调风管</td><td>7</td><td></td></tr>
<tr><td>多叶调节阀、防火阀、风口
等附件的添加和设备的放置</td><td>能正确设置空调风管管件,添加阀门、风口等附件,并正确进行设备的放置与连接</td><td>5</td><td></td></tr>
<tr><td>工作态度</td><td>态度端正,独立思考,工作积极</td><td>5</td><td></td></tr>
<tr><td>协调能力</td><td>与同学之间能合作交流,协调工作</td><td>3</td><td></td></tr>
<tr><td>职业素质</td><td>能综合分析问题、解决问题;具有良好的职业道德;事业心强,有奉献精神;为人诚恳、正直、谦虚、谨慎</td><td>2</td><td></td></tr>
<tr><td>建模速度</td><td>能在规定时间内完成任务</td><td>5</td><td></td></tr>
<tr><td rowspan="3">项目成果
(20%)</td><td>建模正确性</td><td>能根据设计图纸建立完整的模型</td><td>10</td><td></td></tr>
<tr><td>建模规范性</td><td>能正确根据规范标准,按照正确流程进行建模</td><td>5</td><td></td></tr>
<tr><td>成果展示</td><td>能准备表达、汇报工作成果</td><td>5</td><td></td></tr>
<tr><td colspan="3">合计</td><td>100</td><td></td></tr>
<tr><td colspan="2" rowspan="2">综合自评</td><td>自评(30%)　|　教师评价(70%)</td><td colspan="2">综合得分</td></tr>
<tr><td></td><td colspan="2"></td></tr>
</table>

练习一

1. 单选题

(1) 风管命令属于（　　）选项卡。

A. 建筑

B. 结构

C. 系统

D. 机电

(2) 下列选项中，不属于系统默认的风道末端族的是（　　）。

A. 回风口

B. 送风口

C. 散流器

D. 多叶调节阀

(3) 已载入项目的风机盘管，应通过系统选项卡下的（　　）进行放置。

A. 风管

B. 机械设备

C. 预制零件

D. 风道末端

(4)（　　）是矩形风管和圆形风管连接的管件。

A. 天圆地方

B. 天方地圆

C. 弯头

D. 过渡件

(5) Revit 软件中，下列设备既可以连接风管也可以连接管道的是（　　）。

A. 风机盘管

B. 风机

C. 散热器

D. 水泵

(6) 风管在布置时，通过（　　）可以快速实现风管的左平、中平或者右平。

A. 继承高程

B. 自动连接

C. 对正

D. 偏移量

(7) 风管与设备连接时，若无法选择到风管的系统类型，原因是（　　）。

A. 没有捕捉到设备接口

B. 风管尺寸与设备不一致

C. 风管偏移量设置不准确

D. 设备接口的管道系统分类与风管不一致

（8）新风机的属性是（　　）。

A. 机械设备

B. 空调设备

C. 卫生设备

D. 电气设备

2. 判断题

（1）在平面视图中对空调水管进行标高标注，需在双线模式下进行。（　　）

（2）空调水管只能在平面视图里绘制。（　　）

（3）空调风管只能在三维视图里绘制。（　　）

（4）风管与水管可以相互连接。（　　）

（5）空调风管只有矩形一种形状。（　　）

（6）空调水管可以根据不同管径设置为不同材质。（　　）

（7）空调风管只有接头一种连接形式。（　　）

（8）风口属于风管管件。（　　）

3. 操作题

根据提供的案例资料，完成空调送风系统模型建立。案例图纸请扫描二维码获取。

单元 2 任务 1
练习一操作题
图纸

练习二

1. 单选题

(1)(　　)用于某段风管管路开始或者结束时自动捕捉相交风管，并添加风管管件完成连接。

A. 自动剪切

B. 自动连接

C. 自动组装

D. 自动捕捉

(2) 风管最主要的连接方式是(　　)。

A. 法兰连接

B. 承插式无法兰连接

C. 抱箍式无法兰连接

D. 插条式无法兰连接

(3) 风管附件的快捷命令为(　　)。

A. T

B. DT

C. CT

D. DA

(4) 风管的首选连接类型(　　)。

A. T形三通

B. Y形三通

C. 无

D. 变径连接

(5) 风管的快捷命令为(　　)。

A. D

B. DT

C. CT

D. DA

(6) 在一定时间内能满足漏烟量和耐火完整性要求，起隔烟阻火作用的阀门是(　　)。

A. 闸阀

B. 截止阀

C. 防火阀

D. 安全阀

(7) 风管就是用于(　　)输送和分布的管道系统。

A. 氧气

B. 空气

C. 冷气

D. 暖气

(8) 在机电模型中，我们发现管道变成一条线条，而非三维实体，我们需要(　　)。

A. 修改视图样式

B. 修改视图详细程度

C. 修改管道大小

D. 修改视图可见性

2. 判断题

(1) 安装在排烟系统管道上的排烟防火阀，平时呈关闭状态，发生火灾时开启，当管内烟气温度达到 280℃时自动关闭。 (　　)

(2) 在 Revit 中单击“风管”命令，在该风管属性中将系统类型设置为回风，单击机械设备的送风端口创建风管，则创建风管的系统类型为回风。(　　)

(3) 如在某一视图的详细程度设成“精细”，风管的详细程度通过“可见性/图形替换”对话框设成“粗略”，那么风管的详细程度显示为粗略。 (　　)

(4) 创建“风管”命令发出后，风管参数“宽度、高度、偏移量”是在项目浏览器中设置。 (　　)

(5) 创建“风管”命令按钮在“修改”选项卡的功能区面板上。 (　　)

(6) 风管连接时采用“T 形三通”还是“接头”，根本上是由布管系统配置中的“连接类型”确定的。 (　　)

(7) 风管命令能绘制矩形、圆形和椭圆形刚性风管，软风管能绘制圆形和矩形软风管。 (　　)

(8) 已载入项目的送风口，应通过系统选项卡下的“风管附件”命令进行放置。 (　　)

单元3　BIM给排水建模

任务1　生活给排水系统BIM建模

评价反馈

学生自评表

班级：	姓名：	学号：	
单元3	任务1　生活给排水系统BIM建模		
评价项目	评价标准	分值	得分
施工图纸识读	能正确识读图纸，能提取相关工程信息	5	
给水管道类型创建与设置	能正确创建给水管道类型，并进行各项参数设置	10	
给水管道绘制	能正确绘制给水横管和立管	10	
给水管件、阀门等附件的添加和设备的放置	能正确设置给水管件，添加阀门等附件，并正确进行设备的放置与连接	15	
排水管道类型创建与设置	能正确创建排水管道类型，并进行各项参数设置	10	
排水管道绘制	能正确绘制排水横管和立管	10	
排水管件、阀门等附件的添加和设备的放置	能正确设置排水管件，添加阀门等附件，并正确进行设备的放置与连接	15	
工作态度	态度端正，无无故缺勤、迟到、早退现象	10	
协调能力	与小组成员、同学之间能合作交流，协调工作	5	
职业素质	能综合分析问题、解决问题；具有良好的职业道德；事业心强，有奉献精神；为人诚恳、正直、谦虚、谨慎	5	
建模速度	能在教师规定时间内完成任务	5	
合计		100	

教师评价表

<table>
<tr><td colspan="5">班级： 姓名： 学号：</td></tr>
<tr><td colspan="2">单元 3</td><td colspan="3">任务 1　生活给排水系统 BIM 建模</td></tr>
<tr><td colspan="2">评价项目</td><td>评价标准</td><td>分值</td><td>得分</td></tr>
<tr><td colspan="2">考勤(10%)</td><td>无无故迟到、早退、旷课现象</td><td>10</td><td></td></tr>
<tr><td rowspan="12">工作过程
(70%)</td><td>施工图纸识读</td><td>能正确识读图纸，能提取相关工程信息</td><td>5</td><td></td></tr>
<tr><td>给水管道类型创建与设置</td><td>能正确创建给水管道类型，并进行各项参数设置</td><td>8</td><td></td></tr>
<tr><td>给水管道绘制</td><td>能正确绘制给水横管和立管</td><td>8</td><td></td></tr>
<tr><td>给水管件、阀门等附件的添加和设备的放置</td><td>能正确设置给水管件，添加阀门等附件，并正确进行设备的放置与连接</td><td>8</td><td></td></tr>
<tr><td>排水管道类型创建与设置</td><td>能正确创建排水管道类型，并进行各项参数设置</td><td>10</td><td></td></tr>
<tr><td>排水管道绘制</td><td>能正确绘制排水横管和立管</td><td>8</td><td></td></tr>
<tr><td>排水管件、阀门等附件的添加和设备的放置</td><td>能正确设置排水管件，添加阀门等附件，并正确进行设备的放置与连接</td><td>8</td><td></td></tr>
<tr><td>工作态度</td><td>态度端正，独立思考，工作积极</td><td>5</td><td></td></tr>
<tr><td>协调能力</td><td>与同学之间能合作交流，协调工作</td><td>3</td><td></td></tr>
<tr><td>职业素质</td><td>能综合分析问题、解决问题；具有良好的职业道德；事业心强，有奉献精神；为人诚恳、正直、谦虚、谨慎</td><td>2</td><td></td></tr>
<tr><td>建模速度</td><td>能在规定时间内完成任务</td><td>5</td><td></td></tr>
<tr><td>建模正确性</td><td>能根据设计图纸建立完整的模型</td><td>10</td><td></td></tr>
<tr><td rowspan="3">项目成果
(20%)</td><td>建模规范性</td><td>能正确根据规范标准，按照正确流程进行建模</td><td>5</td><td></td></tr>
<tr><td>成果展示</td><td>能准备表达、汇报工作成果</td><td>5</td><td></td></tr>
<tr><td colspan="3">合计</td><td>100</td><td></td></tr>
<tr><td rowspan="2">综合自评</td><td>自评(30%)</td><td>教师评价(70%)</td><td colspan="2">综合得分</td></tr>
<tr><td></td><td></td><td colspan="2"></td></tr>
</table>

练习一

1. 选择题

(1) 在精细视图下，管道默认为（　　）方式显示。

A. 单线

B. 双线

C. 多线

D. 网格

(2) 要使当前绘制管道与现有管道标高相同，通常使用（　　）命令较为方便。

A. 对正

B. 自动连接

C. 继承高程

D. 继承大小

(3) “水平对正”用来指定当前视图下相邻管段之间水平对齐方式，下列不是“水平对正”方式的是（　　）。

A. 中心

B. 圆心

C. 左

D. 右

(4) 在管道“类型属性”的对话框下，“布置系统配置”不包括（　　）。

A. 三通

B. 弯头

C. 首选连接类型

D. 过渡件

(5) 标注管道两侧标高时，显示的是管中心标高 1.500m，管道外径为 108mm，管道内径为 98mm，则管顶外侧标高为（　　）。

A. 1.549m

B. 1.559m

C. 1.554m

D. 1.544m

(6) 管路附件的快捷键为（　　）。

A. PA

B. PF

C. DT

D. DF

（7）关于管道系统分类，系统类型和系统名称说法正确的是（　　）。

A. 系统分类、系统类型和系统名称都是 Revit 预设用户无法添加的

B. 系统分类、系统类型是 Revit 预设用户无法添加的，用户可以添加系统名称

C. 系统分类是 Revit 预设用户无法添加的，用户可以添加系统类型和系统名称

D. 用户可以添加系统分类、系统类型和系统名称

（8）下列属于管道的类型属性的是（　　）。

A. 材质

B. 高程

C. 直径

D. 大小

2. 判断题

（1）在 Revit 中，可以在绘制管道的同时指定坡度，也可以在管道绘制结束后再进行管道坡度编辑。（　　）

（2）在绘图区域已经绘制了某尺寸的管道，则该尺寸在机械设置尺寸列表中不能删除。（　　）

（3）在粗略和中等详细程度下，绘制的管道默认为双线显示。（　　）

（4）绘制管道不需要设置管道材质。（　　）

（5）供水与回水都属于循环水，因此只需创建一个管道系统供二者共用即可。（　　）

（6）调整主干管上阀门的安装角度，容易使管道发生移位，因此调整之后需要检查管道的连接是否正确。（　　）

（7）"自动连接"开启时，管道相交时可以自动添加管件。（　　）

（8）将 CAD 图纸导入 Revit 过程中，导入单位一般应改为厘米。（　　）

3. 操作题

根据提供的地下室水图纸，完成生活给水和压力排水系统建模，地下室底部建筑标高为－5.100m，生活给水管中心距楼面偏移值 2650mm，过滤器颜色设置自定。案例图纸请扫描二维码获取。

单元 3 任务 1
练习一操作题
图纸

练习二

1. 选择题

(1) 绘制管道的快捷键为（　　）。

A. PA

B. PF

C. PI

D. PX

(2) 在管道与设备连接时，以下说法错误的是（　　）。

A. 连接设备与管道时，可以直接点击接口信息，绘制管道

B. 设备与管道的系统分类不同时，可以正常连接

C. 管道绘制过程中，要保证足够的空间，以生成管道

D. 在绘制起始端，最好继承设备接口的标高和大小

(3) 在 Revit 中，选择（　　）可以保证管道的大小一致。

A. 继承高程

B. 继承大小

C. 自动连接

D. 对正

(4) 关于在平面视图和立面视图创建管道的说法正确的是（　　）。

A. 在平面视图中创建管道可以在选项栏中输入偏移量数值

B. 在立面视图中创建管道可以在选项栏中输入偏移量数值

C. 在平面视图和立面视图中创建管道都可以在选项栏中输入偏移量数值

D. 在平面视图和立面视图中创建管道都不可以在选项栏中输入偏移量数值

(5) 通常在导入 CAD 时的过程中采用的定位方式为（　　）。

A. 自动-中心到中心

B. 手动-原点到原点

C. 自动-原点到原点

D. 自动-共享坐标

(6) 创建卫浴装置时，如果项目中没有所需要的族，可通过（　　）方式载入。

A. 链接 Revit 模型

B. 载入族

C. 导入 CAD 模型

D. 插入 FBX 模型

(7) 在已创建无坡度的管段添加坡度时，在坡度编辑器中设定好坡度值后，会在管段端点显示一个箭头，则该箭头说法正确的是（　　）。

A. 该端点为选定管道部分的最高点

B. 该端点为选定管道部分的最低点

C. 无法切换该箭头的位置

D. 以上说法都不对

(8) 在“机械设置”命令下的管道设置不包括（　　）。

A. 管段和尺寸

B. 坡度

C. 厚度

D. 角度

2. 判断题

(1) 立管的绘制需要点“应用”两下。 (　　)

(2) 在管道绘制时，不可以创建向下坡度。 (　　)

(3) 卫生器具需要从机械族中调取。 (　　)

(4) 管道类型设置主要指的是管道和软管的族类型。 (　　)

(5) 在 Revit 中导入图纸有“链接 CAD”和“导入 CAD”两个命令。 (　　)

(6) 本案例项目给水引入管的管径大小为 DN150。 (　　)

(7) 新建管道类型可以通过“类型属性”对话框中先单击“复制”按钮，再修改名称。 (　　)

(8) 在“机械设置”命令对话框中可对管段进行“新建尺寸”和“删除尺寸”操作。 (　　)

任务 2　消防给水系统 BIM 建模

评价反馈

学生自评表

班级：	姓名：		学号：
单元 3	任务 2　消防给水系统 BIM 建模		
评价项目	评价标准	分值	得分
施工图纸识读	能正确识读图纸，能提取相关工程信息	5	
消火栓系统给水管道类型创建与设置	能正确创建消火栓给水管道类型，并进行各项参数设置	10	
消火栓系统给水管道绘制	能正确绘制消火栓系统给水横管和立管	10	
消火栓系统给水管件、阀门等附件的添加和设备的放置	能正确设置消火栓系统给水管件，添加阀门等附件，并正确进行设备的放置与连接	15	
喷淋系统管道类型创建与设置	能正确创建喷淋系统管道类型，并进行各项参数设置	10	
喷淋系统管道绘制	能正确绘制喷淋系统横管和立管	10	
喷淋系统管件、阀门等附件的添加和设备的放置	能正确设置喷淋系统管件，添加阀门等附件，并正确进行设备的放置与连接	15	
工作态度	态度端正，无无故缺勤、迟到、早退现象	10	
协调能力	与小组成员、同学之间能合作交流，协调工作	5	
职业素质	能综合分析问题、解决问题；具有良好的职业道德；事业心强，有奉献精神；为人诚恳、正直、谦虚、谨慎	5	
建模速度	能在教师规定时间内完成任务	5	
合计		100	

教师评价表

<table>
<tr><td colspan="2">班级：</td><td>姓名：</td><td colspan="2">学号：</td></tr>
<tr><td colspan="2">单元 3</td><td colspan="3">任务 2　消防给水系统 BIM 建模</td></tr>
<tr><td colspan="2">评价项目</td><td>评价标准</td><td>分值</td><td>得分</td></tr>
<tr><td colspan="2">考勤(10%)</td><td>无无故迟到、早退、旷课现象</td><td>10</td><td></td></tr>
<tr><td rowspan="12">工作过程
(70%)</td><td>施工图纸识读</td><td>能正确识读图纸，能提取相关工程信息</td><td>5</td><td></td></tr>
<tr><td>消火栓系统给水管道
类型创建与设置</td><td>能正确创建消火栓给水管道类型，并进行各项参数设置</td><td>8</td><td></td></tr>
<tr><td>消火栓系统给水管道绘制</td><td>能正确绘制消火栓系统给水横管和立管</td><td>8</td><td></td></tr>
<tr><td>消火栓系统给水管件、阀门等附件的添加和设备的放置</td><td>能正确设置消火栓系统给水管件，添加阀门等附件，并正确进行设备的放置与连接</td><td>8</td><td></td></tr>
<tr><td>喷淋系统管道
类型创建与设置</td><td>能正确创建喷淋系统管道类型，并进行各项参数设置</td><td>10</td><td></td></tr>
<tr><td>喷淋系统管道绘制</td><td>能正确绘制喷淋系统横管和立管</td><td>8</td><td></td></tr>
<tr><td>喷淋系统管件、阀门等附件的添加和设备的放置</td><td>能正确设置喷淋系统管件，添加阀门等附件，并正确进行设备的放置与连接</td><td>8</td><td></td></tr>
<tr><td>工作态度</td><td>态度端正，独立思考，工作积极</td><td>5</td><td></td></tr>
<tr><td>协调能力</td><td>与同学之间能合作交流，协调工作</td><td>3</td><td></td></tr>
<tr><td>职业素质</td><td>能综合分析问题、解决问题；具有良好的职业道德；事业心强，有奉献精神；为人诚恳、正直、谦虚、谨慎</td><td>2</td><td></td></tr>
<tr><td>建模速度</td><td>能在规定时间内完成任务</td><td>5</td><td></td></tr>
<tr><td rowspan="3">项目成果
(20%)</td><td>建模正确性</td><td>能根据设计图纸建立完整的模型</td><td>10</td><td></td></tr>
<tr><td>建模规范性</td><td>能正确根据规范标准，按照正确流程进行建模</td><td>5</td><td></td></tr>
<tr><td>成果展示</td><td>能准备表达、汇报工作成果</td><td>5</td><td></td></tr>
<tr><td colspan="3">合计</td><td>100</td><td></td></tr>
<tr><td rowspan="2">综合自评</td><td>自评(30%)</td><td>教师评价(70%)</td><td colspan="2">综合得分</td></tr>
<tr><td></td><td></td><td colspan="2"></td></tr>
</table>

练习一

1. 选择题

(1) 喷头的快捷键为(　　)。

A. PI

B. PF

C. SK

D. PA

(2) 要在立管上添加截止阀，一般不在(　　)中操作。

A. 立面视图

B. 剖面视图

C. 三维视图

D. 平面视图

(3) 在创建喷淋系统过程中，软件以何种依据自动生成管件?(　　)

A. 管件族库

B. 管道类型

C. 布管系统配置

D. 管件大小

(4) 将喷头与消防管道进行连接时，应使用以下哪个命令?(　　)

A. 修剪

B. 连接到

C. 锁定

D. 放置

(5) 本案例项目中消火栓给水管用的是哪种管材?(　　)

A. 内外壁热镀锌钢管

B. 无缝钢管

C. PPR管

D. 铜管

(6) 以下哪个不是管道对正设置中的垂直对正方式?(　　)

A. 中心对齐

B. 底对齐

C. 左对齐

D. 顶对齐

(7) 本案例项目中消防引入管的管径大小为(　　)。

A. DN250

B. DN200

C. DN150

D. DN100

(8) 下列选项中关于管道的绘制过程说法错误的是（　　）。

A. 单击管道工具，输入管径与标高值，绘制管道

B. 输入管道的管径与标高值，在绘制状态下直接改变绘制方向可绘制立管

C. 输入支管的管径与标高值，把鼠标移动到主管的合适位置的中心处，单击确认支管的起点，再次单击确认支管的终点，在主管与支管的连接处会自动生成三通

D. 绘制完成三通后，选择三通，单击三通处的加号，三通会变为四通

2. 判断题

(1) 消防系统建模识读图纸时，应先确认主管入水口和末端出水口。（　　）

(2) 喷头连接管道时，可采用"连接到"命令。（　　）

(3) 绘制管道时只能通过插入族的形式添加三通。（　　）

(4) 喷淋管道可以通过镜像、复制简化绘制步骤。（　　）

(5) 消火栓设备在机械设备中调取。（　　）

(6) 在精细详细程度下，喷淋管道默认为双线显示。（　　）

(7) 喷淋系统中的喷头只能直立型安装。（　　）

(8) Revit 软件自带的管道系统类型中有消火栓系统。（　　）

3. 操作题

根据提供的地下室水图纸（同本单元任务 1），完成消火栓给水系统建模。地下室底部建筑标高为−5.100m，过滤器颜色同施工图。

练习二

1. 选择题

(1) 以下不属于消防管件族的是（　　）。

A. 阀门

B. 弯头

C. 三通

D. 四通

(2) 配置管道管段时，可以设置管道类型的（　　）。

A. 压力等级和范围

B. 材质

C. 弯头、连接和四通形式

D. 以上均包括

(3) 欲使绘制管道与之前绘制的管道不连接，需要取消激活（　　）命令。

A. 对正

B. 自动连接

C. 继承高程

D. 继承大小

(4) 选中一段消防管道，鼠标靠近端点控制柄点击右键，在弹出的对话框中不包含（　　）。

A. 绘制管道

B. 绘制管道占位符

C. 绘制软管

D. 绘制管件

(5) 本项目喷淋系统采用了哪种形式的喷头？（　　）

A. 直立型喷头

B. 下垂型喷头

C. 边墙型喷头

D. 普通型喷头

(6) 本案例项目自动喷淋配水管用哪种管材？（　　）

A. 内外壁热镀锌钢管

B. 无缝钢管

C. PPR 管

D. 铜管

(7) Revit 软件自带的管道系统类型不包括以下哪项？（　　）

A. 家用冷水

B. 消火栓系统

C. 湿式消防系统

D. 其他消防系统

(8) 管道对正设置不包括以下哪项?(　　)

A. 水平对正设置

B. 水平偏移设置

C. 垂直对正设置

D. 垂直偏移设置

2. 判断题

(1) 绘制喷淋管跟绘制给水管一样。(　　)

(2) 喷头族的载入在机电族库下。(　　)

(3) 绘制管道和添加管道附件都只能在平面图中进行操作。(　　)

(4) 相同的喷淋支管不可以通过复制来快速创建,只能一根一根按顺序绘制。(　　)

(5) 在绘制消防管道时一般应按先绘制主干管、后绘制分支管的顺序进行。(　　)

(6) 本案例项目中消火栓支管为DN65。(　　)

(7) 连接消火栓箱不可以用"连接到"命令。(　　)

(8) 放置阀门时可以在平面视图、三维视图中进行操作。(　　)

单元 4　BIM 电气系统建模

任务 1　电气系统 BIM 建模

学生自评表

班级：	姓名：	学号：	
单元 4	任务 1　电气系统 BIM 建模		
评价项目	评价标准	分值	得分
施工图纸识读	能正确识读图纸，能提取相关工程信息	5	
电缆桥架类型创建与设置	能正确创建电缆桥架类型，并进行各项参数设置	10	
强电桥架绘制	能正确绘制强电桥架	15	
弱电桥架绘制	能正确绘制弱电桥架	10	
线管系统类型创建与设置	能正确创线管系统类型，并进行各项参数设置	10	
线管绘制	能正确绘制线管模型	10	
电气设备绘制	能正确绘制电气设备模型	10	
工作态度	态度端正，无无故缺勤、迟到、早退现象	15	
协调能力	与小组成员、同学之间能合作交流，协调工作	5	
职业素质	能综合分析问题、解决问题；具有良好的职业道德；事业心强，有奉献精神；为人诚恳、正直、谦虚、谨慎	5	
建模速度	能在教师规定时间内完成任务	5	
合计		100	

教师评价表

<table>
<tr><td colspan="5">班级：　　　　　　姓名：　　　　　　学号：</td></tr>
<tr><td colspan="2">单元 4</td><td colspan="3">任务 1　电气系统 BIM 建模</td></tr>
<tr><td colspan="2">评价项目</td><td>评价标准</td><td>分值</td><td>得分</td></tr>
<tr><td colspan="2">考勤(10%)</td><td>无无故迟到、早退、旷课现象</td><td>10</td><td></td></tr>
<tr><td rowspan="11">工作过程(70%)</td><td>施工图纸识读</td><td>能正确识读图纸,能提取相关工程信息</td><td>5</td><td></td></tr>
<tr><td>电缆桥架类型创建与设置</td><td>能正确创建电缆桥架类型,并进行各项参数设置</td><td>8</td><td></td></tr>
<tr><td>强电桥架绘制</td><td>能正确绘制强电桥架</td><td>9</td><td></td></tr>
<tr><td>弱电桥架绘制</td><td>能正确绘制弱电桥架</td><td>9</td><td></td></tr>
<tr><td>线管系统类型创建与设置</td><td>能正确创线管系统类型,并进行各项参数设置</td><td>9</td><td></td></tr>
<tr><td>线管绘制</td><td>能正确绘制线管模型</td><td>9</td><td></td></tr>
<tr><td>电气设备绘制</td><td>能正确绘制电气设备模型</td><td>6</td><td></td></tr>
<tr><td>工作态度</td><td>态度端正,独立思考,工作积极</td><td>5</td><td></td></tr>
<tr><td>协调能力</td><td>与同学之间能合作交流,协调工作</td><td>3</td><td></td></tr>
<tr><td>职业素质</td><td>能综合分析问题、解决问题;具有良好的职业道德;事业心强,有奉献精神;为人诚恳、正直、谦虚、谨慎</td><td>2</td><td></td></tr>
<tr><td>建模速度</td><td>能在规定时间内完成任务</td><td>5</td><td></td></tr>
<tr><td rowspan="3">项目成果(20%)</td><td>建模正确性</td><td>能根据设计图纸建立完整的模型</td><td>10</td><td></td></tr>
<tr><td>建模规范性</td><td>能正确根据规范标准,按照正确流程进行建模</td><td>5</td><td></td></tr>
<tr><td>成果展示</td><td>能准备表达、汇报工作成果</td><td>5</td><td></td></tr>
<tr><td colspan="3">合计</td><td>100</td><td></td></tr>
<tr><td rowspan="2">综合自评</td><td>自评(30%)</td><td>教师评价(70%)</td><td colspan="2">综合得分</td></tr>
<tr><td></td><td></td><td colspan="2"></td></tr>
</table>

练习一

1. 选择题

(1) 设置电缆桥架过滤器后，以下状态可显示桥架颜色的是（　　）。

A. 线框

B. 隐藏线

C. 着色

D. 以上状态均可显示

(2) 若绘制电缆桥架后在平面视图不可见，可通过调整（　　）使其可见。

A. 可见性/图形替换

B. 视图范围

C. 规程

D. 以上选项均有可能

(3) 电缆桥架需显示双线应在（　　）对话框中设置。

A. 可见性/图形替换-模型类别

B. 可见性/图形替换-注释类别

C. 可见性/图形替换-过滤器

D. 可见性/图形替换-Revit 链接

(4) 电缆桥架绘制如需取消中心线显示，需调整（　　）。

A. 可见性/图形替换-电缆桥架

B. 视图范围

C. 规程

D. 以上命令均有可能

(5) 线管在平面中不显示时，需调整（　　）。

A. 可见性/图形替换-电缆

B. 视图范围

C. 规程

D. 以上命令均有可能

(6) 电缆桥架用（　　）来连接不同尺寸的配件。

A. 水平弯通

B. 垂直等径上弯通

C. 水平三通

D. 异径接头

(7) 电缆桥架需要新增类型，需采用（　　）。

A. 属性-编辑类型-复制

B. 过滤器-添加

C. 系统-构件-放置构件

D. 插入-载入族

(8) 需要添加电气设备时，以下命令可快速找到的是（　　）。

A. 系统-构件-放置构件

B. 系统-电气设备

C. 管理-MEP 设置

D. 插入-载入族

(9) 电缆桥架在设置过滤器时无法显示设定颜色，可能存在的情况是（　　）。

A. 电缆桥架类型名称错误

B. 过滤器在设置时未选择电缆桥架选项

C. 在设置过滤器名称时选择了“不包含”

D. 以上情况均有可能

2. 判断题

(1) 载入的电气设备族可通过修改参数改变族类型 。（　　）

(2) 绘制线管模型时如无相对应尺寸，可通过设置增加需要尺寸。（　　）

(3) 过滤器中电缆桥架的显示颜色确定后不可修改。（　　）

(4) 电缆桥架在绘制时选择“水平对齐-中心”，输入的偏移量就是桥架的中心高度。（　　）

(5) 标记电缆桥架时显示单位只能为毫米。（　　）

(6) 线管的显示颜色也可以通过设置过滤器实现。（　　）

(7) 放置电气设备时也可以选择放置机械设备命令。（　　）

(8) 电缆桥架配件不可关闭中心线。（　　）

3. 操作题

根据提供的某地下三层动力干线平面图，完成电缆桥架建模。地下三层建筑标高为−15.000m，桥架底高度距楼面偏移值 3450mm，过滤器颜色设置同施工图。案例图纸请扫描二维码获取。

单元 4 任务 1
练习一操作题
图纸

单元 5　模型的深化设计

任务 1　碰撞检查

评价反馈

学生自评表

班级：	姓名：		学号：
单元 5	任务 1　碰撞检查		
评价项目	评价标准	分值	得分
碰撞检查流程	能按照正确的流程进行碰撞检查	5	
指定图元选择集	能指定正确的图元选择集进行碰撞检查	50	
查看碰撞检查情况	能根据碰撞结果查看碰撞情况	10	
导出碰撞报告	能根据项目需要，导出正确格式的碰撞报告	10	
工作态度	态度端正，无无故缺勤、迟到、早退现象	10	
协调能力	与同学之间能合作交流，协调工作	5	
职业素质	能综合分析问题、解决问题；具有良好的职业道德；事业心强，有奉献精神；为人诚恳、正直、谦虚、谨慎	5	
操作速度	能在教师规定时间内完成任务	5	
合计		100	

教师评价表

班级：		姓名：		学号：
单元 5		任务 1　碰撞检查		
评价项目		评价标准	分值	得分
考勤(10%)		无无故迟到、早退、旷课现象	10	
工作过程(70%)	模型深化内容	掌握模型深化的内容和意义	5	
	指定图元选择集	能指定正确的图元选择集进行碰撞检查	30	
	查看碰撞检查情况	能根据碰撞结果查看碰撞情况	10	
	导出碰撞报告	能根据项目需要,导出正确格式的碰撞报告	10	
	工作态度	态度端正,独立思考,工作积极	5	
	协调能力	与同学之间能合作交流,协调工作	3	
	职业素质	能综合分析问题、解决问题;具有良好的职业道德;事业心强,有奉献精神;为人诚恳、正直、谦虚、谨慎	2	
	操作速度	能在规定时间内完成任务	5	
项目成果(20%)	操作正确性	能根据模型选择合适的专业及正确图元进行碰撞检查	10	
	操作规范性	能按照正确流程进行操作	5	
	成果展示	能准备表达、汇报工作成果	5	
合计			100	
综合自评	自评(30%)	教师评价(70%)	综合得分	

练习一

1. 单选题

(1) 导出碰撞报告时，除可以导出 HTML 格式，还可以导出（ ）格式。

A. txt

B. dwg

C. nwe

D. doc

(2) 关于碰撞报告，下面错误的是（ ）。

A. 报告格式为 html，可以使用浏览器打开

B. 冲突报告中可以选择保留碰撞图片

C. 碰撞报告中列出碰撞的时间、碰撞的图元

D. 在项目中可以点击显示上一个报告，查看没有解决的冲突

(3) 下面不属于机房机电安装工程 BIM 深化设计内容的是（ ）。

A. 基础建模

B. 机电设备建模

C. 机电管线建模

D. 碰撞检查

(4) 碰撞检查包括（ ）。

A. 项目内图元之间的碰撞检查

B. 支吊架与构件之间的碰撞检查

C. 项目链接模型之间的碰撞检查

D. 多个项目内图元之间的碰撞检查

(5) 下面说法中正确的是（ ）。

A. BIM 技术主要是三维建模，只要能看到三维模型就已经完成了 BIM 的深化设计

B. BIM 技术不仅仅是三维模型，还应包含相关信息

C. 使用 BIM 技术进行深化设计，建筑、结构、机电所有专业只能用同一个软件搭建模型

D. 使用 BIM 技术进行深化设计，建筑、结构、机电各专业只能在一个平台上搭建模型

(6) 碰撞检查是指通过建立 BIM 三维空间（ ），在数字模型中提前预警工程项目中不同专业在空间上的冲突、碰撞问题。

A. 建筑模型

B. 信息模型

C. 体量模型

D. 几何模型

(7) 在对项目进行碰撞检查时，要遵循检测优先级顺序，下列说法正确的是（　　）。

A. 首先进行土建碰撞检查，然后进行设备内部各专业碰撞检查

B. 首先进行设备内部各专业碰撞检查，然后进行土建碰撞检查

C. 首先进行结构与给排水、暖通、电气专业碰撞检查，然后进行土建碰撞检查

D. 首先进行结构与给排水、暖通、电气专业碰撞检查，然后进行设备内部各专业碰撞检查

(8) 下列属于软碰撞的是（　　）。

A. 间距和空间无法满足相关施工要求

B. 设备管线之间的碰撞

C. 管线与建筑结构部分的碰撞

D. 建筑结构之间的碰撞

2. 判断题

(1) 碰撞检查包括项目图元与项目链接模型之间的碰撞检查。（　　）

(2) Revit 软件和 Navisworks 软件都可以运行碰撞检查。（　　）

(3) Revit 软件不能检查多专业间的软硬碰撞。（　　）

(4) 在项目样板中可以设置模型和注释构件的线宽。（　　）

(5) 在线样式中不能实现的设置是线颜色。（　　）

(6) Revit 载入 CAD 底图时，使用导入的方式可以随时更新底图。（　　）

(7) 视图子规程的变更任何时候都不会影响可见性。（　　）

(8) Revit 过滤器功能无法修改构件颜色。（　　）

3. 操作题

(1) 根据前面单元中完成的图书馆地下一层机电模型，检测本项目给排水与电气专业间的碰撞问题；

(2) 导出碰撞报告。

练习二

1. 单选题

（1）在机电管线设计和建模过程中，必须进行碰撞检查，下列说法错误的是（　　）。

A. 碰撞检查的目的是确保各系统间管线、设备间无干涉

B. 碰撞检查必须在管道各系统间以及管道与梁、柱等土建模型间进行

C. 碰撞检查分为两类，即项目内图元之间的碰撞检查和项目图元与项目链接模型之间的碰撞检查

D. 项目内图元碰撞检查，指检测当前项目中图元与图元之间的碰撞关系，不可以执行指定图元的碰撞检查

（2）下面属于软碰撞的是（　　）。

A. 设备与室内装修冲突

B. 缺陷检测

C. 结构与机电预留预埋冲突

D. 建筑与结构标高冲突

（3）下列不属于机房机电安装工程 BIM 深化设计内容的是（　　）。

A. 碰撞检查

B. 土建建模

C. 管线综合

D. 净高分析

（4）当建筑设备系统的建模精细度不低于（　　）时，项目应进行碰撞检查。

A. LOD100

B. LOD200

C. LOD300

D. LOD400

（5）碰撞检查的碰撞报告显示的是（　　）。

A. 类别之间的冲突

B. 图元之间的冲突

C. 族之间的冲突

D. 设备之间的冲突

（6）管道的碰撞检查应在（　　）选项卡中选择命令（　　）。

A. 分析

B. 管理

C. 修改

D. 协作

（7）在导入链接模型时，下面选项中不能链接到主体项目的是（　　）。

A. 墙体

B. 轴网

C. 参照平面

D. 注释文字

(8) 以下有关调整标高位置的说法最全面的是（　　）。

A. 选择标高，出现蓝色的临时尺寸标注，鼠标点击尺寸修改其值可实现

B. 选择标高，直接编辑其标高值

C. 选择标高，直接用鼠标拖拽到相应的位置

D. 以上皆可

2. 判断题

(1) 碰撞检查能够在 BIM 三维空间几何模型中提前发现幕墙专业在空间上的冲突、碰撞问题。（　　）

(2) 新建视图样板时，默认的视图比例是 1∶50。（　　）

(3) 在项目样板中可以设置建模构件的材质，包括图像在渲染后看起来的效果。（　　）

(4) 在线样式中不能实现的设置是线宽。（　　）

(5) 新建的线样式保存在项目文件中。（　　）

(6) 在 Revit 中能对导入的 DWG 图纸进行线宽编辑。（　　）

(7) 链接 RVT 模型选择“自动-原点到原点”能够自动匹配项目基点位置。（　　）

(8) Revit 过滤器功能无法修改构件出厂信息。（　　）

3. 操作题

根据提供的机电综合模型进行碰撞检查，不限软件，可以用 Navisworks 软件或 Revit 软件（只检查机电管线之间的碰撞即可）。案例模型请扫描二维码获取。

单元 5 任务 1
练习二操作题
模型

任务2 管线综合

评价反馈

学生自评表

班级：	姓名：	学号：	
单元5	任务2 管线综合		
评价项目	评价标准	分值	得分
管线综合内容	掌握管线综合的内容和意义	5	
模型整合	能正确进行各专业模型的整合	10	
管综优化原则	熟练掌握常用的管综优化原则	10	
管线碰撞调整	能根据碰撞报告和管线综合原则，进行碰撞点的调整	50	
工作态度	态度端正，无无故缺勤、迟到、早退现象	10	
协调能力	与同学之间能合作交流，协调工作	5	
职业素质	能综合分析问题、解决问题；具有良好的职业道德；事业心强，有奉献精神；为人诚恳、正直、谦虚、谨慎	5	
操作速度	能在教师规定时间内完成任务	5	
合计		100	

教师评价表

<table>
<tr><td colspan="5">班级：　　　　　　　　姓名：　　　　　　　　学号：</td></tr>
<tr><td colspan="2">单元 5</td><td colspan="3">任务 2　管线综合</td></tr>
<tr><td colspan="2">评价项目</td><td>评价标准</td><td>分值</td><td>得分</td></tr>
<tr><td colspan="2">考勤(10%)</td><td>无无故迟到、早退、旷课现象</td><td>10</td><td></td></tr>
<tr><td rowspan="9">工作过程(75%)</td><td>管线综合内容</td><td>掌握管线综合的内容和意义</td><td>2</td><td></td></tr>
<tr><td>模型整合</td><td>能正确进行各专业模型的整合</td><td>5</td><td></td></tr>
<tr><td>管综优化原则</td><td>熟练掌握常用的管综优化原则</td><td>3</td><td></td></tr>
<tr><td>管线碰撞调整</td><td>能根据碰撞报告和管线综合原则，进行碰撞点的调整</td><td>50</td><td></td></tr>
<tr><td>工作态度</td><td>态度端正，独立思考，工作积极</td><td>5</td><td></td></tr>
<tr><td>协调能力</td><td>与同学之间能合作交流，协调工作</td><td>3</td><td></td></tr>
<tr><td>职业素质</td><td>能综合分析问题、解决问题；具有良好的职业道德；事业心强，有奉献精神；为人诚恳、正直、谦虚、谨慎</td><td>2</td><td></td></tr>
<tr><td>操作速度</td><td>能在规定时间内完成任务</td><td>5</td><td></td></tr>
<tr><td>操作正确性</td><td>能正确使用管综优化原则解决碰撞问题</td><td>5</td><td></td></tr>
<tr><td rowspan="2">项目成果(15%)</td><td>操作规范性</td><td>能按照正确流程进行操作</td><td>5</td><td></td></tr>
<tr><td>成果展示</td><td>能准备表达、汇报工作成果</td><td>5</td><td></td></tr>
<tr><td colspan="3">合计</td><td>100</td><td></td></tr>
<tr><td rowspan="2">综合自评</td><td>自评(30%)</td><td>教师评价(70%)</td><td colspan="2">综合得分</td></tr>
<tr><td></td><td></td><td colspan="2"></td></tr>
</table>

练习一

1. 单选题

(1) 水管与其他专业的碰撞优化原则不包括（　　）。

A. 电线桥架等管线在最上面

B. 风管在中间

C. 管道高距离梁底部 300mm

D. 水管在最下方

(2) 下列选项关于管线综合一般步骤的说法不正确的是（　　）。

A. 确定各类管线的大概标高和位置

B. 调整电桥架、水管主管和风管的平面图位置以便综合考虑

C. 根据局部管线冲突的情况对管线进行调整

D. 对各类型管线进行建模

(3) 下列关于管线综合一般避让原则的说法不正确的是（　　）。

A. 大管让小管

B. 所有管线避让自流管道

C. 造价低的管道避让造价高的管道

D. 水管与桥架层叠铺设时，要放在桥架下方

(4) 进行风管的翻弯操作时，应使用（　　）命令。

A. 截断

B. 连接到

C. 延伸

D. 放置

(5) 通过 ID 查找碰撞位置应使用（　　）选项卡中的选择命令。

A. 分析

B. 管理

C. 修改

D. 协作

(6) 当以下管道发生碰撞时，应优先排布的是（　　）。

A. 消防管道

B. 冷冻水管

C. 冷凝水管

D. 风管

(7) 为了减少机电模型中因碰撞而进行管线调整的工作量，下面做法正确的是（　　）。

A. 搭建模型时，先在二维平面中进行初步的二维平面管线的综合排布

B. 搭建模型时，把所有专业的模型建在一个模型里面

C. 搭建模型时，使用一款可以绘制建筑、结构和设备专业模型的软件

D. 搭建模型时，由一个人来建立机电模型

(8) 协同绘图的主要方式是（　　）。

A. 使用链接

B. 通过复制

C. 多专业在同一文件中依次绘图方式

D. 云端共享

2. 判断题

(1) Navisworks 软件属于 BIM 核心建模软件。（　　）

(2) 对于风管系统的创建及管理，通过系统浏览器，在系统名称上单击右键并删除，将删除项目中该系统中所有的图元。（　　）

(3) 设备管道如果需要穿梁，开洞尺寸必须小于梁高度的 1/3。（　　）

(4) 在剪力墙上穿洞时，应靠近墙端。（　　）

(5) 风管顶部距离梁底应有 50～100mm 的间距。（　　）

(6) 一般情况下，排烟管应低于其他风管。（　　）

(7) 电缆桥架顶部距顶棚或其他障碍物不宜小于 0.3m。（　　）

(8) 管综优化调整，除对碰撞点进行调整外，还需对机电系统的管线进行最佳排布。（　　）

3. 操作题

根据给定的机电综合模型机电专业间碰撞检查结果，进行管线的调整，调整完成后，机电管线之间零碰撞。请根据专业调整原则进行调整。

(1) 写出 5 条机电管线碰撞调整原则。

(2) 在模型中解决机电管线专业问题，达到零碰撞。

模型请扫描二维码获取。

单元 5 任务 2

练习—操作题

模型

练习二

1. 单选题

(1) 下面管线避让的原则错误的是（　　）。

A. 有压管让无压管

B. 小管线让大管线

C. 热水管避让冷水管

D. 临时管避让永久管

(2) 下面关于管线优化设计遵循的原则说法不正确的是（　　）。

A. 在非管线穿梁、碰柱、穿吊顶等必要情况下，尽量不要改动

B. 管线优化设计时，应预留安装、检修空间

C. 只需调整管线安装方向即可避免的碰撞，属于硬碰撞，可不修改，以减少设计人员的工作量

D. 需满足建筑业主要求，对没有碰撞但不满足净高要求的空间，也需要进行优化设计

(3) 暖通专业建模中风管距离下方管道至少（　　）。

A. 50mm

B. 100mm

C. 150mm

D. 200mm

(4) 给排水专业建模中室内给水与排水管道平行敷设时，两管之间的最小净距不小于（　　）。

A. 200mm

B. 300mm

C. 400mm

D. 500mm

(5) 在一个主体模型中导入两个相同的链接模型，修改链接的 RVT 类别的可见性，则（　　）。

A. 三个模型都受影响

B. 两个链接模型都受影响

C. 只影响原文件模型

D. 都不受影响

(6) 下列软件不属于 BIM 核心建模软件的是（　　）。

A. Revit

B. SketchUp

C. ArchiCAD

D. Bentley Architecture

(7) 在 BIM 模型调整完毕后，布置支吊架并进行校核计算，这是属于（　　）。

A. 钢结构深化

B. 结构安全性复核

C. 机电深化

D. 土建深化

（8）管线综合范围不包括（　　）。

A. 给排水专业

B. 空调通风专业

C. 电气专业

D. 结构专业

2. 判断题

（1）协同绘图的主要方式是工作集方式。（　　）

（2）BIM 在项目规划设计阶段的应用，需要配合的专业是机电专业。（　　）

（3）管线布置时，应将金属管道布置在下，非金属管道布置在上。（　　）

（4）Navisworks 软件可以运行碰撞检查，并进行碰撞点的修改。（　　）

（5）水管布置时，给水管线在上，排水管线在下。（　　）

（6）污水排水管等自然排水管线可以进行上翻避让。（　　）

（7）输气管避让水管。（　　）

（8）设备管道如果需要在连梁上开洞，开洞尺寸必须小于梁高度的 1/3，而且小于 250mm。（　　）

3. 操作题

根据给定的水泵房机电模型和土建模型进行碰撞检查，根据管线排布原则，对系统管线之间的碰撞及与土建专业的碰撞进行调整优化。模型请扫描二维码获取。

单元 5 任务 2
练习二操作题
模型

根据暖通空调施工说明，在“布管系统配置”对话框中选择“冷冻供水管”管道类型的管段为“内外热镀锌钢管-CECS 125”，最小尺寸为 15mm、最大尺寸为 350mm，在构件列表中添加相应的弯头、三通、接头、四通、过渡件等管件族。如果管件下拉菜单中没有需要的管件类型，可以通过“布管系统配置”对话框中“载入族”按钮把需要的管件从配套资源中的“暖通”-“空调水管件”文件夹中载入进来，具体设置情况如图 2.1-34 所示。

由于在 Revit 软件自带的“管段”材质中没有本项目需要的“内外热镀锌钢管”材质，需要新建。点击如图 2.1-34 所示“布管系统配置”对话框中左上方“管段和尺寸”按钮，在弹出的“机械设置”对话框中，先选择“管段”为“钢塑复合-CECS 125”，然后点击右边的“新建管段”符号，在弹出的“新建管段”对话框中选择“材质”命令，单击材质栏后面的按钮，在弹出的材质浏览器中新建材质，并重命名为“内外热镀锌钢管”，点击“确定”将其添加，最后在“新建管段”对话框及“机械设置”对话框中继续单击“确定”按钮，完成管材的新建。如图 2.1-35 所示。

热回水管布管系统配置如图 2.1-36 所示。其余空调系统水管的布管系统配置均同图 2.1-34。按照上述相同方法将所有布管系统配置正确。

4. 管道尺寸设置

选择“管理”选项卡，在“MEP 设置”下拉列表中单击“机械设置”命令，在弹出的“机械设置”对话框中选择左侧面板“管道设置”下的“管段和尺寸”，右侧面板上可对管段进行“新建尺寸”和“删除尺寸”操作。以添加冷却回水管 DN350 尺寸为例，先选择管段为“内外热镀锌钢管-CECS 125”，点击“新建尺寸”，在跳出的“添加管道尺寸”对话框中设置“公称直径”为 350mm，“内径”为 357mm，“外径”为 377mm，单击“确定”按钮即可完成 DN350 管道尺寸的添加，如图 2.1-37 所示。如果在绘图区域已经绘制了某尺寸的管道，该尺寸在“机械设置”尺寸列表中将无法删除，需要先删除项目中的管道后才能删除列表中的尺寸。

通过勾选公称直径后面的“用于尺寸列表”和“用于调整大小”可以调节管道尺寸在项目中的应用情况，已勾选的尺寸可以被管道布局编辑器和“修改/放置管道”中管道“直径”下拉列表调用，在绘制管道时可以方便选择所需尺寸。

如需新建管道其他尺寸，在弹出的“机械设置”对话框中，依次单击“新建尺寸”，输入如图 2.1-38 所示的管道尺寸，单击“确定”按钮完成操作。

5. 放置空调水系统机械设备族

（1）载入设备族。选择“插入”-“载入族”命令，由于 Revit 族库中无此类族，需单独建立，在本书配套资源中的“暖通”-“机械设备”文件夹中将相关族载入项目中。本案例绘制时，我们需要载入“M _ 冷水机组 _ 离心式 _ 水冷-单压缩机 1”和“分水器”族。

（2）放置设备族。选择“系统”-“机械设备”命令，在“属性”面板中选择“M _ 冷水机组 _ 离心式 _ 水冷-单压缩机 1 CH-D-1”类型，放置并调整至合适位置；用同样方式，分别选择“M _ 冷水机组 _ 离心式 _ 水冷-单压缩机 1 CH-D-2”类型和“分水器 高温分水器 CL-L-2”类型，放置并调整至底图中相应位置，如图 2.1-39 所示。

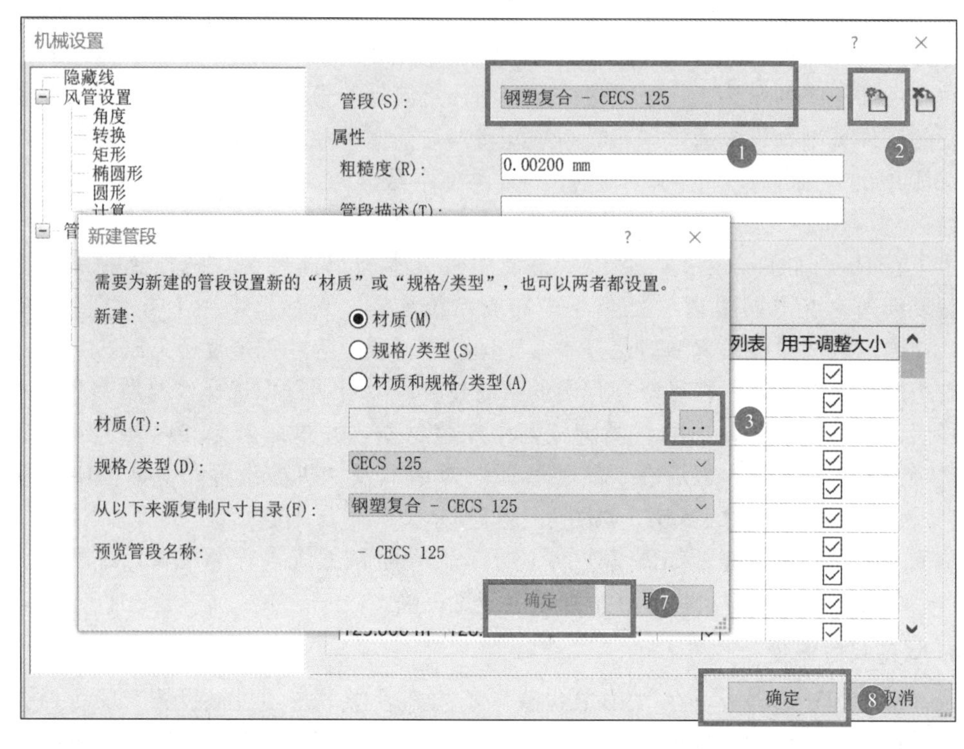

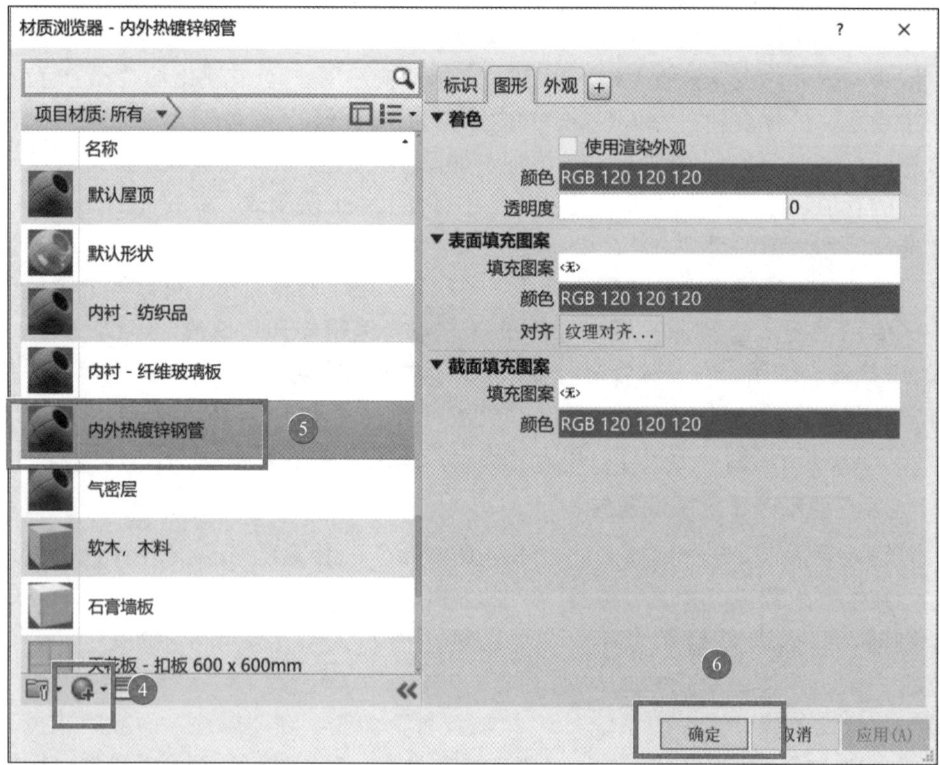

图 2.1-35　新建“内外热镀锌钢管”管段材质